JN158337

おうちで学べる人工知能のきほん

楽しく読める人工知能の教科書

東中竜一郎 著

本書の概要

本書は、人工知能の基礎知識を学びたい人のための書籍です。

「人工知能について学びたいが、何から始めればよいのかわからない」、「人工知能の入門書を読んだが、難しくて理解できなかった」……そんな人をターゲットにしています。

「人工知能」は、従来は研究者やエンジニアなど、主に「専門職の方が学ぶもの」というイメージを持つ人が多かったと思います。

しかし、様々な技術の進歩によって、身の回りのものに人工知能が応用されるにつれ、研究者や技術者だけでなく、新社会人や企業の営業職の人であっても、「基本的な人工知能の知識」を求められるようになっているようです。

本書は、そのような従来人工知能に関わりの薄かった「一般層」の人にも読んでもらえる内容を目指しています。

「実習」のページ（やってみる）

実際に「やってみる」部分です。ここでは、理論を理解する必要はありません。まずは手と頭を動かして、実習の内容を実践してください。なお、もしも自宅環境で再現できない実習がある場合は、読み飛ばしても構いません。

やってみよう！

6-2 Web検索をしてみよう

[6-2]
Web検索をしてみよう

今やWeb検索は私たちの日常に欠かせないものになりました。
もちろん、このWeb検索にも言語処理の仕組みがふんだんに活用されています。
そこで、改めてWeb検索をしてみましょう。

Step1 ▷ Web検索をしてみよう

実際にWeb検索をしてみましょう。検索エンジンによっては、表示される形式や、サイトの種類が異なることがわかります。
なお、図はGoogleで「人工知能」と検索してみた結果です。
単にWebサイトだけでなく、関連するニュースも表示されています。

検索結果

Step2 ▷ Web検索に用いられている言語処理の技術を考えてみよう

Step1でGoogleで検索した場合には、検索結果の左上にヒット件数と検索にかかった時間が出ていると思います。どのくらいの時間がかかっていましたか？
また、Web検索の結果の表示順位はそれなりに妥当であるように見えますが、この順番はどうやって決められているのでしょうか。インターネット上のWebページは数十億以上あると言われています。そのような大規模なものをどうやってそんなに高速に検索できているのでしょうか。
本書でここまで学んできた知識を基に、Web検索に用いられていそうな言語処理の技術を考えて、書き出してみてください。

本章では言語処理の基盤技術として、文字列検索、形態素解析、構文解析を説明してきました。ここからは、これらの基盤技術の上に構築される言語処理アプリケーションについてその仕組みを説明します。

280　281

そのために本書では、解説を「やってみる（実習）」と「学ぶ（講義）」という２つの要素に分けました。実際に人工知能が担っている様々な機能や役割を確認して（＝やってみる）、その後にその要素についての解説を読む（＝学ぶ）ことで、初学者の方でも無理なく、人工知能についての理解を深められると思います。

なお「実習」は、ちょっとしたクイズ、あるいは身の回りのものでも実現できる簡易なものを選びましたが、読者の環境によっては実現できないものがあるかもしれません。その場合は、実習を飛ばして講義の部分のみをお読みいただいても結構です。

各章の最後には、「練習問題」がついています。問題は、基本的にその章の解説を読めば無理なく解答できるものになっています。各章で学んだことが身についているかどうかの確認としてご利用ください。

「講義」のページ（学ぶ）

実習でやったことを踏まえ、人工知能の概要について「学ぶ」部分です。実習を行ってから読むと、さらに理解を深めることができますが、この部分だけ読んでも差し支えありません。

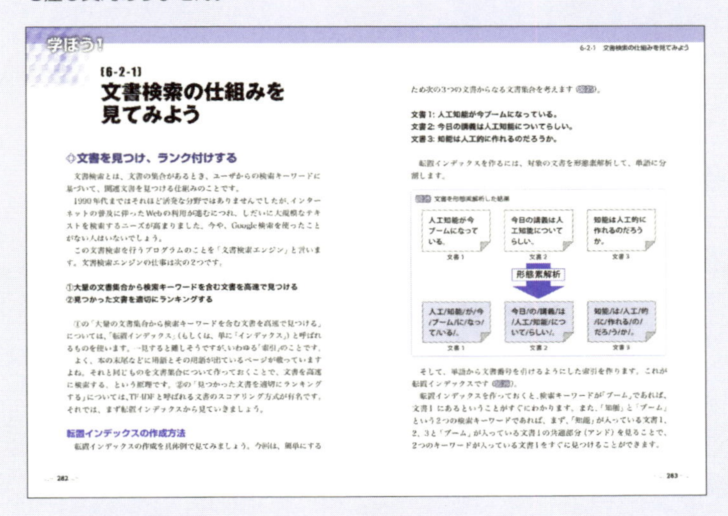

学ぼう！

6-2-1　文書検索の仕組みを見てみよう

【6-2-1】
文書検索の仕組みを見てみよう

◇文書を見つけ、ランク付けする

文書検索とは、文書の集合があるとき、ユーザからの検索キーワードに基づいて、関連文書を見つける仕組みのことです。

1990年代まではそれほど活発な分野ではありませんでしたが、インターネットの普及に伴ったWebの利用が進むにつれ、しだいに大規模なテキストを検索するニーズが高まりました。今や、Google検索を使ったことがない人はいないでしょう。

この文書検索を行うプログラムのことを「文書検索エンジン」と言います。文書検索エンジンの仕事は次の2つです。

①大量の文書集合から検索キーワードを含む文書を高速で見つける
②見つかった文書を適切にランキングする

①の「大量の文書集合から検索キーワードを含む文書を高速で見つける」については、「転置インデックス」（もしくは、単に「インデックス」）と呼ばれるものを使います。一見すると難しそうですが、いわゆる「索引」のことです。

よく、本の末尾などに用語とその用語が出ているページが載っていますよね。それと同じものを文書集合について作っておくことで、文書を高速に検索する、という原理です。②の「見つかった文書を適切にランキングする」については、TF-IDFと呼ばれる文書のスコアリング方式が有名です。それでは、まず転置インデックスから見ていきましょう。

転置インデックスの作成方法

転置インデックスの作成を具体例で見てみましょう。今回は、簡単にするため次の3つの文書からなる文書集合を考えます（図）。

文書1: 人工知能が今ブームになっている。
文書2: 今日の講義は人工知能についてらしい。
文書3: 知能は人工的に作れるのだろうか。

転置インデックスを作るには、対象の文書を形態素解析して、単語に分割します。

図　文書を形態素解析した結果

そして、単語から文書番号を引けるようにした索引を作ります。これが転置インデックスです（図）。

転置インデックスを作っておくと、検索キーワードが「ブーム」であれば、文書1にあるということがすぐにわかります。また、「知能」と「ブーム」という2つの検索キーワードであれば、まず、「知能」が入っている文書1、2、3と「ブーム」が入っている文書1の共通部分（アンド）を見ることで、2つのキーワードが入っている文書1をすぐに見つけることができます。

282　283

CONTENTS

もくじ

Chapter 01

Chapter 02

Chapter 03

Chapter 04

CONTENTS

はじめに

人工知能は、「ブーム」というよりもすでに我々の生活の一部です。これからもその進展は続くでしょう。将棋や囲碁のように、これまで人間に特有の知的だと思われていたことも、人工知能が上回る事例も多く出てきています。一方で、まだまだ人間にしかできないことも多く残っているのも事実です。このような時代に、人工知能と対決するのではなく、上手に付き合っていくためには、その仕組みを知っておくことが重要です。

世の中には人工知能の概要がざっくりとつかめる本や工学系の教科書は多く見られます。一方で、誰にでも理解できるように、その「仕組み」を紹介した本は多くありません。本書では、急速に発展する人工知能という分野について、重要な概念を説明するとともに、その基本となる仕組みをわかりやすく説明することを目的としています。本書を読むことで、人工知能に対するイメージが具体的なものになるはずです。本書を読み終わり、もっと知りたいと思ったら、ぜひ工学系の教科書や専門の書籍に進んでください。人工知能学会の全国大会や研究会にも参加してみましょう。

本書の執筆にあたり、翔泳社の鬼頭さんには大変お世話になりました。途中で何度も心が折れそうになりましたが、最後まで執筆できたのは彼の叱咤激励のおかげです。

また、人工知能という広い分野について執筆するのは私にとってもチャレンジでした。草稿へのコメントや助言をいただいた、各項目の専門家の皆様にも感謝いたします。ここに列挙させてください：浅見太一さん、井島勇祐さん、岩田具治さん、貞光九月さん、寺島裕貴さん、中野幹生さん、西田京介さん、西田眞也さん、福冨隆朗さん、増村亮さん、南泰浩さん。

また、全体にわたって細かくチェックしていただいた有本庸浩さん、酒井和紀さんには最大級の感謝をしたいと思います。これまで人工知能の分野で私を支えてくださったNTTの諸氏にも感謝いたします。

2017年10月 東中竜一郎

Chapter

01

知能って何だろう

～知能は「脳」だけに関係する？～

本章では、知能とは何かについて学びます。知能とは何かを知ることで、それを人工的に作る人工知能についても理解しやすくなるでしょう。具体的には、知能計測の歴史や、IQの算出方法、脳の仕組みなどを通して、知能について学んでいきます。

〔1-1〕

知能とは何かを考えてみよう

本書は人工知能に関する書籍ですが、「そもそも知能とは何か」というところから考えてみましょう。知能とはどういうものかがわかれば、それを人工的に作る人工知能とは何かが見えてくるでしょう。
まずは自分が「頭を使ったなあ」と思う瞬間にどんなものがあるかを挙げてみましょう。次に、私たちが「知能が高い」すなわち「頭がいい」、「賢い」、「知的だ」と感じるような人にはどんな人がいるのか挙げてみましょう。これらを考えることで、知能が何に使われているのか、知能にはどんな種類があるのかがわかってきます。

Step1 ▷「頭を使ったなあ」と思う瞬間を挙げてみよう

プライベートな時間や仕事などで、「頭を使ったなあ」と思うことを挙げてみましょう。

-
-
-
-
-
-
-
-
-

解答（一部）　部屋のレイアウトを考えているとき、献立を考えているとき、運転をしているとき、日記を書いているとき、企画を練っているとき

Step2 ▷どんな人を「知能が高い」と思うかを挙げてみよう

「頭がいい」、「賢い」、「知的だ」と思う人のタイプを挙げてみましょう。「知能が高い」人のタイプは多種多様だということがわかります。

・
・
・
・
・
・
・
・

解答（一部）　学校での成績が優秀な人、何をやってもすぐにできるようになる人、難しい局面でも正しい判断ができる人、誰も思いつかないような解決策を考えつく人、誰とでも仲良くなれる人

Step3 ▷一番知能が高い人は誰かを考えてみよう

Step2で「知能が高い人」として挙げた人の中で、誰が最も知能が高いと思うかを考え、そう考えた理由を書いてみましょう。
こうしてみると、知能には様々な定義があり、序列をつけることが難しいということがわかるはずです。

〔1-1-1〕
知能の様々な分類を見てみよう

◇世界で最初の知能測定は体力測定だった？

本書では、これから人工知能について学んでいきますが、人工知能そのものを知る前に、まずは知能とは何なのかということを理解していきましょう。

世界で最初に知能を計測しようとしたのはゴルトンという人物でした。目的は「優秀な人間の選別」です。ゴルトンによる知能の計測は、人間の肉体的な性能に焦点を当てていたため、音への反応時間や握力などを知能の値として計測していました。つまり、初めは「知能」とは肉体的な能力のことだと考えられていたということです。しかし、次第にこれらの点数がよくても、社会にとって重要とされるもの（学校の成績など）と関係がないことが判明し、この計測方法は使われなくなりました。

◇ビネーによる知能測定

その後しばらくして、ビネーという人物が医師のシモンとともに新たな知能検査を開発しました。目的は、学校で習熟が遅い子供を見つけることです。

ビネーの計測方法は、年齢ごとに５つの質問項目を設けて、それらの質問をどれだけ解けたかによって、解答した子供の精神年齢を割り出します（図1）。

そして、もしその精神年齢が実年齢よりも低ければ習熟が遅いとみなし、もしその逆であれば、習熟がよいと判断するものです。

例えば、6歳児であれば設問は以下の通りです。

●午前と午後の区別ができるか
●ものを「用途」によって定義できるか
●物体の模写
●硬貨を数えながら並べられるか
●２つの顔の審美的な比較

図1 ビネーの知能検査

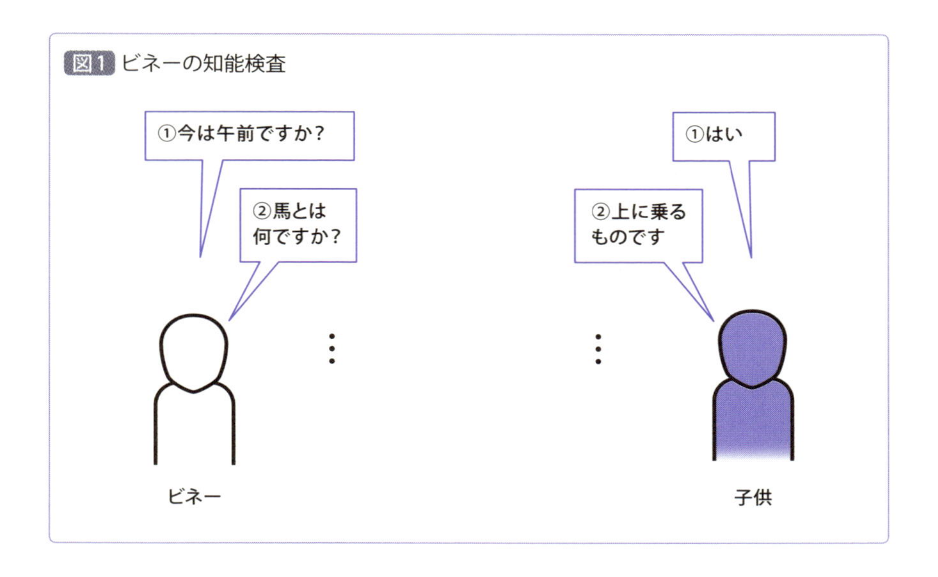

これらの設問を用いて知能を計測するには次のように行います。

まず、どの年齢用の設問について全て正しく答えられるかを調べ、その年齢を基準値とします。例えば、ある子供が6歳児用の設問に全て正解できたとします。そうすると、この子供の基準値となる年齢は6歳となります。

そして、基準値となる年齢よりも上の年齢の設問にも答えさせて、解答できた個数を５で割った値を基準値に足し、精神年齢を算定します（５で割るのは各年齢の設問が５つのためでしょう）。

例えば、７歳以上の設問に10個答えることができたとすると、10÷5＝２なので、基準値の６に２を足した８歳がこの子供の精神年齢となります。最後に、算定した精神年齢が実年齢と比べて高いか低いかによって習熟度を測定するのです（図2）。

これらの設問は臨床的に調べられたもので、それぞれの年齢であれば多くの子供ができるようなものです。また、設問は子供が裕福かどうかにあまり依存しない、つまり、人間としての本質的な習熟度を測ることができるものになっており、よく作られたものだと感心します。

図2 ビネーの知能測定による精神年齢の算定方法

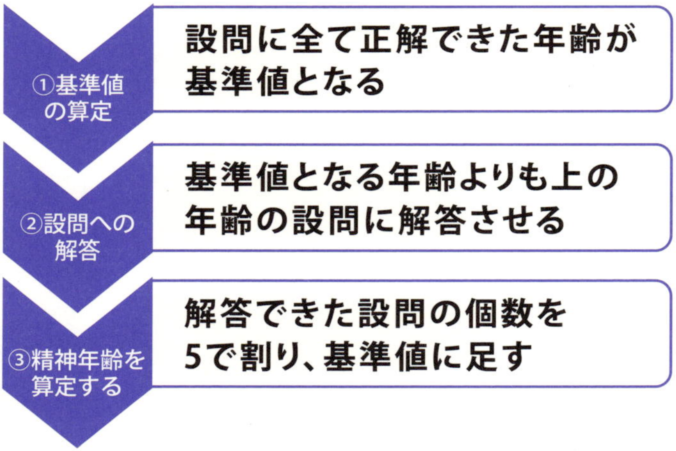

①基準値の算定
設問に全て正解できた年齢が基準値となる

②設問への解答
基準値となる年齢よりも上の年齢の設問に解答させる

③精神年齢を算定する
解答できた設問の個数を5で割り、基準値に足す

例：基準値が5歳で、さらに15個の設問に解答できた子供の精神年齢

→5＋15÷5=8(歳)

しかし、ビネーの知能検査では次のような問題が発生します。

●子供を対象としたものであり、成人に対応していない
●口頭で質問していくスタイルであり、テストのコストがかかる上、言語に依存する。例えば、母国語が異なる人を検査しにくい

◇知能について判明していること

ビネーの知能測定にはこのような問題点がありましたが、今では知能測定に様々な改良がなされ、老若男女、そして母国語を問わずに様々な知能測定が行われています。その結果として知能については、次の2点が判明しています。

①それぞれの知能には「相関」がある

長年にわたる知能測定の結果、複数の知能測定科目の中で、相関が高い科目群があることが判明しています（相関性を測定する方法については21ページで説明します）。例えば、文系科目同士の点数は相関があり、理系科目同士の点数も相関がある、というようなものです。そして、この相関が高い科目をグルーピングしていくことで、何種類くらいの能力が人間にあるのかという「知能の分類」を作り出す試みも進められました。

②知能には「一般知能」と「特殊知能」がある

また、どの科目の点数も他の科目の点数と正の相関があることも判明しています。

このことから、どの科目にも関係する、普遍的な「一般知能」というものが人間の知能には潜んでいると考えられるようになりました。スピアマンという研究者はこの一般知能のことを「g（general）」と名付け、一般知能以外の知能のことは「特殊知能」=「s（specific）」と名付けました。

①と②を踏まえ、今では様々な知能の分類がなされています。それでは、

代表的な知能の分類を２つ見ていきましょう。

◇知能の様々な分類

まずひとつ目は、サーストンという人物によってなされた分類です。サーストンは、知能は大まかに７つに分類できると考えました（表1）。

表1 サーストンによる知能の分類

言語理解	言葉の意味や内容を理解する能力
	例：語彙をどれだけ知っているか
空間把握	空間の広がりや、空間内の位置などを認識する能力
	例：地図を見て目的地にたどり着けるか
帰納的推論	個々の事例から規則や原理を導き出す能力
	例：数列の穴埋めを適切に行えるか
数値操作	数値の操作を行う能力
	例：複数の数字の足し算を高速に行えるか
語の流暢さ	言語を実際に使用・運用する能力
	例：会話をスムーズに行えるか
連想記憶	ひとつのものから別のイメージや概念を連想する能力
	例：ひとつの言葉から複数の語を連想できるか
知覚速度	物事・現象などを早く理解する能力
	例：未知の現象にどれだけ早く対応できるか

もうひとつは、キャテル、ホーン、キャロルの３人が考えた分類です。この分類は、３人の頭文字をそれぞれとって、「CHC 理論」とも呼ばれています。CHC 理論では、知能は全部で 16 種類に分類されていますが、それぞれをまとめてみると４つのグループに分けられます（表2）。

表2 CHC理論による知能の分類

基本能力	流動性知能（推論、学習など）、短期記憶、長期記憶と検索
知識	読み書きの知識、数量の知識、結晶性知識（年月を経て得られる知識など）、分野固有知識
速度	反応・意思決定速度、精神運動速度、情報処理速度
感覚・運動	視覚処理、聴覚処理、嗅覚能力、触覚能力、運動感覚能力、精神運動能力

分類は十人十色

当然ながら、知能に関する分類はサーストンによるものとCHC理論だけではなく、他の多くの人によってもなされています。そして、分類はどの人によってもまさに十人十色です。

このような知能の分類は、知能を測定するという過程の中で得られてきたもので、現在の知能指数（IQ）に成果が生かされています。知能を数値化できればわかりやすいですし、ある人と人とを比較するのにも有用です。

CoffeeBreak　人工知能にも知能検査が行われている

人間の知能だけではなく、人工知能についても、特定の質問に答えられるかどうかでその知能を測定する取り組みがなされています。しかし、それらの質問は誰でも何も考えずに答えることができるような簡単なものがほとんどです。

ビネーの測定では物事の定義を確認したり、写真を見て質問に回答したりというものがありました。人間からすれば簡単な質問にも思えますが、こうした質問は人工知能にとってはまだまだ高度なものなのです。

なお、人工知能の知能測定（評価）については次章で触れていきます。

〔1-1-2〕

IQとは何かを見てみよう

◇IQは「成熟度」を測るもの?

知能を評価する尺度として最も有名なものは「Intelligence Quotient=『IQ』」でしょう。IQを発明したターマンという人物は、ビネーの測定を応用して、精神年齢を実年齢で割って100を掛けた値をIQとして定義しました。

$$\mathrm{IQ} = \frac{\text{精神年齢}}{\text{実年齢}} \times 100$$

つまりIQは、当初は実年齢に対して精神年齢がどの程度であるかを示すものでした。「IQ=成熟度合」と言い換えてもよいかもしれません。

しかし、この定義には問題点があります。検査対象に成人を含めだすと、正確な数値が得られないのです。

例えば、この計算式では精神年齢が80歳で実年齢が60歳という場合、IQは約133 (80÷60×100) ということになりますが「そもそも精神年齢が60歳と80歳で大きく変わるのか」という疑問が生じます。

そこで、検査対象の人と同じ年齢の人を集めて、これらの人の標準的な点数からどれだけ離れているかで知能を測ることにし、次のようにIQの測定方法が改良されました。

$$\mathrm{IQ} = \frac{\text{検査対象の人の得点} - \text{検査対象と同じ年齢の人の平均点}}{\text{検査対象と同じ年齢の人の得点の標準偏差}} \times 15 + 100$$

これが現在用いられているIQの算定式です。「標準偏差」というのは点数のばらつきを表す値で、それぞれの値から平均値を引いたものを二乗して足し合わせ、全体の個数で割り、平方根（ルート）をとった数値です。

この標準偏差が大きい場合には、平均よりも得点が高い場合でも、IQはあまり高くなりません。逆に、標準偏差が小さいときに得点が高いと、IQは高くなります。したがって、IQとは「特定の集団、もしくは同年齢の集団においてどれだけ傑出しているか」を示す値だと言えるでしょう。

ちなみに、「偏差」という言葉から、受験などでよく用いられる「偏差値」を連想する人もいるかと思いますが、偏差値は以下の式で計算します。

$$\text{偏差値} = \frac{\text{受験者の得点} - \text{受験者全員の平均点}}{\text{受験者全員の標準偏差}} \times 10 + 50$$

◇IQは正確な尺度か？

知能の尺度としてIQを紹介しましたが、何らかの尺度が正確なものかを判断する際に重要となる基準が2つあります。「安定性」と「妥当性」です。

「安定性」は、何度測っても結果が同じになるかどうかということです。一度目の測定ではIQが100だったのに、二度目の測定ではIQが120になってしまっては安定性がなく、正確な尺度であるとは言えません。

「妥当性」とは、尺度が意味を持っているかどうかです。言い換えると、尺度と測りたいものとの間には、関係があり、また、多くの人が納得するものである必要があります。

つまり、IQという尺度に意味があるとするならば、IQの高い人が、IQの低い人よりも多くの人（すなわち社会）が認める何らかの観点で「よい」とされる必要があるのです。この「よい」かどうかの判断には、一般的に社会で重要とされる学校での成績や勤務評定が用いられます。

妥当性の確認方法

妥当性があるかどうかを確認するためには「相関係数」というものを使います。

2つの値が対になったデータが複数あるとき、どちらか一方の値が大きいときに、もう一方も連動して大きい場合、「正の相関がある」と言います。反対に、どちらか一方の値が大きいときに、もう一方が連動して小さい場合は「負の相関がある」と言います。もしどちらか一方の値の変化にもう一方の値が連動していなければ「相関がない」もしくは「無相関」と言います。これらを表すのが相関係数です。

相関係数は－1から+1の間の値をとり、－1であれば完全な負の相関、+1であれば完全な正の相関、0であれば無相関です。例えば、図3において、①の場合は正の相関があり、②の場合は相関なし（無相関）、③の場合は負の相関があると言えます。

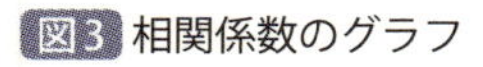
図3 相関係数のグラフ

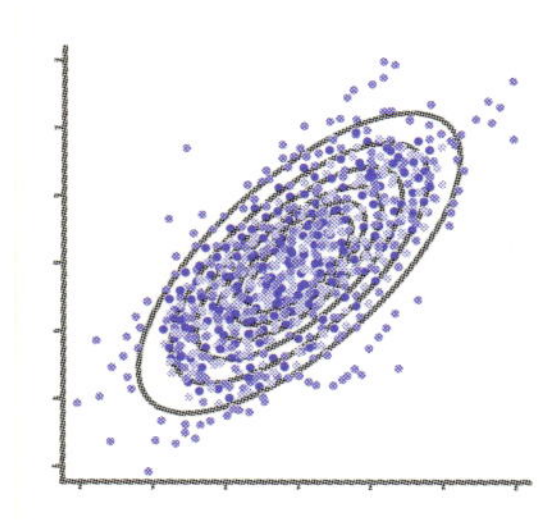

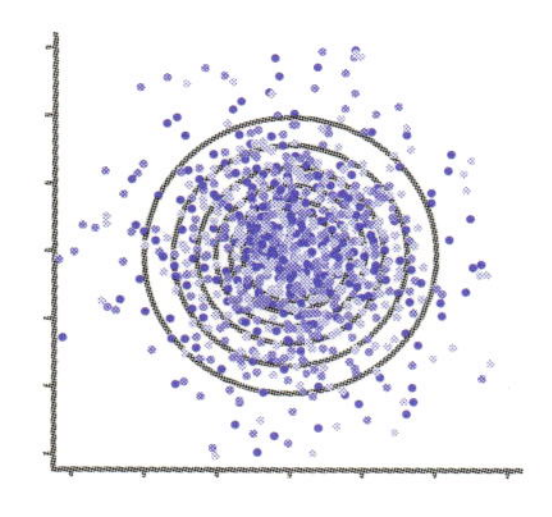

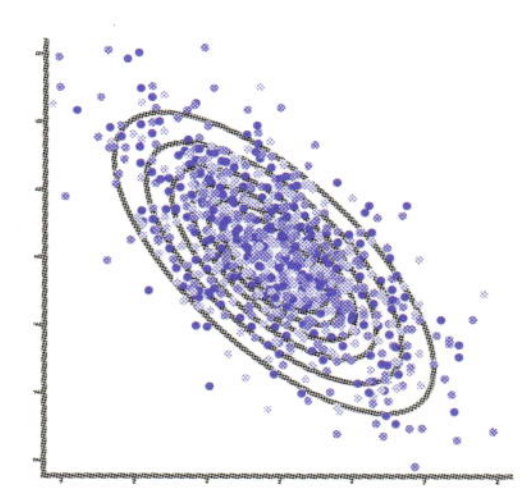

妥当性の計算方法

せっかくなので、練習問題として相関係数を計算してみましょう。相関係数の計算は次のように行います。

①どちらか一方のデータのばらつき（標準偏差）を計算する
②もう一方のデータのばらつき（標準偏差）を計算する
③一方ともう一方のデータの連動度合（共分散）を計算する
④連動度合を双方のばらつきを掛けた数値で割る

「標準偏差」は19ページで説明したように、それぞれの値から平均値を引いたものを二乗して足し合わせ、全体の個数で割って平方根（ルート）をとった数値です。それぞれのデータがどのくらいの範囲で動くかを表します。

「連動度合（統計の分野ではこれを「共分散」と呼びます）」は、それぞれの値から平均値を引いたもの同士を掛け合わせ、それらの総和を全体の個数で割ったものです。対になった値がどちらも大きくなれば大きな値になりますが、両方とも小さくなった場合でもマイナスとマイナスの掛け算なので、大きな値になります。一方、どちらかが大きくなって、もう一方が小さくなるとマイナスとなり、小さな値になります。

最後に、連動度合をそれぞれの標準偏差を掛けた数値で割りますが、この手順はデータの動く範囲で割ることで、最終的に得られる値を－1から+1の範囲に落とし込み、理解しやすくするためのものです。

では、次ページの表3のデータで相関係数を計算してみましょう。

IQの標準偏差は約10.05で、勤務評定の標準偏差は約2.37です。また、共分散は約11.4なので

$$11.4 \div (10.05 \times 2.37)$$

となって、IQと勤務評定との相関係数は約0.48だと算定できます。

表3 IQと勤務評定のデータ

	IQ (平均は102)	勤務評定 (平均は6)	平均との差の二乗 (IQ)	平均との差の二乗 (勤務評定)	平均との差を 掛けたもの
Aさん	112	8	100	4	20
Bさん	111	9	81	9	27
Cさん	106	4	16	4	-8
Dさん	100	5	4	1	2
Eさん	119	6	289	0	0
Fさん	96	5	36	1	6
Gさん	105	10	9	16	12
Hさん	87	2	225	16	60
Iさん	87	7	225	1	-15
Jさん	97	4	25	4	10
合計			1010	56	114
			標準偏差 →10.04987562......	標準偏差 →2.366431913......	平均 →11.4

相関係数の評価方法

では、導き出した相関係数はどう解釈すべきなのでしょうか。一般的には、次のような基準で評価するのがメジャーです(表4)。なお、数値は相関係数の絶対値を表しています。

表4 相関係数の評価

0.0~0.2	相関なし(無相関)
0.2~0.4	弱い相関
0.4~0.7	中程度の相関
0.7~1.0	強い相関

表3の例では相関係数は約0.48だったので、IQと勤務評定とは「中程度の相関」の関係にあると言えるでしょう。

なお、IQと、実際に照らし合わされることの多いもの（学校の成績や勤務評定など）との相関係数は「0.5」程度だと言われています。

ちなみに、尺度を評価するものとして、尺度と対象との相関を示す相関係数以外には「決定係数」というものもあります。これは、「対象となる現象がどのくらい説明できているか」を表す数字で、相関係数を二乗することで求められます。相関係数が0.5の場合の決定係数は0.25となります。したがってIQは、対象となる現象の25%程度しか説明できていないことになります。

そもそも、IQが学校の成績や勤務評定と相関関係にあってもどれだけ意味があるのかという点についても議論の余地があります。世の中は学校の成績や仕事の出来だけが重要なわけではないからです。

しかしながら現在のところ便利に知能を測る手段が他に見つかっていないため、知能を測る指標としてIQは今でも使われているのです。

◇注目を集める感情知能

近年、感情知能（Emotional Intelligence=「EI」）と呼ばれるものも知能の尺度としてよく聞かれるようになりました。IQと対比して「EQ(=Emotional Quotient)」と呼ばれることもあります。

一般的に、これまでの知能検査において「感情」はあまり重視されてきませんでしたが、多くの人に囲まれながら社会的存在として生きている我々にとって感情を上手に扱えることは知的だと考えられるようになり、徐々に感情の重要度は高まっています。

EIの測定は「感情の理解（写真を見てどのような感情を感じるか）」、「感情の推理（あるシチュエーションのときに人間はどういう感情を持つと思うか）」、「感情の制御（あるシチュエーションにおいて考えられる感情の中でどれを持つべき感情だと思うか）」などの項目からなされます。

このテストの得点と子供による「学校でうまくやっていけていると思うかどうかの評定(学校における適応度)」はそれなりの相関が示されており、IQに次いで注目の数値だと言えるでしょう。

〔1-2〕
脳の仕組みを見てみよう

前節では「知能」について考えてみましたが、本節では、脳の構造や働きを見ていきます。なぜなら、知能には脳が深く関係していることは明らかだからです。
また、最後には脳と身体の連関についても紹介します。知能と聞いて多くの人が連想するのは「脳」ですが、「身体」も知能において欠かすことのできない存在です。
本節の初めとして、脳はどのような作りをしているのかを、様々な動物を通して見てみましょう。それぞれの動物によって、生きていくための能力が異なるため、脳の作りも異なってきます。その次に、特に人間の脳がどのような機能を持っているのかを想像してみましょう。

Step1 ▷動物による脳の違いを見てみよう

ひとくちに「脳」といっても、それぞれの動物によって脳の構造は大きく異なります。まずは次の図で動物と人間の脳の違いを見てみましょう。

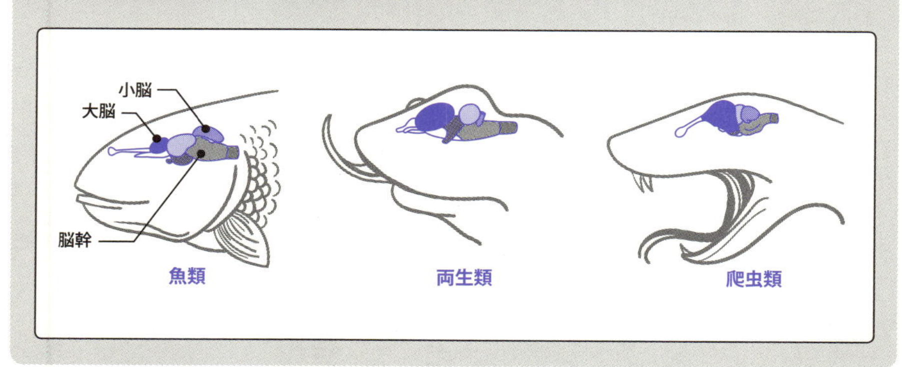

Step2 ▷それぞれの動物の脳の特徴を書き出してみよう

Step1で比較した、それぞれの動物の脳の違いを書き出してみましょう。

解答（一部）　魚類は大脳も小脳も小さい、両生類と爬虫類の脳は似ている、ヒトの大脳には多くのヒダがある

Step3 ▷どんなときに自分の頭の働きが悪いと思うかを書き出してみよう

最後に、「今日は頭の働きが鈍いなあ」と思うのはどんなときかを思い出して書き出してみましょう。どのような機能が鈍っているかを思い出すことで、私たち人間の脳がどのような機能を持っているかがわかるはずです。

解答（一部）　何かを思い出すことがなかなかできないとき、言い間違えをよくするとき、手元がおぼつかないとき

[1-2-1] 人間の脳の特徴を見てみよう

「賢い」動物は脳も大きい？

約40億年前に生命が生まれ、10億年ほど前に多細胞生物が誕生したと言われています。単細胞生物から多細胞生物へと進化すると、それぞれの細胞に役割が生まれ、分業が始まり、臓器などを形成していきます。そうしてできたもののひとつが脳です。脳は、生物が生きていくために様々な情報を扱う必要がある中で、司令塔のような役割を果たすようになりました。

「やってみよう！」で魚類、両生類、爬虫類、鳥類、哺乳類（ネコ）、ヒトの脳を並べてみましたが、それぞれが大きく異なる脳をしています。

まず、ヒトの脳は他の生物と比べて大きいことが特徴です。単に脳の大きさだけで言えばアフリカゾウの脳の方が大きいのですが、身体の重量に照らし合わせて考えると、人間の脳が最も大きいと言えます。

この脳の重量と体重の関係に着目した「脳化指数（Encephalization Quotient=EQ）」という数値があります。

23ページで紹介した「感情知能（Emotional Quotient）」と似ていて紛らわしいですが、こちらは「身体全体のどのくらいが脳であるか」を示す値です。表5に、いくつかの動物のEQを挙げてみます。

なお、EQは直接的に知能を示す数値ではないことに注意してください。しかしながら表を見てみると、イルカやサルなど、比較的知能が高いとされている動物の値が高い傾向にあるので、知能を示す数値としても間違ってはいないものだと考えられます。

表5 動物ごとのEQの比較

動物	脳の重さ（グラム）	脳化指数（EQ）
ヒト	1250-1450	7.4-7.8
ハンドウイルカ	1350	5.3
シロガオオマキザル	57	4.8
オマキザル	26-80	2.4-4.8
キツネ	53	1.6
犬	64	1.2
猫	25	1
ネズミ	0.3	0.5

データ出典：Gerhard Roth und Ursula Dicke (May 2005). "Evolution of the brain and Intelligence". TRENDS in Cognitive Sciences 9 (5): 250–7.

◇脳の３つの構成要素

次に、脳の構成要素を見てみましょう。脳は大きく分けて、大脳、小脳、脳幹の３部分から構成されています。大脳、小脳、脳幹の主な機能は次の通りです。

①大脳

いわゆる「高次の機能」に関わっている部分です。具体的には、運動や言語、判断、そして行動、また感覚の統合なども担っています。これだけでなく、記憶（短期記憶や長期記憶）、感情なども担っています。

②小脳

主に運動と学習に関わっています。特に随意運動（「動かそう」と意識して動かす運動）に関係しており、身体の動かし方などの記憶も担当しています。頭で描いていた行動と実際の行動を比較して、動作を調整するのも小脳です。

③脳幹

生得的欲求（いわゆる本能）や生命活動を担っており、体温の調節や呼吸などを制御しています。また、神経を介して身体の様々な運動を制御しています。

◇人間の知能の秘密は大脳にあり

先ほどの「やってみよう！」で紹介した図を見てみると、ヒトは特に大脳が大きく発達していることがわかります。他の動物は大脳がここまで大きくありませんので、人間特有の知的さは大脳に関係していると考えられるでしょう。

脳を構成するいくつかの要素のひとつである大脳も、複数の部分から構成されます。中でもヒトの大脳で最も進化している部分は、最も外側に位置する「大脳新皮質」です。大脳新皮質は、しわのようになっていて、しわになっている部分を広げると、新聞紙の1面分くらい、もしくはA4の紙を4枚広げたくらいになります。なぜしわになっているのかと言うと、狭い頭蓋骨の中で少しでも多くの表面積を確保するためです。

また、ヒトの大脳新皮質にはニューロン（神経細胞）が約100億個以上存在します。ニューロンとは、いくつもの他のニューロンとつながって情報を伝達し合う細胞のことです。一方のニューロンからもう一方のニューロンに延びる「軸索」と呼ばれる部位の長さは、数ミリから長いものだと1メートルにもなります（図4）。

ひとつのニューロンはおおよそ1万のニューロンとつながっているとも言われているので、処理している情報量たるや想像もつきません。さらに、ニューロンの配線の数は100兆を超えるとも言われており、全ての配線を解読するには長い時間がかかると見込まれています。ヒトの遺伝子配列を解析したものを「ヒト・ゲノム」と言いますが、ヒトのニューロンの配線については「ヒト・コネクトーム」と言います。このように複雑な神経回路網であるヒト・コネクトームがヒトの情報処理を支えているため、ヒト・コネクトームが解明されたとき、人間の脳の全てが解明されると言っても過言ではないでしょう。

◇「ディープラーニング」はニューロンから生まれた

近年、人工知能が注目を集めるきっかけになったとも言える「ニューラルネットワーク（ディープラーニング）」ですが、これは上記のニューロン同士のつながりに着想を得たものです。最近のニューラルネットワークは多くのニューロンを用いており、その接続数も億単位と、ヒトのニューロンに近付いてきています。なお、ディープラーニングについては5章で詳しく説明します。

図4 ニューロンのつながりと情報の流れ

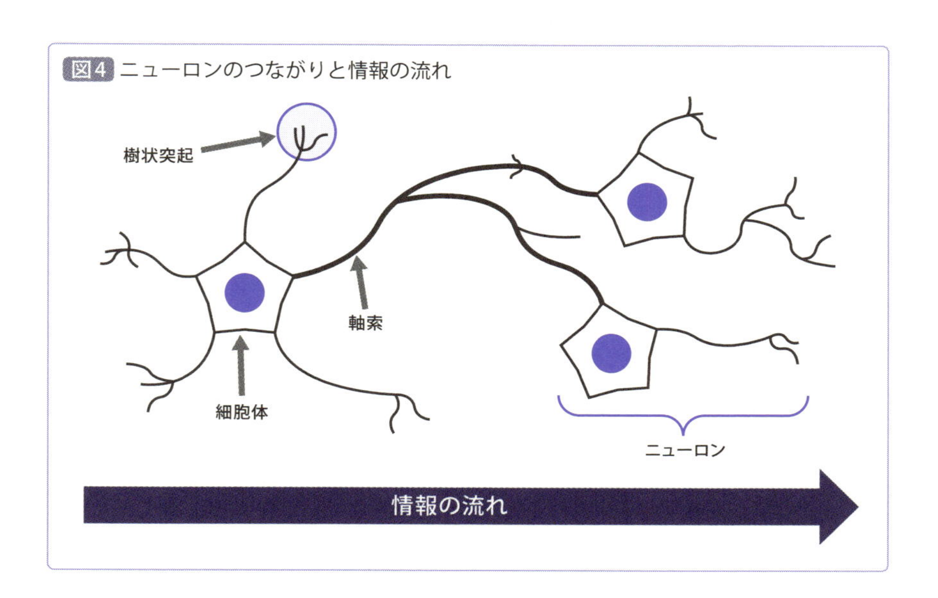

〔1-2-2〕
脳の3つの特徴を見てみよう

◇どこかひとつの部分が損傷を負うと活動が不完全に

本項では、脳全体の３つの特徴を見てみましょう。

①機能局在

そのひとつが「機能局在」です。これは、脳のそれぞれの部分がそれぞれ別の機能を担当しているという考え方です。

機能局在を立証する有名な部位としては、「ブローカ野」が挙げられます。ブローカ野は左脳（脳の左側）の前方（前頭葉）に存在しますが、この部分に障害がある人は、言葉を理解することができても話すことができません。

また「ウェルニッケ野」という部分は左脳の側面（側頭葉と頭頂葉の境界あたり）にありますが、この部位に障害のある患者は、言葉を話すことができても相手の言っていることを理解できません。このように、脳は部分部分によって担っている機能が異なるのです。したがって、どこかひとつの部分が障害を負うと、ある機能が不完全なものになってしまうのです。

②機能の連携

脳の機能は局在していると紹介しましたが、それぞれがバラバラでありながら、脳はどのように情報を処理しているのでしょうか。

様々な研究の結果、脳はそれぞれの部位が次々に情報を受け渡していくことで、段階的に情報の処理を実現していることが判明しています。まずはある場所で１次処理を行い、次の場所で、２次処理を行い、またその次の場所で３次処理を行い……という具合です。

視覚を例に考えてみましょう。まず、物体（図5の場合はイヌ）を見ると、網膜への刺激が電気信号となって、脳の視覚野という部分に送られます。視覚野では、段階的に「傾き」や「輪郭」、「色」などの個別の情報を処理していき、最終的に目の前にある物体の全体を知覚します。

また、色や形と動きがそれぞれ別ルートで処理されていることを利用して、筆者の所属するNTTでは、「変幻灯（へんげんとう）」というディスプレイを研究開発しています。変幻灯は、動きのない写真に動きの情報だけを投影することで、見ている人に写真が動いて見えるという錯覚を引き起こします。

図5 段階的な視覚の処理

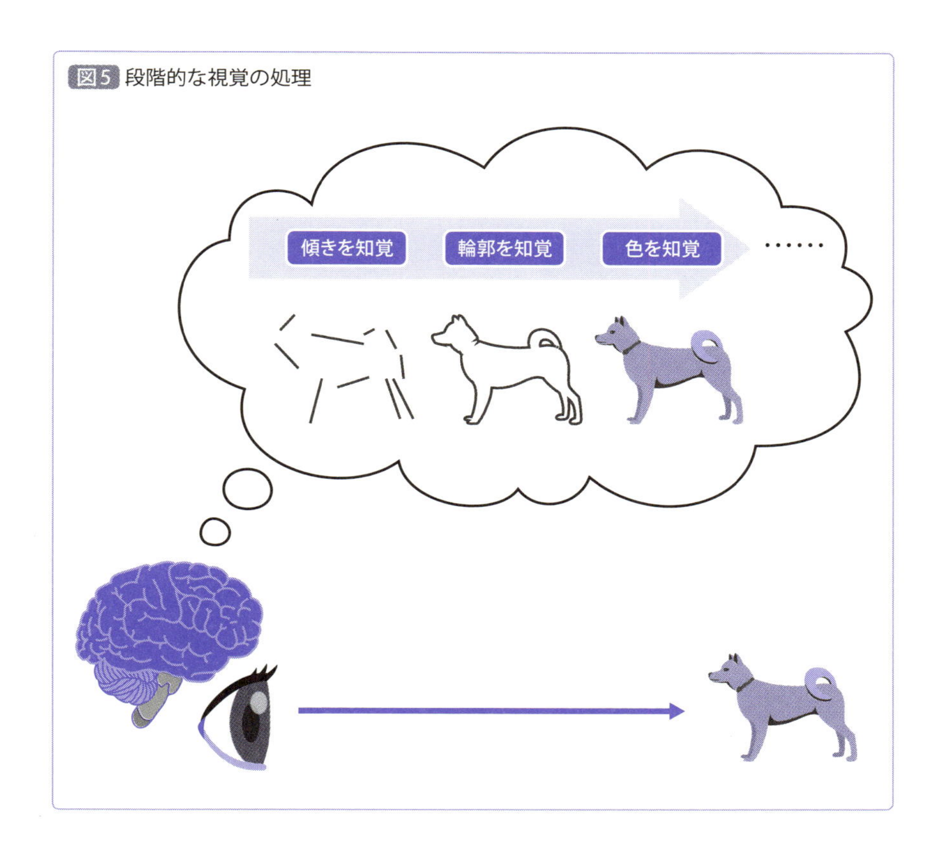

③共通構造

大脳新皮質は、コラム構造と呼ばれる構造を持っています（図6）。

図6 コラム構造の図

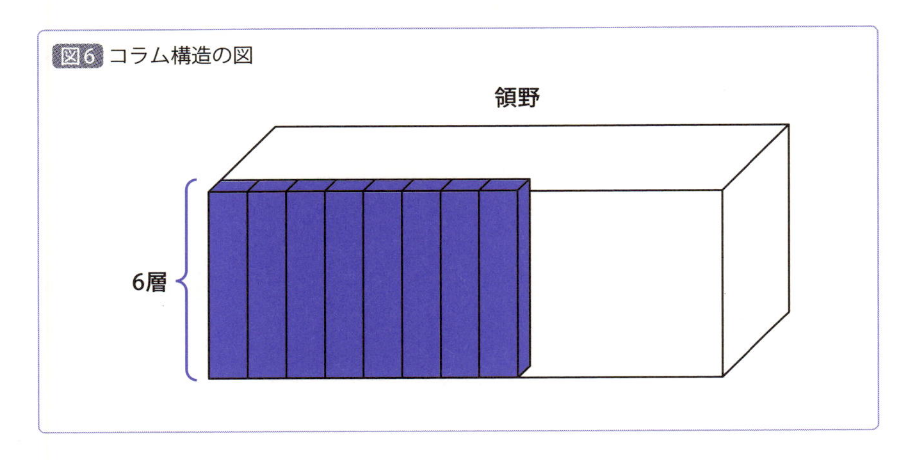

それぞれのコラムは高さが2ミリ、直径が0.5ミリほどで、中に1万個ほどのニューロンが入っています。また、ひとつひとつのコラムは6層から成り立っていて、皮質のほとんどの場所で同じ構造が見られます。

この構造は、少し高級なベッドのマットレスに入っているポケットコイルのようなものをイメージすればわかりやすいでしょう。また、小脳の皮質は3層構造になっていて、同質の構造が連なって構成されています。

脳の様々な機能が、同じような構造によって生み出されていることは非常に興味深いことです。

つまり、脳は汎用PCのようなもので、様々なソフトウェアをインストールできるハードウェアのようなものだと考えることができます。

〔1-2-3〕
知能に関係するのは脳だけか？

◇脳と身体は不可分

ここまで、知能を解明するために脳にばかりクローズアップしてきましたが、最後に「身体」へも目を向けてみましょう。

考えてみれば当然ですが、知能は脳だけでは成り立ちません。水槽に脳だけが浮かんでいる情景を想像してみてください。この状態からでは、脳は何もできないはずです。脳は、手足や体の様々な部分と連携してこそ初めてさまざまな賢い動作が可能になるということです。

◇環境から情報を読みとる

身体は環境との相互作用により、様々にふるまいを変化させます。これは「身体性認知科学」という分野で研究されているテーマです。

身体性認知科学の書籍などでよく説明される例ですが、アリが砂浜の上を動いているとき、くねくねと非常に複雑な動きをしているように見えることがあります。しかし、もしアリが体長1メートルだったら、このような複雑な動きをするでしょうか。おそらく、砂があることなどを無視して、どんどんまっすぐに歩いていくでしょう。これが、身体と環境との相互作用です。砂浜におけるアリの見せる複雑な動きは、アリの小さな身体と砂浜との相互作用が見せている知的なふるまいなのです。

なお、この身体性認知科学という学問分野の創始者はブルックスという人物ですが、彼は周りの環境だけに反応するロボットを作り、それが極めて知的に見えることを発見しました。そして、掃除ロボットとして広く知られる「ルンバ」を開発したのです。ルンバは部屋の中にある障害物にぶつからないように掃除していきますが、その器用な動きは見ようによっては何か知能を持っているようにも見えます。これは、ルンバの身体と環境との相互作用が見せているものなのです。

◇結局のところ知能って何？

本章では、知能の定義、知能計測の歴史、知能の分類などを概観し、IQの項では、知能とは社会にとって役立つような能力である必要があるということを述べました。

また、次に少し寄り道して人間の脳の基本構造や脳がどのように働いているかを見てきました。その中で、脳には動物が生きていくために必要な機能がバラバラに存在し、それらを統合するために連携して、段階的に情報を処理していることもわかりました。

そして最後に、知的なふるまいを実現するにあたって、身体や環境との相互作用が重要であることを学びました。

では、結局のところ、「知能」とは何なのでしょうか？ せっかくなので、ここまで紹介したことをまとめて、筆者なりに知能の定義を考えてみました。

知能とは、環境と調和し、
社会でよりよく生きていくための能力

さて、次章からはいよいよ本題の人工知能について学んでいきます。

今や人工知能は様々な分野に応用されていますが、それぞれの分野に応用するための仕組みを、一緒に学んでいきましょう。

第1章のまとめ

- 最初の実用的な知能の測定はビネーによるもので、その目的は学校で習熟が遅い子供を見つけるためだった
- ビネーによる知能測定はコストがかかったり、大人に適用することが難しかったりしたため、その弱点を克服すべく「IQ」が考案された。IQは受験における偏差値と同じような式で計算される
- 知能を計測する過程で、知能の分類として様々なものが考案された。例えば、スピアマンは2つに分類し、サーストンは7つに分類した。また、CHC理論では、知能は4つに分類される
- ヒトの脳は、他の動物よりも大脳が発達している。体重に照らし合わせた脳の重量はヒトが一番大きい
- ヒトの脳では、100億を超えるニューロンがつながり合って情報を処理している。ニューロン同士の配線の数は100兆を超える複雑さである
- 脳の特徴として、「機能局在」、「機能の連携」、「共通構造」が挙げられる
- 知的なふるまいは脳だけで実現されているわけではなく、身体や環境との相互作用で実現されている

練習問題

Q1

ビネーの知能測定で測るものは次のうちどれでしょう?

- **A** 実年齢
- **B** 精神年齢
- **C** IQ
- **D** 勤勉さ

Q2

以下は標準的なIQの式です。①と②に適切な数値を入れてください

$$\mathrm{IQ}=\frac{\text{検査対象の人の得点}-\text{検査対象と同じ年齢の人の平均点}}{\text{検査対象と同じ年齢の人の得点の標準偏差}}\times①+②$$

Q3

ディープラーニングの着想の基となったものは次のうちどれでしょう?

- **A** ブローカ野
- **B** ウェルニッケ野
- **C** ニューロン
- **D** ヒト・ゲノム

Q4

知能は環境との相互作用によるものである、という考え方と最も関連が深い研究分野は次のうちどれでしょう?

- **A** 物理学
- **B** 情報学
- **C** 身体性認知科学
- **D** 言語学

解答

Q1. B　Q2. ①＝15、②＝100　Q3. C　Q4. C

Chapter

02

人工知能の基礎知識を学ぼう

～これまでの歴史やビジネスへの応用～

本章では、「人工知能とは何か」についてを人工知能の分類や人工知能の基礎知識を通して学んでいきます。また、人工知能を作っていく上で欠かせないのが「評価」です。評価を適正に行うことで、ちゃんと人工知能が賢くなっているかを理解し、的確な改善につなげることができます。そして最後には、今後の人工知能の展望も紹介していきます。本当にシンギュラリティは来るのでしょうか？

【2-1】

身の回りにある人工知能を見てみよう

前章では、人工知能を知るための前段として、人間の知能について見てきましたが、ここからはいよいよ人工知能について学んでいきましょう。実は、人工知能の技術は身の回りにあふれています。特に、多くの人が使用するスマホ（スマートフォン）には人工知能の技術が多数搭載されており、従来の携帯電話（フィーチャーフォン）と比較すると、賢い機能が多くあります。登場からわずか数年でスマホは爆発的に普及しており、個人単位でみると今や2人にひとり、20代に限れば9割以上の人が保有しています。そこで、まずはスマホをよく観察してみましょう。スマホの本体にはどんな機能が搭載されているでしょうか。

Step1 ▷スマートフォンに搭載されているハードウェアを書き出してみよう

従来の携帯電話（フィーチャーフォン）に比べて、優れていると考えられるスマートフォンのハードウェア（部品）を書き出してみましょう。

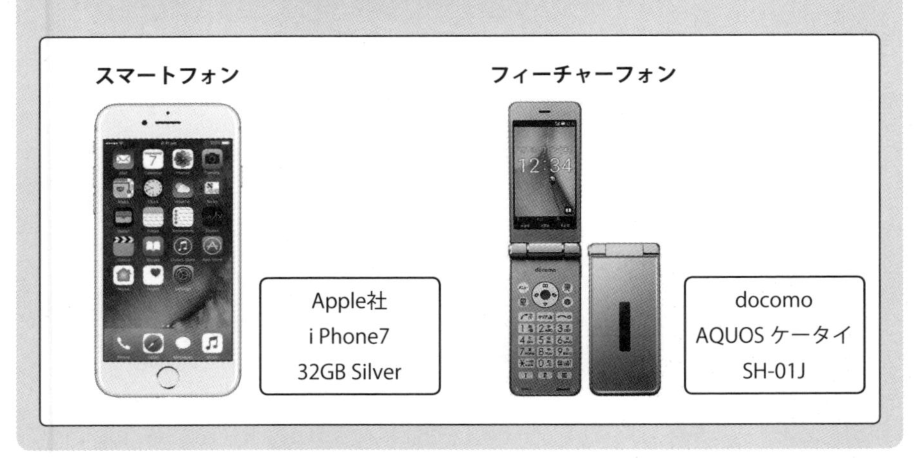

・
・
・
・
・
・
・
・
・

解答（一部）　高機能なCPU、高速なデータ通信装置、高解像度のカメラ、大画面ディスプレイ、タッチパネル入力デバイス、GPS（全地球測位システム）、センサ（加速度、ジャイロ）

Step2 ▷スマホのアプリにはどんなものがあるかを書き出してみよう

スマホに搭載されている様々な機能を用いたアプリでは、実は多くの人工知能技術が活用されています。そこで、人工知能を搭載したスマホのアプリにはどのようなものがあるのかを挙げてみましょう。

・
・
・
・
・
・
・
・
・

解答（一部）　音声アシスタント、機械翻訳、画像認識、文字認識、おすすめ情報の提示、ナビゲーション

〔2-1-1〕

人工知能に対するスタンスを見定めよう

◇人工知能に対する自分のスタンスは？

人工知能（AI=Artificial Intelligence）とはその名の通り、人工的に作られた知能のことです。

本書を読んでいる人は、「これから人工知能を研究･開発したい」と思っている人や、あるいは「ビジネスの場において人工知能を導入・活用したい」と思っている人がほとんどでしょう。特に「研究･開発したい」と思っている人は、まず自分が人工知能に対してどういうスタンスを持っている・求めているのかを明確にしてみるとよいでしょう。そのためには、まず「自分が何のために人工知能に携わるか」という点を見極めます。

◇何のために人工知能に携わるか？

人工知能に携わる人にとって、まずスタンスは大きく２つの方向に分かれます（図1）。

①何かを解明したい
②何かを実現したい

①何かを解明したい

ひとつは「何かを解明したい」というスタンスです。サイエンス（科学）の立場に身を置く人に多いスタンスでしょう。人工知能に携わる科学者の多くは、人工知能を通して、人間の知能や、脳の機能を解明したいと思っているはずです。

②何かを実現したい

　もうひとつが、「何かを実現したい」というスタンスです。こちらは、人工知能を通し、人間の知能や機能を「実現したい」という、エンジニアリング（工学）の立場に身を置く人に多いスタンスです。

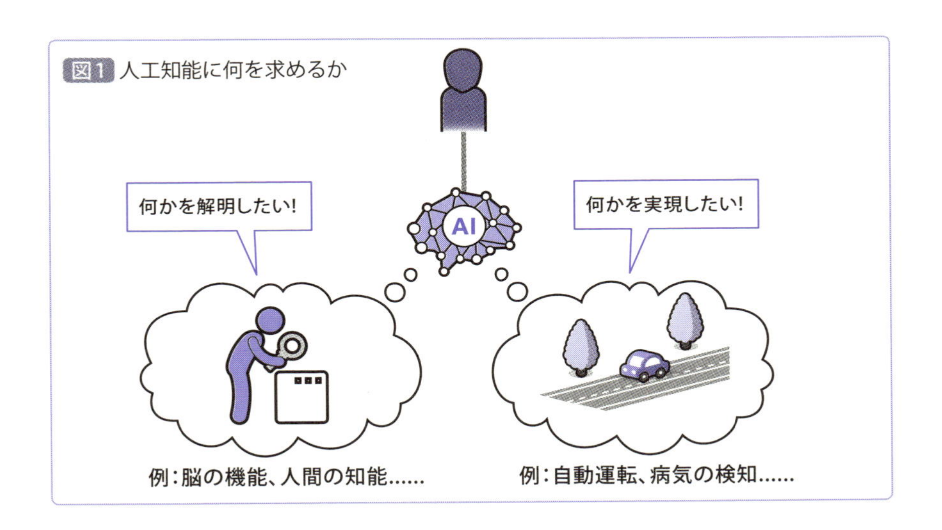

図1 人工知能に何を求めるか

どんな人工知能を作りたいのか？

　「何のために人工知能に携わるか？」という自分のスタンスを考え、もし「何かを実現したい」という場合には、次に「どんな人工知能を作りたいのか？」という最終目的を考えておく必要があります。人間の知能が様々な機能を持っていたように、人工知能でも様々なことが実現できるからです。「どんな人工知能を作りたいのか？」については、大きく３つの分類ができます。

①「人間の持つ知能」を作りたい
②「人間の知能が実現している機能」を作りたい
③「人間の知能でも実現できないような機能」を作りたい

①「人間の知能」を作りたい

まずは「人間の持つ知能を作りたい」というスタンスです。換言すれば「人間そのものを作りたい」という立場であるとも言えます。人間と同じ仕組みを持ち、人間のように動作し、さらにふるまいだけではなく中身もしっかり人間と同様のものを作りたい、という立場です。

②「人間の知能が実現している機能」を作りたい

次に考えられるのが「人間の知能が実現している機能を作りたい」というスタンスです。よく使われる例ですが、鳥のように飛ぶためには、鳥と100％同じ構造を実現する必要はありません。つまり、基本原理さえ押さえておけば、鳥とは少し違う構造でもよいのです。その典型が、飛行機です。飛行機では、鳥の全ての構造を再現することなく、空を飛ぶことに成功しています。このスタンスでは、完全に人間的な仕組みなのかどうかはさておいて、表面的なふるまいや機能を実現するための方法を考えます。

①のスタンスのように人間と全く同じものを作るのは大変なため、現在人工知能を研究・開発している人はこの②を目的地点に考えている人が多いと思います。

③「人間の知能でも実現できないような機能」を作りたい

最後は「人間の知能でも実現できないような機能を作りたい」というスタンスです。「知能」というものを人間が実現しているものだけにとらわれずに、それよりももっとすごい知能を目指そうという考え方です。最も夢のある野心的なスタンスかもしれませんが、昨今大きな注目を集めたように、将棋やチェスではすでに人間を上回ることを実現しており、これからますます人間を超える人工知能が開発されていくでしょう。

ここまで紹介した人工知能に接する際のスタンスをまとめると、次のようになります（図2）。

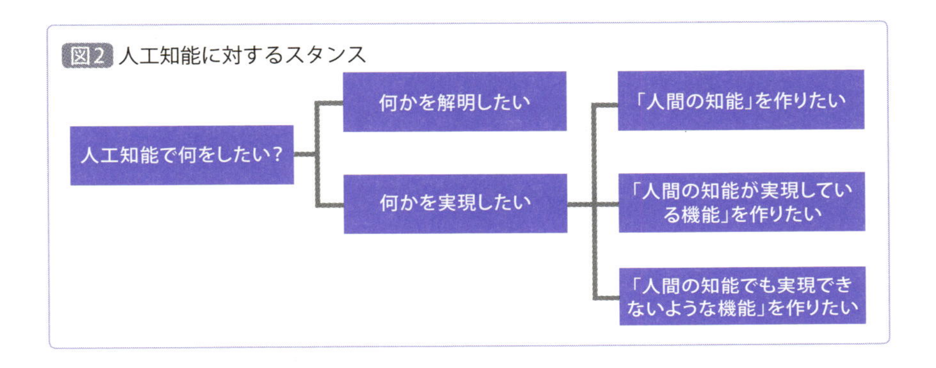

◇身体に対するスタンス

33ページで紹介したように、知能は脳だけで作られるわけではなく、身体によっても作られます。したがって、人工知能を扱う際には、ここまで見てきた人工知能に対するスタンスだけではなく、身体に対するスタンスも定めておく必要があります。

①知能には脳（ソフトウェア）が重要だ
②知能には身体（ハードウェア）が重要だ
③知能には脳も身体も重要だ

実感として、多くの人工知能研究者はソフトウェアに着目しているように思えますが、ハードウェアにも注目することには様々なメリットがあります。

記号接地（シンボルグラウンディング）問題とは？

人工知能の分野では、「記号接地（シンボルグラウンディング）問題」というものがあります。これは人工知能（あるいはコンピュータ）が、表象（= 記号で表された世界）と実際の世界を結びつけて理解することができない、という問題です。

例えば、「りんご」を見たことも聞いたこともなく、その存在も知らない人に「りんご」という言葉だけを教えたところで、理解することはできないはずです。人間であれば（あるいは視覚能力を持つハードウェアならば）、実際にりんごそのものを目にできるので、「りんご」という言葉も理解できます。しかし、研究者が「知能には脳（ソフトウェア）が重要だ」という考えに固執していてはこの問題を解決できません（図3）。

一方で、知能にはハードウェア（身体）も重要であるということを理解できていれば、記号接地問題の解決にも近付くことができます。ただし、ハードウェアを作るのには多大なコストがかかるため、なかなか手を出すのが難しいという問題もあります。

ちなみに筆者は人工知能の様々な分野の中でも「対話システム」の研究をしています。言葉を使って人間と会話をするシステムを作る研究です。

筆者のスタンスは、まず「何のために人工知能に携わるか？」に関して

図3「脳」だけでは記号と現実を結びつけられない

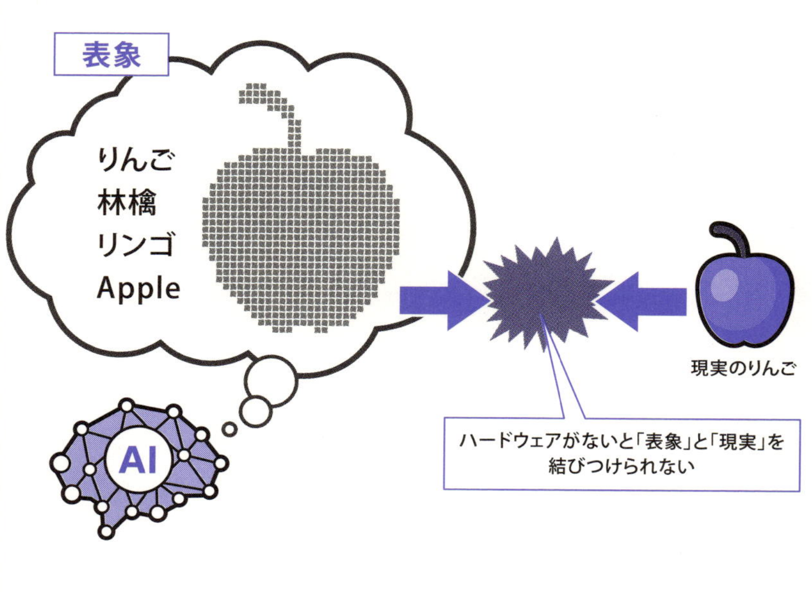

は「何かを実現したい」という立場です。「どんな人工知能を作りたいのか？」に関しては「人間の知能が実現している機能を作る」というもので、知能に関しては「知能には脳も身体も重要だ」という立場です。

そのためにロボットを使い、人間との自然な会話を実現できることを目指しています。ハードウェアを全て自分で作るのはほぼ不可能なので、大阪大学の石黒研究室と共同して、会話するアンドロイドを研究しています(図4)。左が「Uちゃん」で右が「スケルトン」と呼ばれるアンドロイドです。これらのシステムは、身振り手振りをしながら様々な知識を基に、人間と対話を行います。

図4 筆者と対話をするアンドロイド

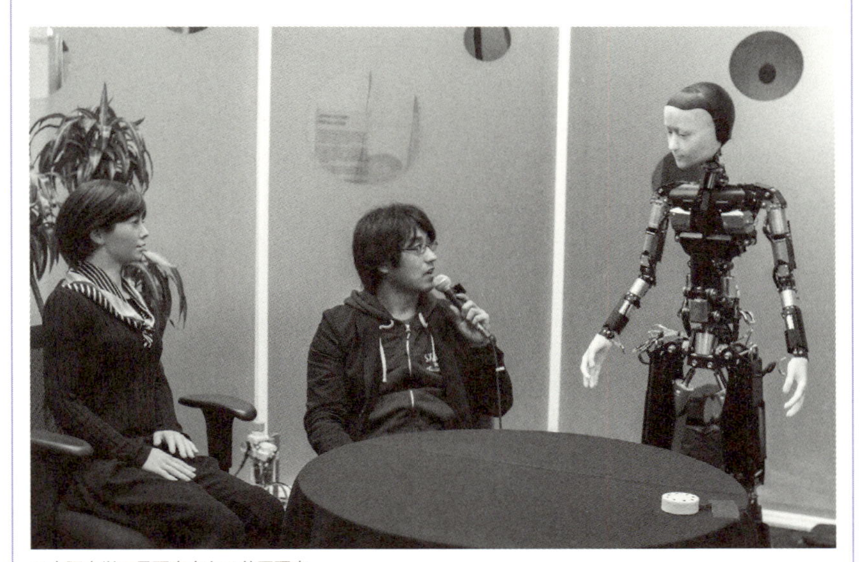

※大阪大学石黒研究室との共同研究

〔2-1-2〕

人工知能のこれまでの歴史を押さえよう

◇全３回のブーム

さて、ここからは人工知能に関する基本的な知識を学んでいきましょう。まずは、人工知能の歴史についてです（図5）。なお、筆者は対話システムの研究者なので対話システムの歴史にも触れていきたいと思います。対話システムは、人工知能でも特に重要とされている領域なので、これまでに人工知能がブームとなるたびに熱心に社会から取り上げられてはいますが、ブームが下火になるたびに冬の時代を迎えています。

人工知能にはこれまで三度のブームがあり、ディープラーニングが注目されている今は第３次ブームの真っただ中です。

図5 人工知能の歴史

	出来事	注目を集めたもの	登場した課題
第1次ブーム（1956年～1970年ごろ）	・ダートマス会議が開催される ・同会議で「Artificial Intelligence（＝人工知能）」という言葉が初めて使われる	・記号処理分野	・人工知能は社会の役に立てるのか？ ・フレーム問題にどう対処するのか？
第2次ブーム（1980年～1995年ごろ）	・人工知能を活用したシステムが（専門ではない）医師よりも高い性能を示す ・日本で「第5世代コンピュータプロジェクト」が立ち上がる	・知識表現分野 ・ニューラルネットワーク ・エキスパートシステム	・人工知能に知識を教え込むためのコストはどうするのか？ ・明確に書き出すことができない知識をどうするのか？（知識獲得のボトルネック）
第3次ブーム（2010年ごろ～現在）	・人工知能の産業応用が進む ・人工知能が「猫」の特徴を自動的に獲得する（「Googleの猫」） ・囲碁/将棋で人工知能が人間に勝利する	・機械学習（ディープラーニング） ・AlphaGo ・ヒューマンコンピュテーション	・人工知能が学習するために必要なデータをどのように集めるのか？

第１次ブーム：「知能とは記号処理である」

「AI（＝人工知能）」という言葉が誕生したのは1956年です。1940年代から人工知能の研究は世界で行われていましたが、「Artificial Intelligence」という言葉が使用されたのは1956年の「ダートマス会議」が最初です。ダートマス会議は人工知能に関する研究発表の場で、当時はコンピュータ上での記号的な処理によってパズルのようなものが高速に解けることが判明し、研究が進むにつれてコンピュータによる可能性に誰もが胸を躍らせ始めた時代です。このころから人工知能の第1次ブームが始まります。第1次ブームにおけるメインストリームとなった考え方は「知能とは記号処理である」というものでした。

実はこの第1次ブームの当時、対話システムの研究も始められています。

そのうちのひとつとして、ELIZA（イライザ）という対話システムがあります（図6）。セラピストの役回りをする対話システムで、テキストチャットで人間と会話をするのが特徴です。ELIZAは、自分のことを質問されたら、「あなたのことをもっと聞かせて」と応えます。また、ユーザが何か話してきたら「もっと詳しく聞かせて」と応えます。つまり、自分から

図6 ELIZAとの対話

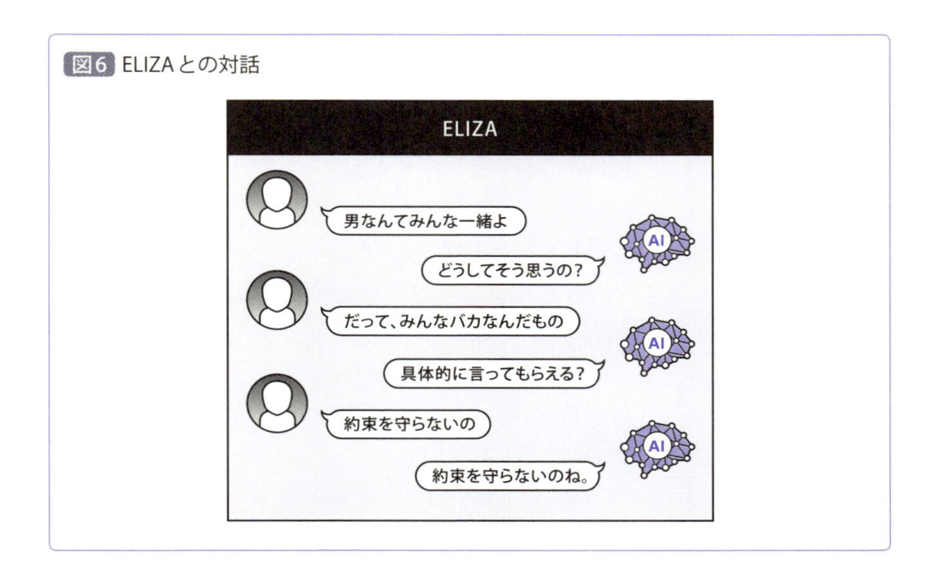

何かを能動的に話すことはせず、ユーザの言葉を受動的に受け取るだけのシステムだとも言えます。このようなやりとりを繰り返していくと、ユーザは「自分のことをわかってくれている」と感じる仕組みです。

また、SHRDLU（シャードル）という対話システムも有名です（図7）。積み木が表示されている端末に向かってユーザが言葉で指示を出すと、表示されている積み木を動かすというものです。積み木を適切に動かすためには、「まずこの積み木を動かしてから、その下の積み木を動かして……」というように積み木をどう動かしていくかの手順を考える必要がありますが、そのような処理もSHRDLUはできました。

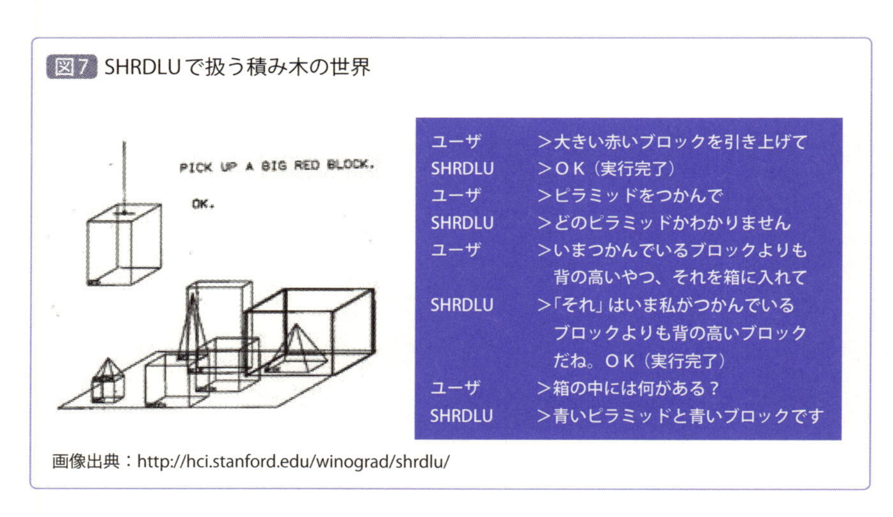

図7 SHRDLUで扱う積み木の世界

画像出典：http://hci.stanford.edu/winograd/shrdlu/

こうして様々な対話システムも生まれた第1次ブームでしたが、すぐに下火になってしまいます。なぜなら、人工知能は、パズルのような問題（おもちゃのような問題＝トーイプロブレムと呼ばれます）は解くことができても、実際に社会において役に立つような問題には、手も足も出なかったからです。例えば、ELIZAは単語に反応して機械的なレスポンスを返すだけで、ユーザの言葉の意味を理解していません。SHRDLUも、積み木のことしかわかりませんでした。当然ながら、単語に機械的に反応したり、指示通りに積み木を動かしたりする能力だけでは、何の役にも立ちません。

人工知能の限界：フレーム問題

人工知能が実際の世界で役立てないことを示すものとして「フレーム問題」というものがあります。これは、人工知能が問題を解くときに枠（フレーム）をうまく設定できないという問題です。

例えば、荷物を受け取りにロボットが部屋にやってきたとします。しかし、ロボットは「荷物」という目的にのみフォーカスしてしまうため、もし荷物の上に花瓶が載っていたとしても、全く気にすることなく荷物を動かしてしまい、花瓶を壊してしまうでしょう。

では、荷物以外にも注意を向けるとして、どこまでを考慮すればよいのでしょうか。これが難しい問題となるのです。荷物の上だけでなく、下にあるものや近くにあるものまで注意しなければならず、キリがありません。このように、ちょうどよい枠をコンピュータがうまく作れないことを「フレーム問題」と言います（図8）。

図8 フレーム問題

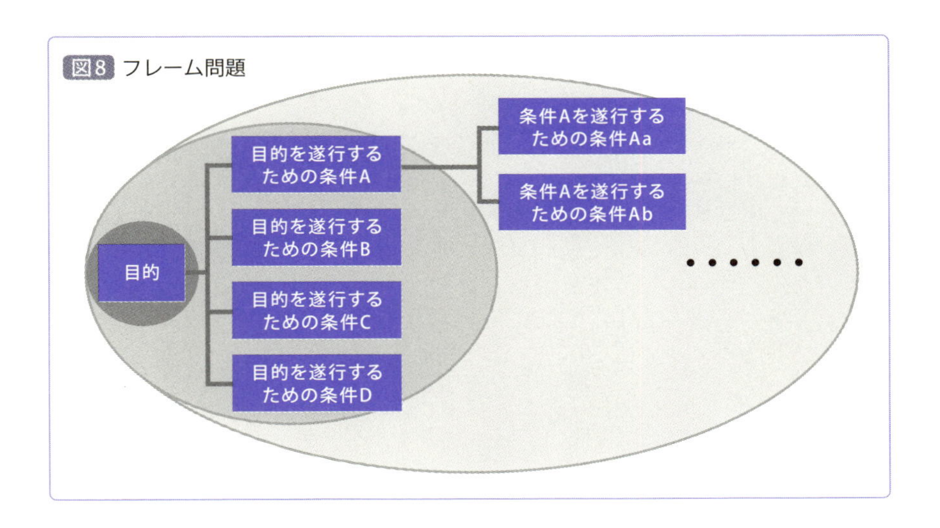

第２次ブーム：「知能とは知識である」

実社会において役に立たないことやフレーム問題などにより第１次ブームは収束し、人工知能研究はしばらく冬の時代を迎えましたが、すぐに第

2次ブームが到来します。第2次ブームは「エキスパートシステム」によって引き起こされました（図9）。

エキスパートシステムは、日本語では「専門家システム」と呼ばれます。専門家の知識をコンピュータに投入し、それに基づいて判断を行うプログラムのことです。

図9 エキスパートシステム

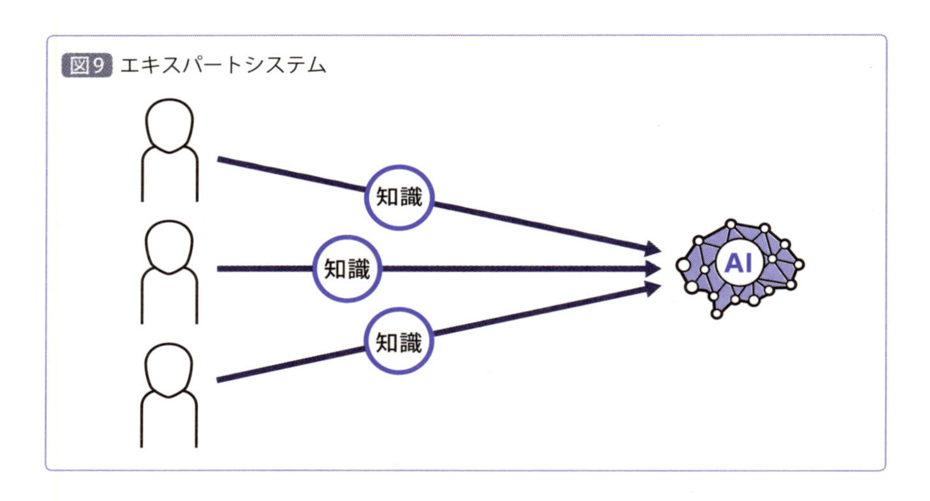

例えば、医者が患者を診察するときには、様々な症状を観察し、それに基づいてどのような治療や投薬を行えばよいのかを判断します。このときに医者が用いているような知識をコンピュータに入力しておき、あたかも医者のように判断させようということです。

このエキスパートシステムが実際に役に立つ場面も出てきたため、日本でも「第5世代コンピュータプロジェクト」というものが立ち上がり、大規模な投資が行われました。

第2次ブームのメインストリームとなった考え方は「知能とは知識である」です。かねてよりの研究で、コンピュータが自分で現実世界のことを考えるのは難しいことが判明したので、それなら人間が教えて賢くさせようという考え方が生まれました。

対話システムの領域でも、知識を備えておくことで高度な対話ができることが確認されていきました。中でも「GUS」と呼ばれる対話システムは有名です。このシステムは、「フレーム表現」という構造で知識を持っています。ここでの「フレーム」は「フレーム問題」と同じで、「枠」という意味です。

フレーム表現とは、人間によってあらかじめ定められた、システムが着目すべきデータ構造のことです。会議室を予約するための対話システムであれば、会議室に関係する情報のフレーム表現を用意しておき、そのフレーム表現に含まれる内容だけをシステムに理解させるようにします。これによって、会議室に関係のないユーザの発言は無視し、会議室に関係のある発言のみが処理対象となり、適切に会議室が予約できるのです（321ページ参照）。

コメディで、決められた・指示されたこと以外に対応できない、融通の利かない人物が取り上げられることがありますが、このイメージに近いです。こうしたことはほとんどの人ではありえませんが、フレーム表現を用いるとこのようなシステムが出来上がります。

第１次ブームとは違い、エキスパートシステムにより実際の社会でもある程度は役に立つことができるようになった人工知能でしたが、第２次ブームもすぐに下火になってしまいました。理由は、人間の持つエキスパートな知識を取り出してシステムへ入力するのが大変だったからです。

言葉にできるような知識であればよいのですが、専門家ともなると、言葉では表せないような知識もたくさんあります。知識を取り出しにくいという問題は、「知識獲得のボトルネック」と呼びます。知識獲得のボトルネックが原因となり、知識を得るためのコストがかかるため、エキスパートシステムは有用ではありながら利用されなくなっていってしまいました。人工知能は、再び冬の時代を迎えます。

第３次ブーム：「知能とは学習である」

人工知能は今、第３次ブームの花盛りです。2010年以降続く第３次ブームの火つけ役は、何と言ってもディープラーニング（深層学習）でしょう。

ディープラーニングは、５章で詳しく説明する機械学習（コンピュータに事例を見せて判断の仕方を教えること）のひとつです。この機械学習の精度が、ディープラーニングの技術によって飛躍的に進化したのです。中でも画像の分類などの領域では、人工知能が人間を上回るまでになりました。

ディープラーニングには驚くべき特徴があります。それは、「人間が介在しなくても学習において着目すべき点が自動的に獲得できてしまう」という点です。ディープラーニングが登場する以前では、「この部分に着目して分類せよ」といったことを人間がコンピュータに教えなければなりませんでした。しかし、ディープラーニングではそれが不要になったのです。どこに着目して分類するべきかなどをデータから自動で学習できるようになりました。

「Google の猫」という言葉が一時期注目を集めました。これは、画像を分類するときに、猫の画像を分類するための着目ポイントを人工知能が自動的に発見したことによります（図10）。

第３次ブームの現在、メインストリームとなっている考え方は「知能とは学習である」です。そして、「データが全てである」という考え方も支配的です。なぜなら、機械学習、特にディープラーニングでは、大量のデータを基に人工知能が学習し、規則性などを見つけていくからです。

図10 人工知能が自発的に「猫」を認識

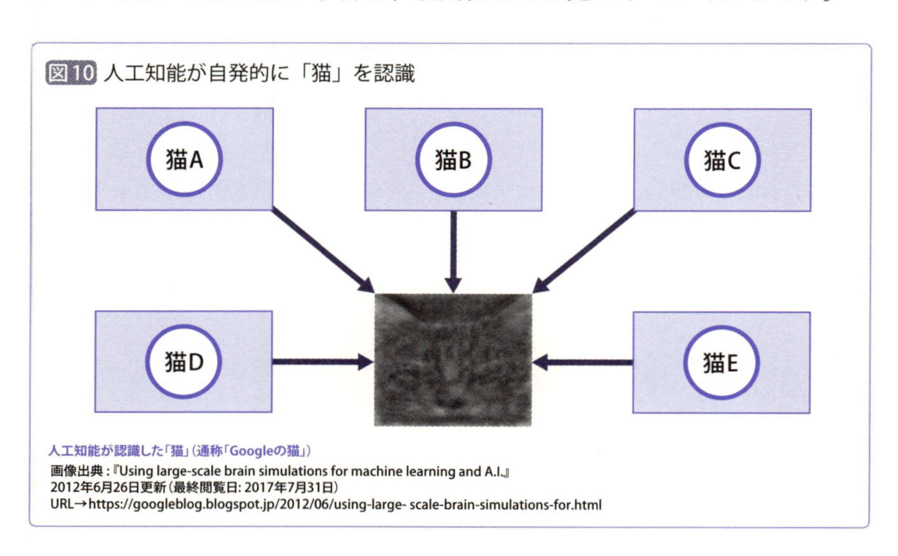

人工知能が認識した「猫」（通称「Googleの猫」）
画像出典：『Using large-scale brain simulations for machine learning and A.I.』
2012年6月26日更新（最終閲覧日: 2017年7月31日）
URL→https://googleblog.blogspot.jp/2012/06/using-large- scale-brain-simulations-for.html

対話システムに目を向けると、ディープラーニングを用いた研究開発が非常に盛んになっています。ディープラーニングを用いて研究を進めるためには、大量のデータが必要になるため、様々な組織が対話データの収集に取り組んでいます。

ディープラーニングにおける学習では、用いるそれぞれのデータについて、正解か不正解かを人手で評価する必要があり、この評価には多大なコストがかかります。

現在はクラウドソーシング（インターネット上のユーザに安価に仕事をしてもらうこと）などで、不特定多数の人にこのような評価をしてもらうのが一般的ですが、それでもひとつの評価を付与するのに１円程度はかかります。ディープラーニングには数百万件規模のデータが必要になることが多いので、そうすると最低でも数百万円はかかってしまい、データをどうやって集めるかという「手法」だけでなく、そのための資金力も必要になってくるのがディープラーニングの難点です。ちなみに、クラウドソーシングを使って処理を行うことは「ヒューマンコンピュテーション」と呼びます。コンピュータの精度を高めるために人間が働いているというのはなかなか面白い状況だと言えるでしょう。

人工知能の産業応用が活発に

最後に、現在の第３次ブームにあってこれまでのブームになかった現象を押さえておきましょう。それは「産業への応用」です。今や多くの企業が人工知能に取り組み、たくさんのサービスを生み出しています。いつまでこのブームが続くかは未知数ですが、人工知能に関わっている筆者としては、今後も長く続いてほしいと考えています。

〔2-1-3〕

人工知能の評価方法を見てみよう

◇人工知能にとって重要な「評価」

人工知能の性能を正しく評価するということはとても重要です。なぜなら、特に工学の分野においては、正しい評価ができないと技術が改善されているかどうかが把握できないからです。そこでここからは、人工知能の評価について見ていきましょう。

◇応対を評価するチューリングテスト

最初に紹介する人工知能の評価方法は「チューリングテスト」です。これは、「人工知能が人間と変わらない応対ができるかどうか」を判定するためのテストで、文字通りチューリングという人物が発案したものです。1950 年に発表された時点では「イミテーションゲーム（物まねゲーム）」という名前で登場しています。

図11を見てください。ある人が遠隔地にいる二者とテキストチャットで話しています。話している相手のうち、一方は人間でもう一方はコンピュータです。このとき、テストしている人が、相手のどちらが人間でどちらがコンピュータなのかを判別できなければ、コンピュータがチューリングテストに合格したことになります。つまり、コンピュータが自分のことを人間だ、と相手に思わせられれば合格です。

チューリングはこのテストを発表した際に「5 分間それぞれと同時に話して 30% の人が騙されるようなら、システムはチューリングテストにパスしたと言ってよい」としました。このことから、「30%」というのがチューリングテストの評価としてひとつの目安となっています。

図11 チューリングテストの様子

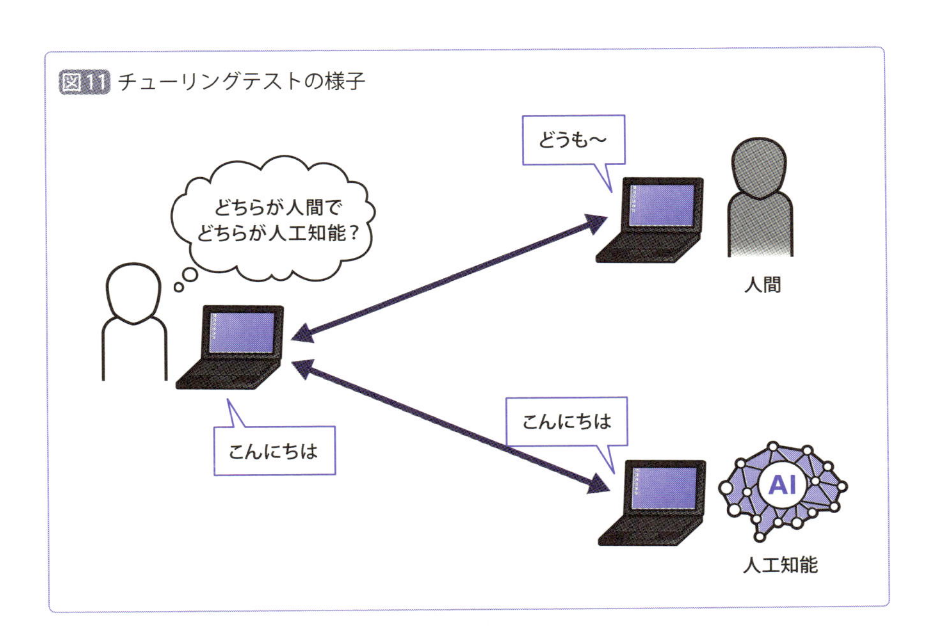

チューリングテストは外見や話し方（声の抑揚）などが判定結果を左右しないようにテキストチャットで会話をする設定になっていますが、チャット形式ではなく対面形式で行うものもあります。こちらは「トータルチューリングテスト」と言います。

チューリングテストをすでにクリアした人工知能があるというニュースを聞いたことがある人もいると思います。数年前に話題になりましたが、このシステムは「ユージーン」という13歳のウクライナ人の設定を持つチャットボットでした。あるコンテストにおいて、参加者のうち1/3がシステムのことを人間だと判定しました。これはチューリングの示した30%を超えているため、テストをパスしたことになります。

しかし、この結果を基に「人間並みの人工知能ができた」とはまだまだ言えません。例えば、テスト時間が短すぎて判断がそもそも難しいという問題があります。また「13歳のウクライナ人」という設定のため、英語や話している内容に多少おかしいところがあった場合でも許容されやすくなっていたと言えるでしょう。

チューリングテスト自体は人工知能を一側面から測るための仕掛けのひとつにすぎず、特定の条件下でチューリングテストをパスしたからと言って、人工知能が完成したとは言えません。極論すれば、特定の条件下でチューリングテストにパスするためだけに研究をすれば、いくらでもパスはできてしまう可能性もあるのです。したがって、チューリングテストで人工知能を評価する場合には、パスしたという「結果」だけではなく、「どのようにパスしたのか」といったことなどにも目を向けるべきでしょう。

中国語の部屋／チューリングへの反論

先ほど紹介したチューリングテストは、テキスト上でのふるまいが人間と比較して区別がつくかどうかのみを問題にしています。つまり、内部の仕組みはどうでもよく、外面的なふるまいが人間らしければパスしてしまうテストです。こうしてふるまいだけに注目することを「機能主義」と言いますが、機能主義に懐疑的な立場から、サールという人物によって考案された「中国語の部屋」という有名な思考実験があります（図12）。中国語の部屋とは、次のようなものです。

中国語が全くできない人をある小部屋に閉じ込めます。窓などはありませんが、紙のやりとりができるような隙間があり、その隙間は外とつながっています。その隙間から中国語が書かれた紙が入ってきます。閉じ込められた人は部屋の中にあるマニュアルを参照し、「このような文字列が書かれていたらこのような文字列を書け」と書かれていたのでそれに従って紙に返事を書き加えて、隙間から外に出します。このやりとりを何度も繰り返した場合、部屋の外にいる人には中国語でやりとりが成立しているように思えますが、実際には中の人は中国語を全く理解していません。

つまり、サールは中国語の部屋の思考実験を通して「チューリングテストはやりとりが成立しているだけでよしとしているが、それだけでは本当に人間のように物事を理解するものができたと言えないのではないか」と反論しました。

図12 中国語の部屋

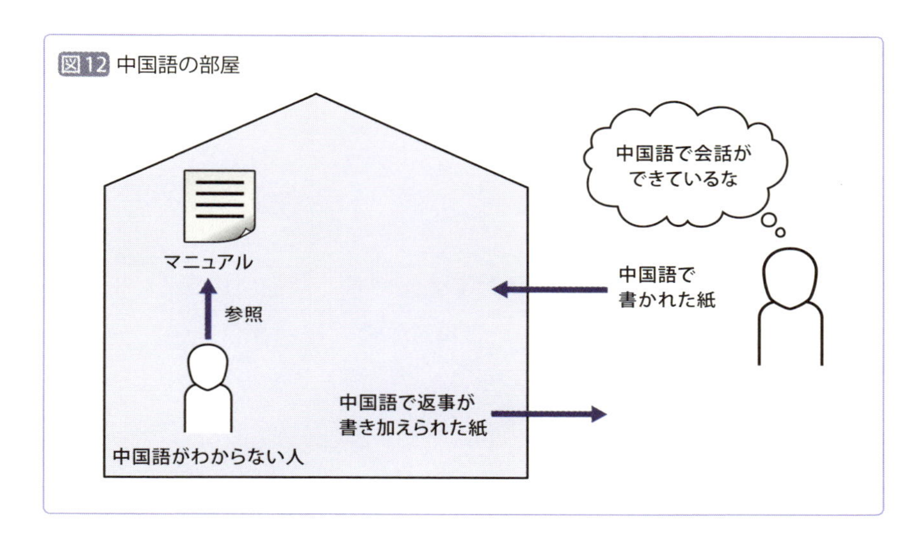

また、サールは「強いAI」と「弱いAI」というものも考え出しました。「強いAI」というのは、意識を持っているような（本当に自分で考えているような）人工知能のことを指します。

「弱いAI」というのは、自分で考えることをせず、所定の手続きにしたがって処理を実行するだけのような人工知能のことを指します。

何をもって「意識」を定義するのかとなると、知能の定義以上に込み入ってしまい、哲学的な話になるので、これ以上は深入りしませんが、意識があるかどうかを測ることは難しいので（実際、まだまだ「人間の意識とは何か」についてはよくわかっていません）、表面的なふるまいにだけ着目する研究者の方が多いのが実情です。

人工知能の個別機能の評価

画像認識

人工知能における「画像認識」や「音声認識」などの分野では、評価は「人工知能による認識の精度」について行われます。例えば、画像認識について評価を行う場合には「分類精度」を評価します。100枚の画像があり、それぞれ猫の画像、犬の画像、人間の画像といったラベルがつけられているケースを考えてみましょう。この場合には、それぞれについて何の画像かを人工知能に推定させ、その正解率が分類精度となります。具体的には次のように計算します。

$$分類精度 = \frac{正しく分類できた画像の枚数}{分類対象の画像の枚数}$$

音声認識

音声認識であれば、画像認識の際に正解率を測定したのとは異なり、「単語誤り率（Word Error Rate）」がよく使われます。これは文字通り、どのくらいの単語を誤って認識してしまったかという割合で、次のように計算します。

$$単語誤り率 = \frac{置換誤りの数 + 削除誤りの数 + 挿入誤りの数}{認識すべき単語の数}$$

計算式を見ればわかるように、音声認識の誤りには「①置換誤り（他の単語と聞き違えること）」、「②削除誤り（聞きそびれること）」、「③挿入誤り（聞いたと思ってしまうこと）」の３種類があり、これらの誤りの数を本来認識すべき単語の数で割ると単語誤り率が算定できます（図13）。

評価しづらいものはどうする？

画像認識や音声認識のように、明確に正解と不正解がわかりやすい分野では簡単に評価できますが、機械翻訳や対話システムといった分野では正解をひとつのものに決めづらいという問題があります。どのようにしてそ

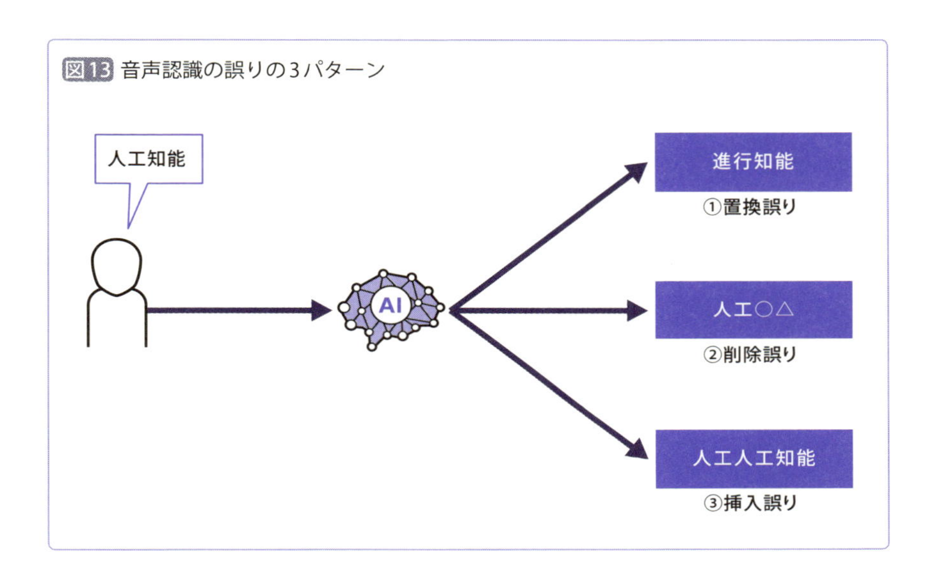

図13 音声認識の誤りの3パターン

の精度を評価するのでしょうか。

例えば、翻訳の分野では「I have a dog」という単純な文であっても「犬を飼っています」、「犬がいるんです」、「私は1匹の犬を飼っています」など、どれが最もよいものなのかを断定できないような複数の答えが想定できます。

対話システムでも、ある状況で何を言えば正解かというのは簡単には決められません。日常会話を考えてみればわかりますが「こんにちは」に対して「こんにちは」と返してもよいですし、「明日は晴れるかなあ」と言ってもよいのです。

これらの分野でよく行われる手法は「主観評価」です。多くのユーザに実際に技術を使ってもらい、アンケートでその評価を行うのです。原始的な方法だと思われるかもしれませんが、これが最も確実な評価方法です。ただし、主観的な評価をしてもらうがゆえに、より多くの人に評価してもらい結果をならす必要がありますし、毎回多くの人を使っていてはコストが高くついてしまいます。そこで、多くの場合は「自動評価尺度」が使われます。

自動評価尺度の設定

では、自動評価尺度とはどうやって設定するのでしょうか。ここでは機械翻訳を例にして考えてみます（図14）。

まず、たくさんの文章の翻訳を人力で作ると同時にシステムにも翻訳させます。次に、人間の翻訳とシステムによる翻訳を見比べて、翻訳を評価するための評価尺度を考えます。例えば、人間の翻訳に入っている表現が機械による翻訳にも入っていたら、それはよい翻訳の可能性が高いと考えられるので、「人間の翻訳に入っている表現の個数」という評価尺度がありえます。

そして、その評価尺度の妥当性を「相関係数」を使って検証します。相関係数については、20ページで紹介しました。

具体的には、まず人手でシステムの翻訳結果に、評価を表す点数を与えます。そして、その点数と「人間の翻訳に入っている表現の個数」の相関係数を測ります。もし相関係数の値が高ければ、「人間の翻訳に入っている表現の個数」がよい尺度だということがわかりますので、評価尺度として採用できます。

図14 機械翻訳の自動評価尺度はどう決める？

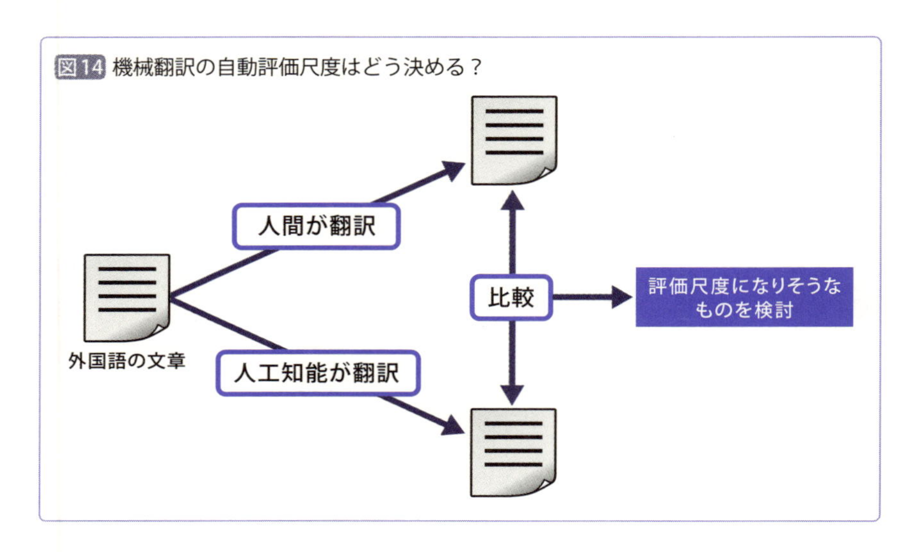

ちなみに、現在機械翻訳で用いられている評価尺度で最も有名なものは「BLEU」という尺度で、これは「人間の翻訳に入っている表現の個数」に近い尺度です。

ひとたび自動評価尺度が決まれば、後は対訳データに対して、評価が高くなるようにアルゴリズムを研究開発していけばよいのです。こうすれば、評価に人が介在しなくなり、開発コストが非常に低くなります。

[2-2] 人工知能のニュースを検索してみよう

ここまで紹介したように、今や人工知能は我々の社会のいたるところで活用され始めています。そこで、人工知能に関するニュースを調べてみましょう。ニュースの数や内容を見てみれば、人工知能がどのくらい、そして、どのように使われているのかを実感できるはずです。

Step1 ▷人工知能のニュースを検索してみよう

Yahoo!ニュースや各新聞社のWebページなどで、「人工知能」と検索してみましょう。

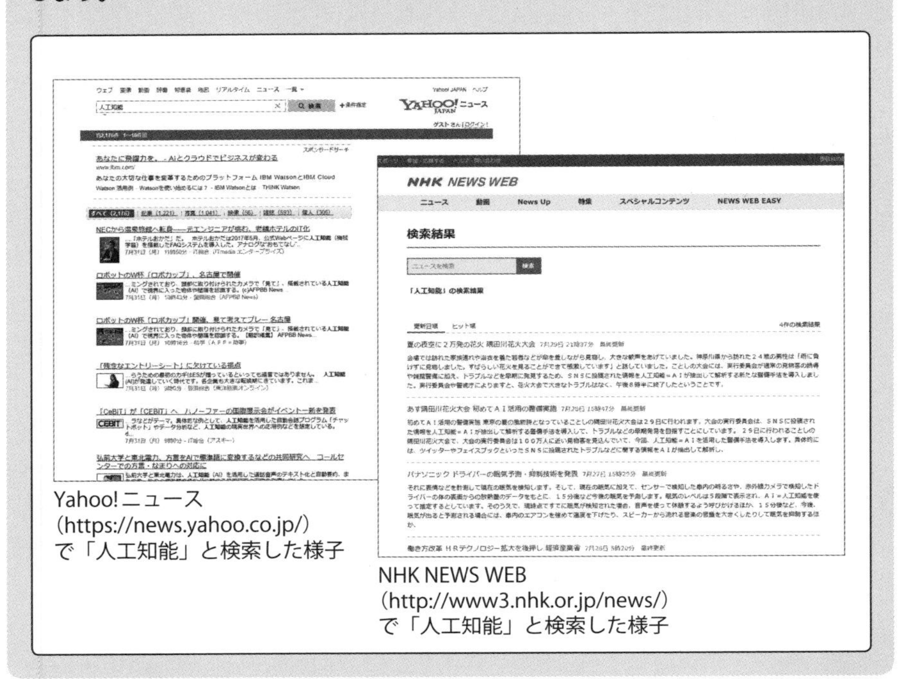

Yahoo!ニュース
（https://news.yahoo.co.jp/）
で「人工知能」と検索した様子

NHK NEWS WEB
（http://www3.nhk.or.jp/news/）
で「人工知能」と検索した様子

Step2 ▷どのようなジャンルで研究が活発かを書き出してみよう

ニュースサイトで人工知能に関するニュースを検索したら、その傾向を書き出してみましょう。現在どのようなジャンルにおいて人工知能の研究が活発に行われているかがわかるとともに、注目を集めている人工知能の機能がわかるはずです。

Step3 ▷自分が関係する分野のニュースを調べてみよう

最後に、自分が関係する分野が人工知能とどのような関係を持っているかも調べてみましょう。「人工知能」に加えて「医療」や「自動車」などを検索キーワードにすると有効です。

〔2-2-1〕
人工知能の産業応用について知ろう

◇あらゆる分野で応用の見通し

「やってみよう！」で調べたように、人工知能に関するニュースの本数は膨大です。ニュースが多いということは、日進月歩で研究の進む分野であることを示すとともに、社会的な関心がとても高いことを示します。特にここ数年は、ディープラーニング技術の進展により人工知能に関する研究が加速しましたが、社会的な関心が高い根本的な理由は、53ページで紹介したように、多くの分野で産業応用の見通しが立ち、期待を寄せられているからでしょう。

中でも特に期待されている分野としては、次のようなものが挙げられます。②のロボットは少し異色ですが、それ以外は大量のデータ処理や自動分類の組み合わせで解き得る問題を含んでいます。データも比較的集めやすい領域です。

①自動運転

その名の通り目的地まで自動で運転する技術です。人工知能の産業応用において、最も期待されている分野でしょう。自動運転では、アクセル、ブレーキ、ハンドリングなど全てを自動化することが目的です。ブレーキなど一部ではすでに実用化も進んでいますが、もし完全に自動運転が実現すれば、ヒト・モノの移動に関して大きな変革が起こり、現在の生活スタイルが根本から変わる可能性があります。

②ロボット（パーソナルロボット・ドローンなど）

パーソナルロボットやドローンなど、ロボットは家の中だけでなく家の外にまで活躍の場を拡大しており、荷物の搬送といった基礎的なことだけでなく、ソフトバンク社のPepperのように、商品の宣伝や案内なども担うようになっています。旧来は産業用として、人間の作業を減らすための単純作業に活用されていることがほとんどでしたが、人工知能の進化により、コミュニケーション分野への応用も期待されています。

③ IoT（Internet of Things）

人工知能をIoT分野へ応用することにより、これまでにないサービスを実現できる可能性が期待されています。具体的には、実社会に設置された大量のセンサへ入力された情報を、人工知能に分析させるのです。

これが実現すれば、都市における人間の活動状況をリアルタイムに分析して、交通や電力などのリソース配分を自動的に最適化し、渋滞や電車のラッシュを解消したり、電力の需給量を無駄なく管理したりといったことが期待でき、従来の社会の在り方を大きく変える可能性があります。

この3つの他にも、多くの分野で人工知能の応用は期待されています。詳しくは、表1を参照してください。

表1　人工知能の応用が期待される分野

分野	期待される技術
自動運転	自動車運転全ての自動化
ロボット	商品の宣伝や案内、人間とのコミュニケーション
IoT	インフラのリソース配分の最適化
フィンテック	資産運用における判断（どのタイミングで売買するかなど）の自動化
医療	医療画像の分析、薬品の開発

[2-2-2] 「シンギュラリティ」は本当に到来するのか?

◇人工知能が人間を超える?

昨今、人工知能の「シンギュラリティ」について注目が集まっています。「シンギュラリティ」とは「技術的特異点」という意味の言葉で、「人工知能が人類の知能を凌駕する時点」のことを指します。

Googleの技術部門のディレクターを務め、これまでにインターネットやウェアラブルデバイスについて多くの「予言」を的中させてきたカーツワイルによると、シンギュラリティは2045年にも到来すると予言されています。

この予言でカーツワイルが根拠としているのは、「指数関数的」な進化の歴史です。

◇進化の歴史は指数関数的に

「指数関数的」とは、時間とともに急速に伸びていく(もしくは縮まっていく)ような推移のことを言います。金融機関などからお金を借りる際の「利息」も指数関数的に増えていくもののひとつです。「ちりも積もれば山となる」ではないですが、ほんの些細なものだと思っていたのに、気付いたときには非常に大きな値になっている、ということが指数関数的な推移の特徴です。

カーツワイルによれば、これまで世界中で生起していた数多くの重要な物事同士の間隔が、最近になり指数関数的に縮まってきているそうです。

例えば、単細胞生物から多細胞生物へと進化するのには何十億年も要していたのに、ひとたび多細胞生物になってからその先への進化は急速なものでした。中でもヒトの出現以降は、さらに進化のスピードが急速です。

生物だけではなく、コンピュータの発展も同じく指数関数的な推移を見せています。単位価格あたりの計算能力は指数関数的に伸びています。図15を見てください。このグラフによると、カーツワイルがシンギュラリティの到来を予言する2045年ごろには、コンピュータによって、人類の脳の全ての計算量を実現できるとされています。

図15 指数関数的な伸びを見せるコンピュータ

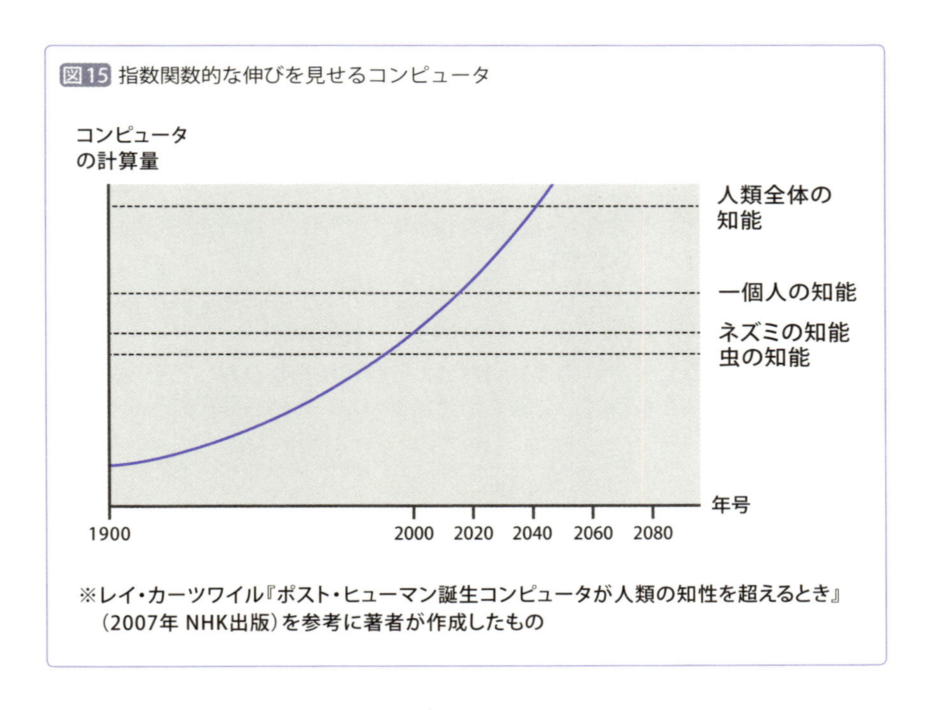

※レイ・カーツワイル『ポスト・ヒューマン誕生コンピュータが人類の知性を超えるとき』（2007年 NHK出版）を参考に著者が作成したもの

第2章のまとめ

- 「人工知能（Artificial Intelligence）」という呼称は、1956年のダートマス会議で初めて使われた
- 人工知能に関するスタンスは「何かを解明したい」と「何かを実現したい」に大きく分かれる。何かを実現したい場合には、人間の知能そのものを作る、人間の知能が実現している機能を作る、人間の知能でも実現できないような機能を作る、といった立場がある
- 人工知能は、これまでに第1次ブーム、第2次ブームがあり、第1次ブームでは記号処理が、第2次ブームではエキスパートシステムが中心であった。現在の第3次ブームでは、機械学習、特にディープラーニングが中心となっている。現在のブームがこれまでのブームと違うところは、産業応用が盛んなところである
- 人工知能を測るテストとして、チューリングテストがある。しかし、これは「ふるまい」にしか着目していないという批判がある
- 人工知能の個別機能を評価する場合は、分類精度や誤り率などを測定する。人間による主観評価はコストがかかるので、自動評価尺度を準備することが多い

練習問題

Q1

以下は、人工知能の第1次ブーム、第2次ブーム、第3次ブームのそれぞれを表すフレーズです。どのフレーズがどのブームに対応しているでしょうか？

A 知能とは知識である　　B 知能とは学習である
C 知能とは記号処理である

Q2

「人工知能が人間の知能を超えてしまう時点」のことを何と呼びますか？

A カーツワイル　　B シンギュラリティ
C 指数関数　　D ポスト・ヒューマン

解答

Q1. A→第2次ブーム、B→第3次ブーム、C→第1次ブーム　Q2. B

Chapter 03

人工知能に探索させよう
～人工知能の根幹を成す仕組み～

本章では、人工知能の基盤技術である「探索」について学びます。具体的には、カーナビなどにおける経路探索を取り上げて、人工知能がどのように最短経路を見つけるのかを説明します。また、将棋や囲碁などで次の手を探索する手法についても紹介します。

[3-1]

カーナビを 使ってみよう

本章では、人工知能の分野のひとつである「探索」処理を取り上げていきます。探索は、特定の条件を満たすものを見つけるためのもので、幅広い分野の問題解決において役立つ、極めて重要なトピックです。

この人工知能の「探索」が身近に用いられているものとしては、「カーナビ」が挙げられます。

スマホのアプリとして便利な「Googleマップ」にも、経路探索の機能があります。

次の図はGoogleマップで大阪から東京までの経路を検索した場合のスクリーンショットです。

この図では、2つのルートが提示されていますが、このような経路探索はどのように実現されているのでしょうか。本章を通して学んでいきましょう。

図 カーナビが示す経路

※Google Mapのスクリーンショット

Step1 ▷アプリやカーナビで経路を探索してみよう

お手持ちのスマホの地図アプリや、カーナビなどで、どこか目的地を設定して、現在地からのルートを調べてみましょう。

Step2 ▷ルートの詳細を見てみよう

カーナビの経路探索では、ルートの詳細を見ると、どの交差点でどちらに曲がって、高速道路のどの出口で降りて……といったステップを見ることができます。どのステップを選ぶかによって、到着時間が大幅に変わることもありますし、シンプルなルートを選べば、楽に目的地までたどり着ける可能性もあります。

図 カーナビが示す経路における各ステップ

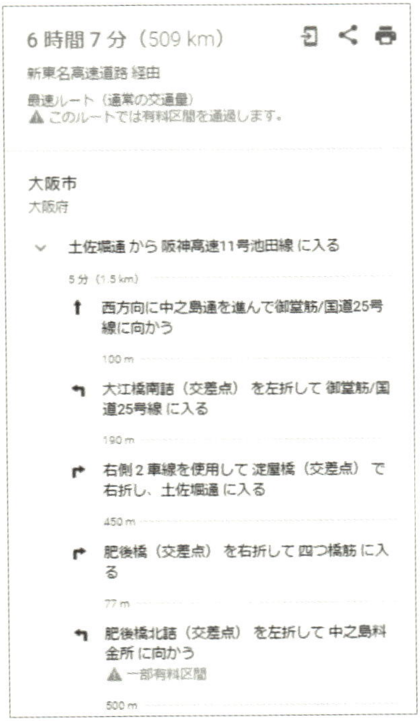

6 時間 7 分（509 km）

新東名高速道路 経由

最速ルート（通常の交通量）
▲ このルートでは有料区間を通過します。

大阪市
大阪府

土佐堀通 から 阪神高速11号池田線 に入る

5 分（1.5 km）

西方向に中之島通を進んで御堂筋/国道25号線に向かう

100 m

大江橋南詰（交差点） を左折して 御堂筋/国道25号線 に入る

190 m

右側 2 車線を使用して 淀屋橋（交差点） で右折し、土佐堀通 に入る

450 m

肥後橋（交差点） を右折して 四つ橋筋 に入る

77 m

肥後橋北詰（交差点） を左折して 中之島料金所 に向かう
▲ 一部有料区間

500 m

※Google Map のスクリーンショット

[3-1-1]
目的地にたどり着く経路を探索してみよう

◇経路を探索するために必要な条件

図1 とある町の地図

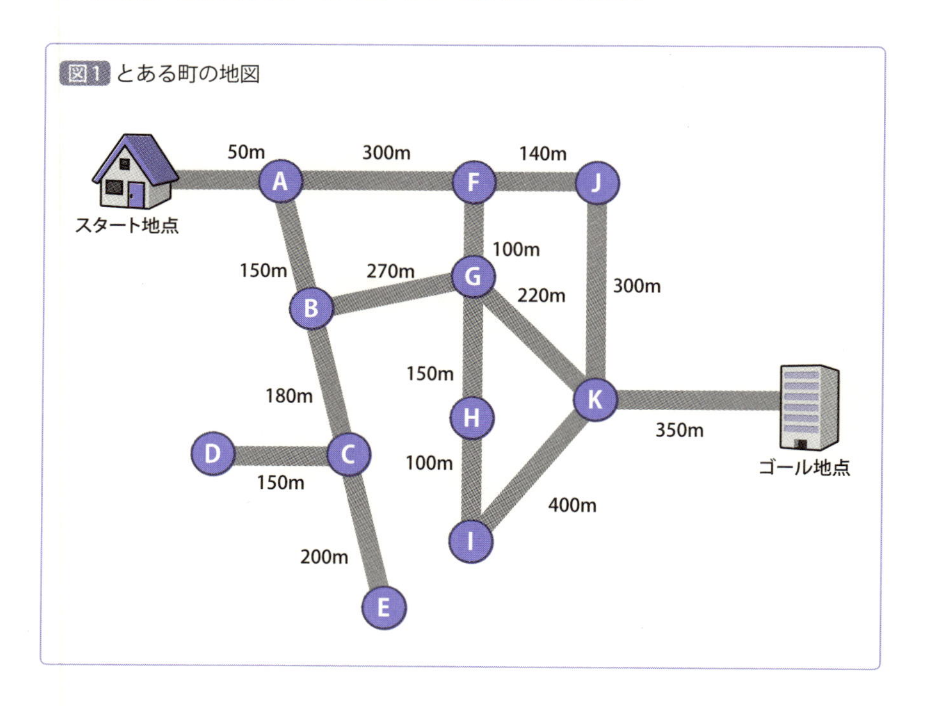

本章では人工知能の重要トピックのひとつである「探索」処理について学んでいきます。そこで、人工知能の「探索」処理に関するひとつの問題である経路探索から出発してみましょう。

図1は、とある町の地図です。この地図において、家からビルに行く経路を探索してみることにしましょう。まず、「経路探索」を問題として扱

うためには、いくつかの条件が揃っている必要があります。

手始めに、「スタート地点」が必要です。そして、目的となる「ゴール地点」も必要です。図1の地図においては、家が「スタート地点」でビルが「ゴール地点」です。

さらに、スタート地点とゴール地点の間に「中間地点」が必要です。

これらを経由して、スタート地点からゴール地点まで行くことになります。図1において、「中間地点」は地図における分岐点（AからK）が該当します。なお中間地点同士には、直接行けるところと行けないところが存在します。例えば、A地点からB地点へは行けても、A地点からH地点の間には道がなく、直接行くことができません。そのため、ただ中間地点があるだけではなく、それに追加して「どの地点からどの地点に行けるのか」という情報も必要です。

最後に、地点間の距離は「最短経路（「最適経路」とも呼びます）」を探索するのに必要となるので、この情報もあった方がよいでしょう。図1では各地点間の距離がメートルで記されています。

ここまでをまとめると、経路探索という処理を行うためには以下の情報が必要です。

- **スタート地点**
- **ゴール地点**
- **中間地点**
- **どの地点からどの地点へ移動できるかの情報**
- **各地点間の距離**

なお、これらの情報はネットワーク図（「グラフ」とも呼びます）として表すことができます。

次ページの図2は、先ほどの地図をネットワーク図として描き直したものです。

こちらの方が情報がすっきりとまとまって見えるので、ここからはこちらのネットワーク図を基に考えていきましょう。

図2 ネットワーク図化した地図

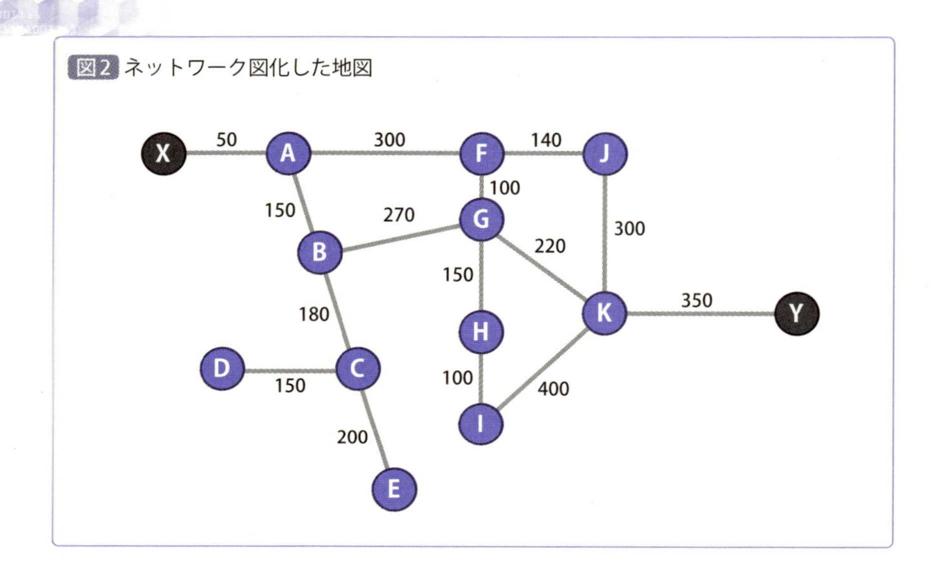

先ほどは家とビルだったスタート地点とゴール地点は、それぞれX地点とY地点と呼ぶことにします。また距離についてはより簡潔にするため、メートルという単位は書かないことにします。

経路の「探索」というのは、このようなネットワーク図でスタート地点からゴール地点までたどり着く経路を見つけること、そして最短でたどり着く経路を見つけるために行うものです。

ここまでを理解したら、まずは距離を気にせずに、スタート地点からゴール地点までの経路を探すことだけを考えてみましょう。

ランダムな探索

経路を探索する場合に、最も単純な方法はランダムな探索です。分岐点でとにかくランダムに、無作為にどちらかへ進んでいくという探索の仕方です。

しかし、これは明らかに効率が悪いやり方です。場合によっては、同じところをぐるぐると繰り返し通ってしまうこともあります。最悪の場合、永遠に目的地までたどり着きません。

そこで、より筋道立った方法で経路を探していく必要があります。

深さ優先探索

より筋道立った探索方法のひとつに「深さ優先探索」があります。これは、分岐点に到達したときに、まだ訪れていない地点の中からどれかひとつを選択して進んでいくということを繰り返していく探索方法です。

もし行き止まりなどで、どこにも行けなくなった場合には、まだ試していない分岐点のところまで戻ります（この処理のことを「バックトラック」と呼びます）。

今回の例では、この深さ優先探索を用いて、次のような流れで探索します。左ページの図2を見ながら流れを追ってみてください。

なお、複数の分岐がある場合にはアルファベット順に地点を選択することとします。

①X（スタート地点）からAに行く
②Aでは、BもしくはFに行けるので、Bを選択する
③Bでは、CもしくはGに行けるので、Cを選択する
④Cでは、DもしくはEに行けるので、Dを選択する
⑤Dでは、もうどこにも行けないため、Cに戻り（バックトラック）、Eを選択する
⑥Eでは、もうどこにも行けないため、Bまで戻り、Gを選択する
⑦Gでは、F、H、もしくはKに行けるので、Fを選択する
⑧Fでは、Jを選択する
⑨Jでは、Kを選択する
⑩Kでは、IもしくはYに行けるので、Iを選択する
⑪Iでは、Hに行けるので、Hを選択する
⑫Hでは、周辺に訪問したところしかなく、どこにも行けないためKに戻り、Y（ゴール地点）を選択する

少し遠回りな経路になりましたが、無事にゴール地点にたどり着くことができました。

深さ優先探索は、分岐点ではとにかく行ったことのない地点のどれかを選び、どんどん進んでいくのが特徴です。

分岐点でもう片方の分岐に行っていたらどうなっていたんだろう……などとは考えません。「行き止まりになったらバックトラックすればよい」と考えてとにかく進みます。

木構造で過程を示す

ここで示した探索経路は、木（ツリー）構造として表すことができます（図3）。

探索中の木構造において最も深くまで探索したところから、さらにより深いところに進んでいくため、「深さ優先」という名前がついています。

図3 木構造で示した深さ優先探索

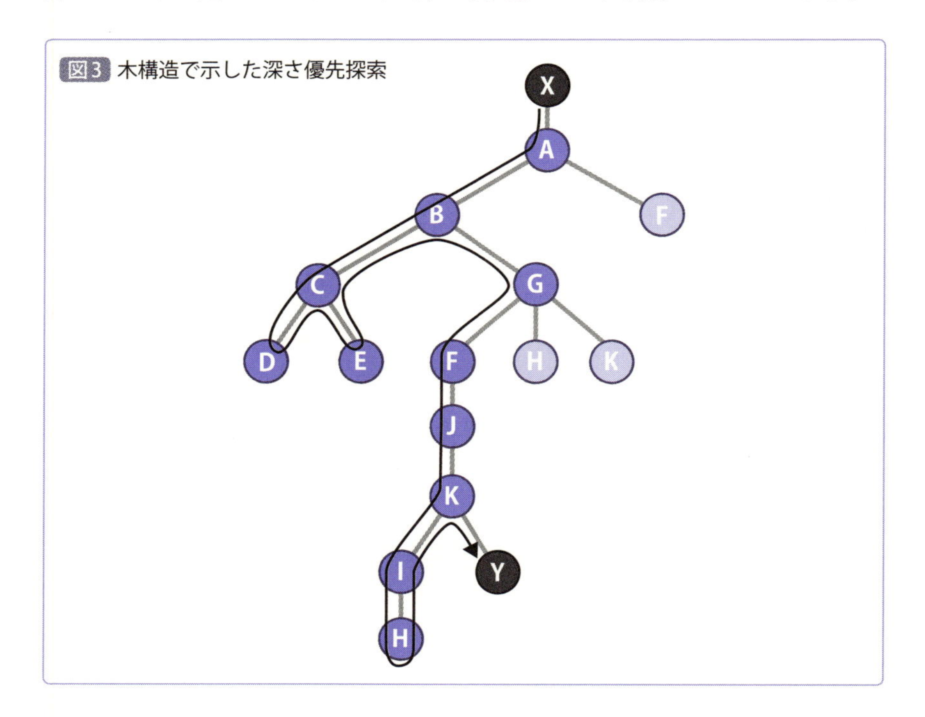

オープンリストとクローズドリストで過程を示す

探索の過程は木構造だけではなく、「オープンリスト」と「クローズドリスト」というデータ構造を使って説明されることもあります。

オープンリストというのは、これから訪問しようと思っている地点のリストで、クローズドリストというのはすでに訪問済みの地点のリストのことです。

オープンリストに含まれる地点からひとつを選んで訪問し、同時にその地点をクローズドリストに加え、またその地点から行ける地点をオープンリストにさらに追加する……という処理を繰り返すことにより、探索が実現できます。深さ優先探索では、オープンリストから地点を選ぶときに、木構造において最も深いところにある地点を選んでいきます。

オープンリストとクローズドリストを用いた場合、深さ優先探索の過程は表1のようになります。

括弧の中の数字は木構造における深さを表しています。最も深いところにある地点を選択して、処理を進めている様子がわかるでしょう。

表1　オープンリストとクローズドリストを用いて表した深さ優先探索の過程

ステップ	オープンリスト	クローズドリスト
1	X	なし
2	A (1)	X
3	B (2)、F (2)	X、A
4	C (3)、G (3)、F (2)	X、A、B
5	D (4)、E (4)、G (3)、F (2)	X、A、B、C
6	E (4)、G (3)、F (2)	X、A、B、C、D
7	G (3)、F (2)	X、A、B、C、D、E
8	F (4)、H (4)、K (4)	X、A、B、C、D、E、G
9	J (5)、H (4)、K (4)	X、A、B、C、D、E、F、G
10	K (6)、H (4)	X、A、B、C、D、E、F、G、J
11	I (7)、Y (7)、H (4)	X、A、B、C、D、E、F、G、J、K
12	H (8)、Y (7)	X、A、B、C、D、E、F、G、I、J、K
13	Y (7)	X、A、B、C、D、E、F、G、H、I、J、K
14	なし	X、A、B、C、D、E、F、G、H、I、J、K、Y

◇幅優先探索

ここまで紹介した深さ優先探索には弱点があります。それは、底なし沼のような道に迷い込んでしまい、抜けられなくなる可能性があることです。

この弱点を解決する探索方法が「幅優先探索」です。幅優先探索では、深さ優先探索のようにどんどん深く進んでいくのではなく、広く浅く探索を進めていきます。分岐点において、それぞれの可能性の「幅」を保ったまま探索を進めることが「幅」優先探索と呼ばれるゆえんです。

具体的には、分岐点に到達した際に、まず全ての分岐をそれぞれ確認してから次の階層へ進みます。なお、これまでに訪れたことのある地点については、深さ優先探索同様、再び訪れません。

今回の例では、幅優先探索における探索の流れは次のようになります。幅優先探索は、深さ優先探索で行き止まりに到達した際に行った「バックトラック」もないので、かなりシンプルです。

①X（スタート地点）からAに行く
②AからBに行き、次にFに行く
③Bに戻ってCに行き、次にGに行く
④Fに戻って、Jに行く
⑤Cに戻ってDに行き、次にEに行く
⑥Gに戻ってHに行き、次にKに行く
⑦Hに戻って、Iに行く
⑧Kに戻って、Y（ゴール地点）に到着する

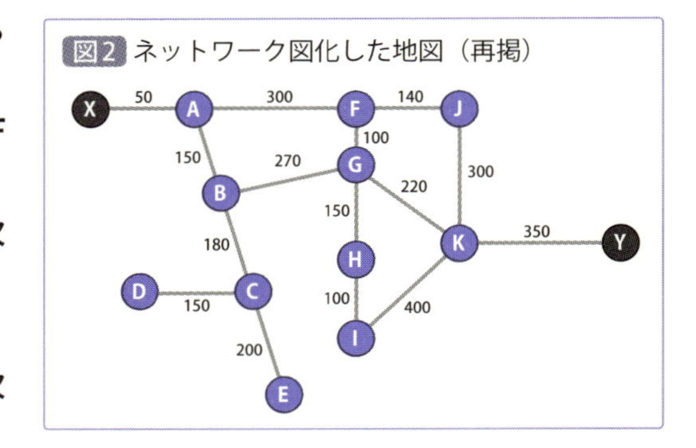

図2 ネットワーク図化した地図（再掲）

深さ優先探索のときのように、今回の幅優先探索を木構造で示すと図4のようになります。

木構造の次に、オープンリストとクローズドリストを使った過程も確認してみましょう（表2）。

括弧の中の数字を注視すると、深さ優先探索と異なり、数字の小さいもの（浅いもの）から順番に訪問している様子がわかるでしょう。

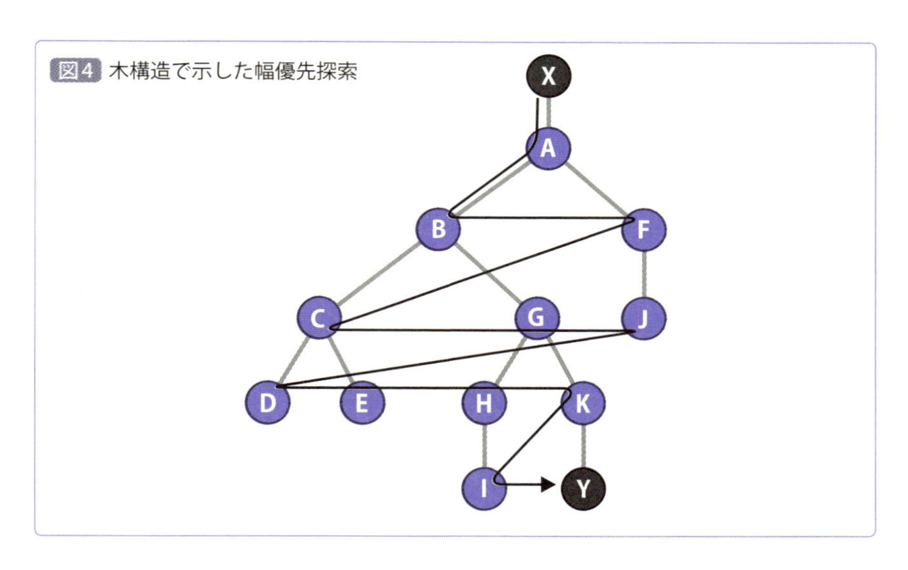

図4 木構造で示した幅優先探索

表2 オープンリストとクローズドリストを用いて表した幅優先探索の過程

ステップ	オープンリスト	クローズドリスト
1	X	なし
2	A (1)	X
3	B (2)、F (2)	X、A
4	F (2)、C (3)、G (3)	X、A、B
5	C (3)、G (3)、J (3)	X、A、B、F
6	G (3)、J (3)、D (4)、E (4)	X、A、B、C、F
7	J (3)、D (4)、E (4)、H (4)、K (4)	X、A、B、C、F、G
8	D (4)、E (4)、H (4)、K (4)	X、A、B、C、F、G、J
9	E (4)、H (4)、K (4)	X、A、B、C、D、F、G、J
10	H (4)、K (4)	X、A、B、C、D、E、F、G、J
11	K (4)、I (5)	X、A、B、C、D、E、F、G、H、J
12	I (5)、Y (5)	X、A、B、C、D、E、F、G、H、J、K
13	Y (5)	X、A、B、C、D、E、F、G、H、I、J、K
14	なし	X、A、B、C、D、E、F、G、H、I、J、K、Y

[3-1-2]

最短経路を探索してみよう

◇「距離」に注目する均一コスト探索

ここまでは、単に「ゴール地点にたどり着くこと」のみに着目した探索方法を紹介しました。カーナビなどでは目的地に着くことはもちろん重要ですが、あくまでそれは最低限の条件で、その上で最短（もしくは最適）の経路でたどり着くことが求められるはずです。そこで、次に最短経路を求めるためによく使われる探索方法を紹介しましょう。

まず紹介するのが「均一コスト探索」と呼ばれる方法です。これは、地点間の距離（コスト）を考慮して経路を探索する方法です。

均一コスト探索では、各地点までのコスト（スタート地点からその地点までの距離）が低い（短い）ものから優先して次の地点を探索していきます。複数の経路から同じ地点に行くことができる場合に、よりコストが低い（距離が短い）方を選びます。また、コストを比較して、選択していなかった分岐を選択した方が低いコストになる場合には、その分岐点に戻り、コストの低い方へ進みます。

この探索方法を用いることで、最短経路が必ず見つかることが知られています（注意：コストがプラスの値をとる場合のみ）。なお、均一コスト探索においても、訪問済みの地点を再び訪れることはありません。

それでは、均一コスト探索を用いて探索してみましょう。右のネットワーク図を見ながら流れを追ってみてください。

図2 ネットワーク図化した地図（再掲）

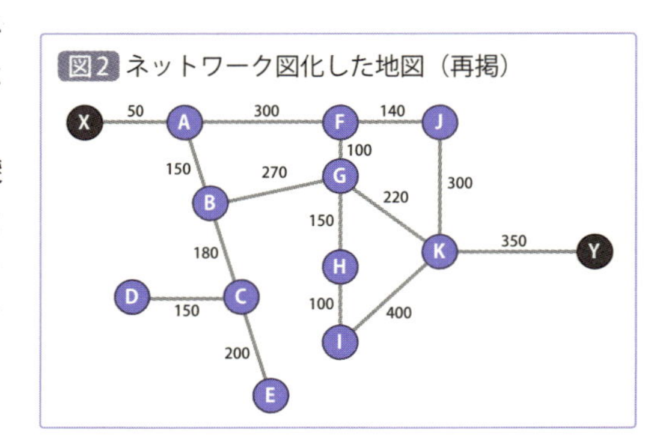

①X（スタート地点）からAに行く。この際のコストは50となる
②Aから行くことのできる地点はBとF。Bのコストは200、Fのコストは350なので、コストが低いBへ行く
③Bから行くことのできる地点はCとG。Cのコストは380で、Gのコストは470。現時点で一番コストが低いのは、ステップ②で検討した、Fを選択した場合の350なので、Fに行く
④Fから行くことのできる地点はGとJ。Gのコストは450で、Jのコストは490。現時点で一番コストが低いのは、ステップ③で検討した、Cを選択した場合の380なので、Cに行く
⑤Cから行くことのできる地点はDとE。Dのコストは530で、Eのコストは580。現時点で一番コストが低いのは、ステップ④で検討したGなので、Gに行く
⑥Gから行くことのできる地点はHとK。Hのコストは600で、Kのコストは670。現時点でコストが低いのは、ステップ④で検討したJなので、Jに行く
⑦Jから行くことのできる地点はK。Kのコストは790だが、ステップ⑤で検討したDが低いのでDに行く。しかし、これ以上先に進めず、次点のEについても同様なので、さらに次点のHに行く
⑧Hから行くことのできる地点はI。Iのコストは700だが、ステップ⑥で検討した、Kを選択した場合の方がコストが低いのでKに行く
⑨Kから行くことのできる地点はY。Yのコストは1020だが、ステップ⑧で検討した、Iを選択した場合の方がコストが低いのでIに行く
⑩Iから先に進むことができないため、現時点でコストが最も低いYにいく。コストは1020で、これが最短距離となる

こうして、最短経路は「X→A→F→G→K→Y」であることがわかります。

この探索の進め方を木構造で表すと図5のようになります。

オープンリストとクローズドリストを用いると、均一コスト探索の過程は表3のようになります。処理の流れ自体は、これまでの探索手法とほとんど変わらないことが見てわかると思います。

なお 表3 では、オープンリスト内に同じ地点が登場した場合に、コストが高い方には打ち消し線を入れて、消したことがわかるようにしておきました。

ちなみに、なぜ「均一コスト探索」と呼ばれるのかということについてですが、非常に多くの地点について経路を探索するとき、オープンリストの中身に同じようなコストのものがずらりと並ぶ様子に起因しているからだと言われています。

図5 均一コスト探索の木構造

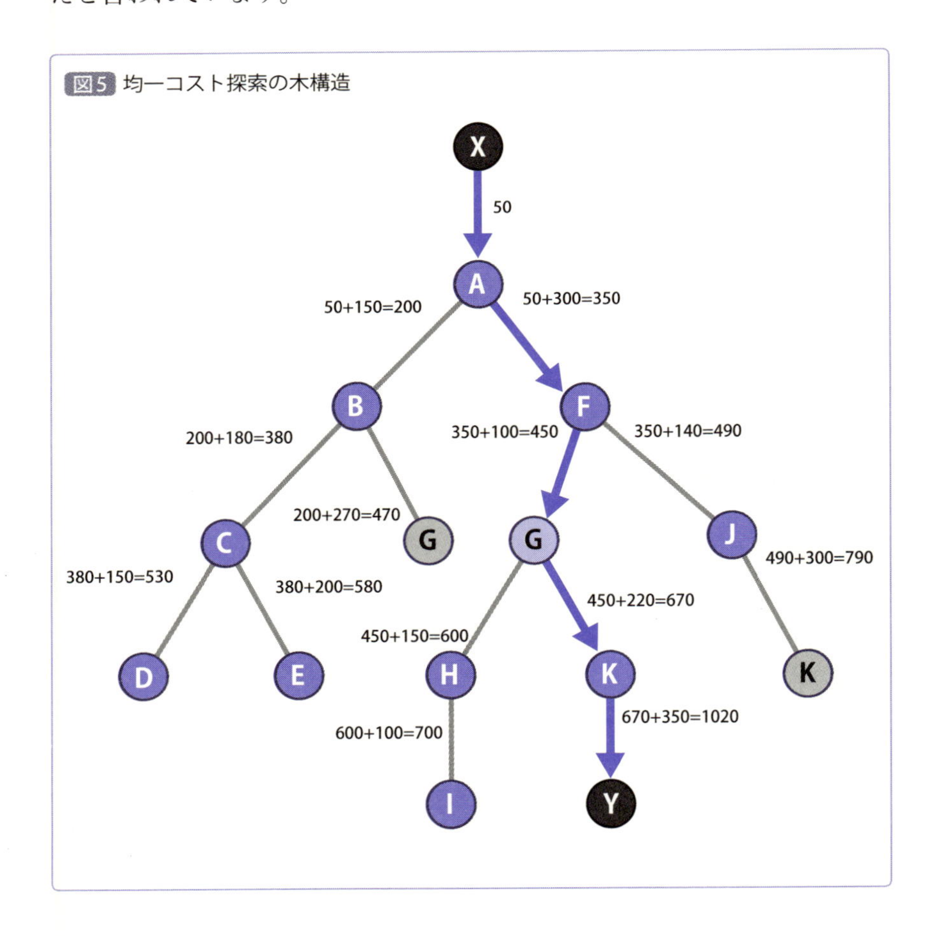

表3 オープンリストとクローズドリストを用いて表した均一コスト探索の過程

ステップ	オープンリスト	クローズドリスト
1	X	なし
2	A (50)	X
3	B (200)、F (350)	X、A
4	F (350)、C (380)、G (470)	X、A、B
5	C (380)、G (450)、~~G (470)~~、J (490)	X、A、B、F
6	G (450)、J (490) D (530)、E (580)	X、A、B、C、F
7	J (490)、D (530)、E (580)、H (600) 、K (670)	X、A、B、C、F、G
8	D (530)、E (580)、H (600)、K (670)、~~K (790)~~	X、A、B、C、F、G、J
9	E (580)、H (600)、K (670)	X、A、B、C、D、F、G、J
10	H (600)、K (670)	X、A、B、C、D、E、F、G、J
11	K (670)、I (700)	X、A、B、C、D、E、F、G、H、J
12	I (700)、Y (1020)	X、A、B、C、D、E、F、G、H、J、K
13	Y (1020)	X、A、B、C、D、E、F、G、H、I、J、K
14	なし	X、A、B、C、D、E、F、G、H、I、J、K、Y

[3-1-3] 知識を使ってより効率的に探索しよう

「だいたいうまくいくだろう」

均一コスト探索は、ある地点までのコストを参考にして次に進む地点を決める探索手法でした。「深さ優先探索」や「幅優先探索」と比較して、効率的に経路を探索する方法ですが、実はもっと賢い探索手法も存在します。

それが、「A*（エースター）探索」と呼ばれる手法です。A*探索では、「知識」を用いて探索を行っていきます。

私たち人間が経路を考える際にも、知識を使うことがよくあるはずです。例えば、あるところから東京タワーまで行きたいのですが、東京タワーまでの道がよくわからないような場合です。

このとき、もし東京タワーが遠くの方に見えていれば、とりあえず東京タワーが見える方向に進みませんか？ 当たり前に思うかもしれませんが、これは「東京タワーが見える方向に進んだ方が東京タワーに近付くだろう」という知識を無意識のうちに使用しています。

しかしながら、もちろんこれは必ずしも正しいわけではないことに注意しましょう。東京タワーに近付くだろうと思って東京タワーの見える方向へ進んでいたところ、川に阻まれてしまい、回り道をした方がよかったという事態に陥る可能性もあります。とはいえ、たいていの場合は東京タワーの見える方向に進む方が早くたどり着くはずです。

こうした、人間も使うような「証拠はないけど、まあうまくいくだろう」というような判断を活用して、これまでに紹介した探索手法よりも、もっと効率的に探索を進めるのがA*探索です。なお、A*探索が知識を用いる探索手法であることに対して、これまでに紹介した手法は「知識を用いない探索」と呼ばれます。

楽観的な見積もりで進める

A*探索では「スタート地点からその地点までの距離」と「その地点からゴール地点までの距離の見積もり」の合計（予想コスト）が小さいものから順に探索していきます。つまり、常にゴール地点までのトータルの距離を見積もりながら進むというわけです。

見積もりには、「たいていこれくらいだろう」という数値を当てはめるのですが、この見積もりを実際の距離よりも小さく見積もって探索していくことがA*探索の大きなポイントです。このような見積もりのことを専門用語で「楽観的」とか「許容的」などと言いますが、小さく見積もることによって、最適な経路が必ず最初に見つかります。これは、目の前に、ある地点Ｚと「最適でないコストでたどり着くゴール」があるとき、地点Ｚを経た場合のゴールまでの距離の方が近そうであれば、まず地点Ｚから試すからです。これができるのは、実際よりも近くに見積もっているためです。遠くに見積もっていたら、最適でないコストでゴールにそのまま行ってしまいます。

なお、ここでも図2のネットワーク図を参考に実際にどのような探索を行うのかを見てみましょう。今回のような入り組んだ地図の場合、ある地点からゴール地点までの直線距離は必ず実際の距離よりも短くなりますので、このことを利用して、「直線距離」を見積もりに当てることにします。図6は見積もりを行っている様子です。

図6 直線距離による距離の見積もり

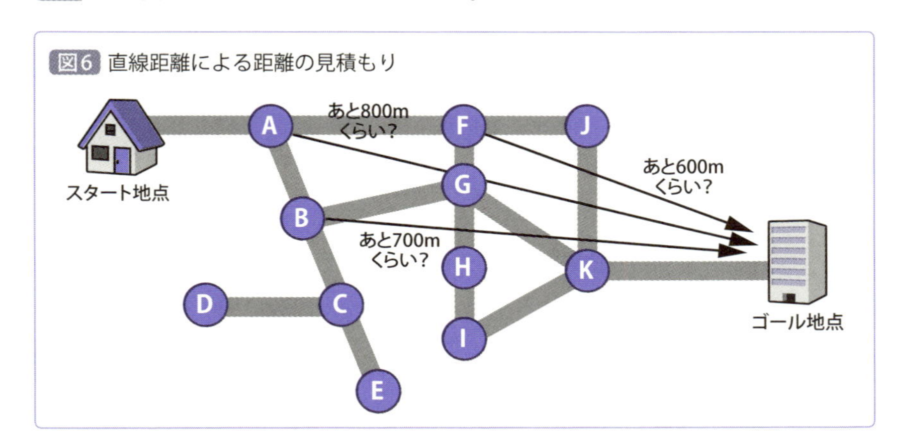

図7に、各地点からゴール地点までの距離の見積もりを示します。

見積もりに従って、A* 探索を行っていきましょう。これまでと同様、探索の過程を書き下します。図7を見ながら、流れを追ってみてください。

①X（スタート地点）からAに行く。予想コストは850となる
②Aから行くことのできる地点はBとF。Bに行った際の予想コストは900で、Fは950。よって、予想コストが低いBに行く
③Bから行くことのできる地点はCとG。Cに行った際の予想コストは1030で、Gのコストは970。現時点で一番予想コストが低いのは、ステップ②で検討したFなので、Fに行く
④Fから行くことのできる地点はGとJ。Gに行った際の予想コストは950で、Jのコストは890。現時点で予想コストが一番低いのはJなのでJに行く
⑤Jから行くことのできる地点はK。Kに行った際の予想コストは1090。現時点で予想コストが一番低いのは、ステップ④で検討したGなので、Gに行く
⑥Gから行くことのできる地点はHとK。Hに行った際の予想コストは1050で、Kの予想コストは970。現時点で予想コストが一番低いのはKなので、Kに行く
⑦Kから行くことのできる地点はIとY。Iに行った際の予想コストは1570で、Yは1020。よって、Y（ゴール地点）へ行く

図7 ゴール地点までの見積もり

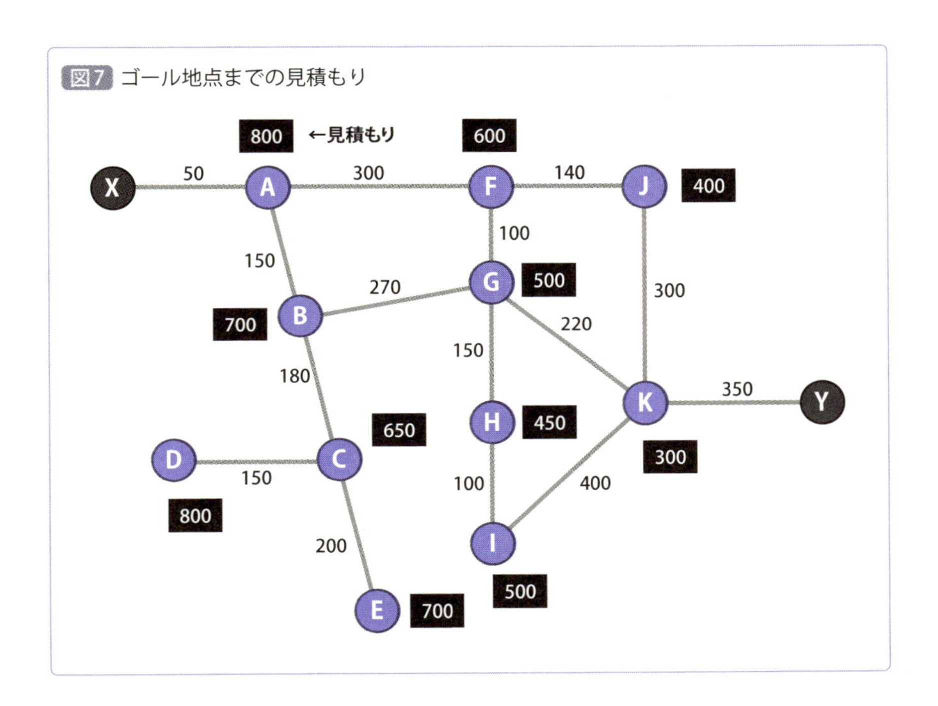

探索の結果、最短経路がX→A→F→G→K→Yで、トータルのコストは1020となります。この結果は、81ページで行った均一コスト探索と同一です。

均一コスト探索では、DやEへも探索を進めていましたが、今回のA*探索では、DやEへは探索を行っていません。これは、見積もりの結果、ゴール地点を目指すのに遠すぎると判断されているためです。これまでに紹介した探索と比較して、かなり知的な手法だと思いませんか？

A*探索の過程を木構造で表すと、図8のようになります。これまでの探索と同様に、オープンリストとクローズドリストを用いた処理の過程も示してみます（表4）。なお、括弧の中は予想コストです。均一コスト探索と基本的に同じですが、予想コストを用いているところが違います。

これまでに紹介した4つの探索手法のオープンリストとクローズドリストの表を見比べてもわかる通り、A*探索は非常に効率がよい手法です。

今回のような、比較的簡単な課題であっても、その効果が見てとれるほどです。実際にカーナビなどで行われる場合のように、もっと大きな地図の上で経路を探索するとなれば、かなり効率的な経路探索が期待できるということは想像に難くありません。

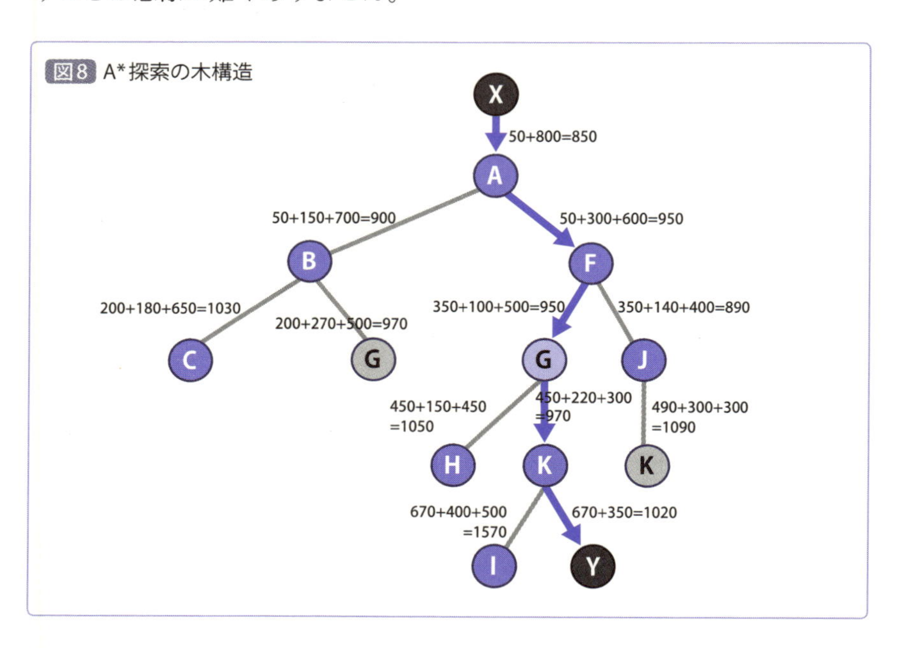

図8 A*探索の木構造

表4 オープンリストとクローズドリストを用いて表したA*探索の過程

ステップ	オープンリスト	クローズドリスト
1	X	なし
2	A(850)	X
3	B(900)、F(950)	X、A
4	F(950)、G(970)、C(1030)	X、A、B
5	J(890)、G(950)、~~G(970)~~、C(1030)	X、A、B、F
6	G(950)、C(1030)、K(1090)	X、A、B、F、J
7	K(970)、C(1030)、H(1050)、~~K(1090)~~	X、A、B、F、G、J
8	Y(1020)、C(1030)、H(1050)、I(1570)	X、A、B、F、G、J、K
9	C(1030)、H(1050)、I(1570)	X、A、B、F、G、J、K、Y

〔3-1-4〕
向きが違うとコストが変わる場合を考えよう

実社会では向きによってコストが変わる

ここまでで紹介した探索の方法では、地点間の距離は、どちらからどちらに行っても同じでした。例えば、地点Aと地点Bとの距離は、AからBに行っても、BからAに行っても同じでした。

しかし、実社会では通る順番によって地点間のコストが変わる場合が多々考えられます。川を移動する場合などは、流れに沿っている移動は楽ですが、流れに逆らうとなると大変です。また、ある地点で何かを行ってからでないと次の地点に行く意味がないという場合もあります。薬局に行く際には、病院で事前に処方箋をもらってからではないと意味がありません。この場合には、病院に行ってから薬局に行くことのコストは低いのですが、その逆は手戻りが発生するためコストが高いのだと言えます。

このようなケース、つまり向きを考慮しつつ、最もよい経路を選ぶにはどうしたらよいかということを考えてみましょう。

例として、3つの地点を移動する場合を考えます。次ページの図9を見てください。A、B、Cの3つの地点があります。各経路にはコストが振ってありますが、このコストは向きによって異なります。

例えば、AからBに行く場合のコストは5ですが、反対に、BからAに行く場合、コストは25です。

A→B→Cのように移動すると、「5+30=35」のコストがかかります。逆向きにC→B→Aのように移動すると「40+25=65」のコストがかかります。

では、どこからスタートしてもよいので、2回移動する場合に最もコストが低い経路を求めるにはどうすればよいでしょうか？

図を見ながらやみくもに「ここに行って、そして次はここに行って……」とやっているとよくわからなくなってしまいます。こういう場合には図10のように、各時間の地点をそれぞれ違うものだとみなして、ネットワーク図を作ると考えやすくなります。

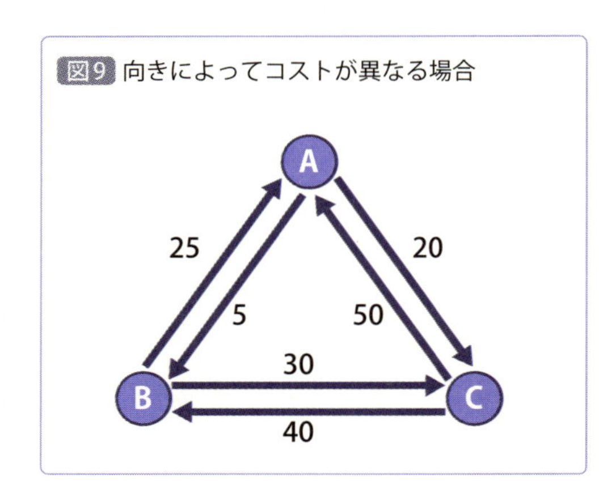

図9 向きによってコストが異なる場合

図10では、A、B、Cの全てが、時間1から時間3までのそれぞれの位置に配置されています。つまり、時間1のA、B、C、時間2のA、B、Cが別の地点として表されています。この図を用いて、地図上の経路を計算するのと同じような手続きで最短の経路を探索していきましょう。

なお、ここからは説明のため、各地点の呼び名を違うものにした場合の

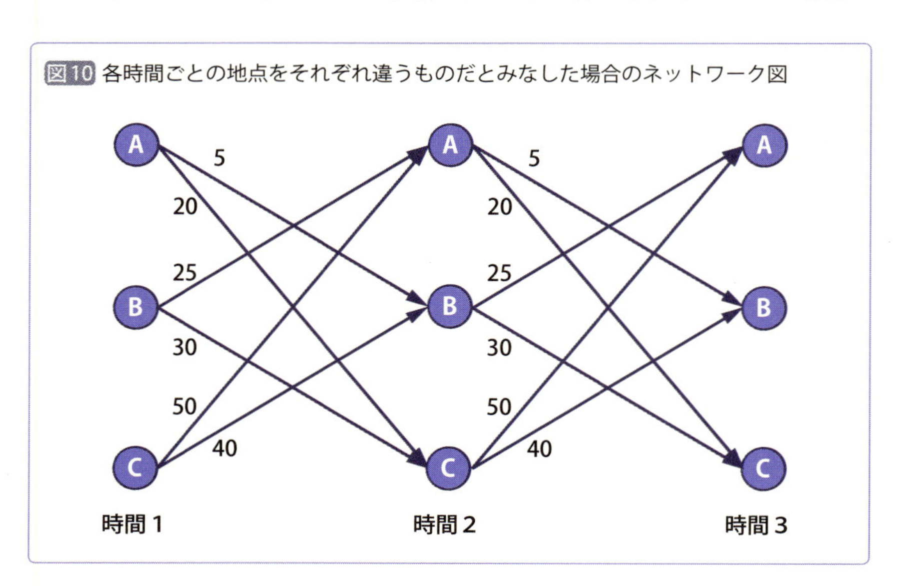

図10 各時間ごとの地点をそれぞれ違うものだとみなした場合のネットワーク図

ネットワーク図を使用します（図11）。時間1のA、B、C地点をそれぞれA1、B1、C1、時間2のA、B、C地点をそれぞれA2、B2、C2、時間3のA、B、C地点をそれぞれA3、B3、C3としています。

このネットワーク図を用いて最短経路を探索してみましょう。ここまで学んだ探索手法の中で最も効率がよい方法は「A* 探索」ですが、今回はゴール地点の設定がないため、ゴールまでの見積もりができません。

図11 各地点の呼び名を異なるようにした場合のネットワーク図

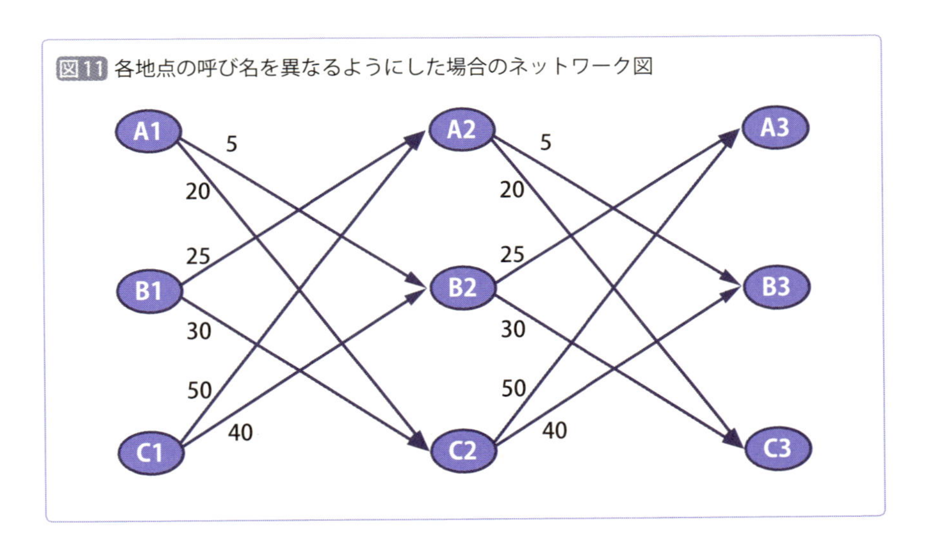

したがって、次点の「均一コスト探索」で考えてみましょう。なお、均一コスト探索は、A* 探索において、全ての見積もりを「ゼロ」とした場合と同じものです。

均一コスト探索を用いて探索する流れを表すと次のようになります。これまでと同様に、木構造（図12）およびオープンリストとクローズドリスト（表5）も併せて示しますので、これらを見ながら処理を追ってみてください。

探索した経路を木構造で表現する場合には、ルートが必要なので、便宜上のスタート地点としてXを置いていることに注意してください。

①A1から行くことのできるB2、C2のコストはそれぞれ5と20
②B1から行くことのできるA2、C2のコストはそれぞれ25と30
③C1から行くことのできるA2、B2のコストはそれぞれ50と40
④最もコストが低い地点はコスト5で、「A1から移動した際のB2」なので、B2に行く
⑤B2から行くことのできるA3、C3のコストはそれぞれ30と35。この時点で最もコストが低いのは「C2」のコスト20なので、C2に行く
⑥C2から行くことのできるA3、B3のコストはそれぞれ70と60。この時点で最もコストが低いのは「A2」のコスト25なので、A2に行く
⑦A2から行くことのできるB3、C3のコストはそれぞれ30と45。この段階で最もコストが低いところはA3とB3でともにコストは30

探索の結果、2回移動する場合には「A → B → A」もしくは「B → A → B」という経路が一番コストが低いことがわかりました。

図12 経路の向きによってコストが異なる場合の木構造

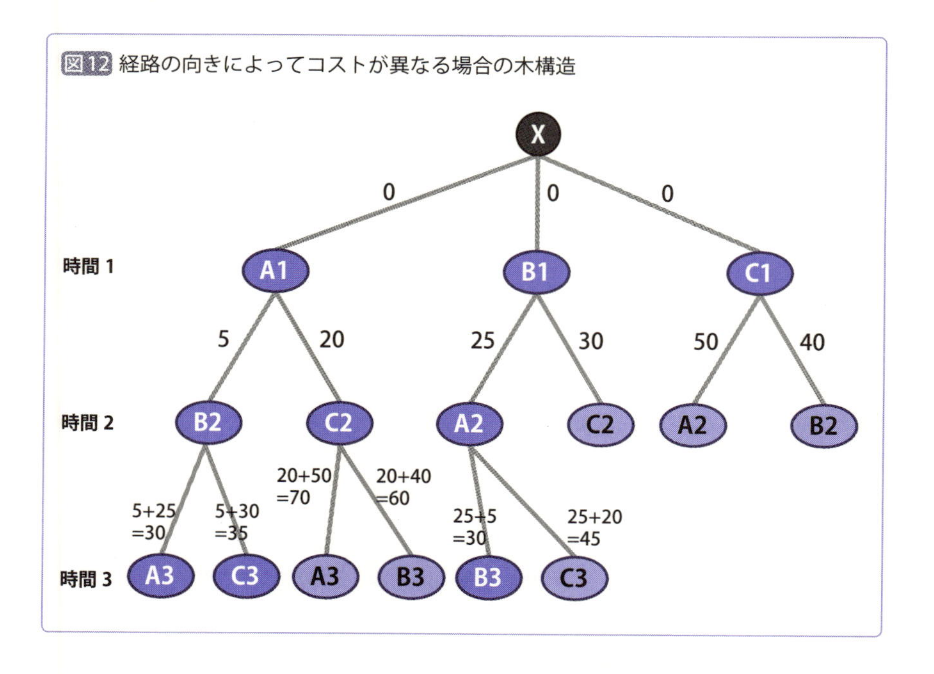

表5 向きによってコストが異なる場合のオープンリスト・クローズドリスト

ステップ	オープンリスト	クローズドリスト
1	A1、B1、C1	なし
2	B1、C1、B2（5）、C2（20）	A1
3	C1、B2（5）、C2（20）、A2（25）、~~C2（30）~~	A1、B1
4	B2（5）、C2（20）、A2（25）、~~B2（40）~~、~~A2（50）~~	A1、B1、C1
5	C2（20）、A2（25）、A3（30）、C3（35）	A1、B1、B2、C1
6	A2（25）、A3（30）、C3（35）、B3（60）、~~A3（70）~~	A1、B1、B2、C1、C2
7	A3（30）、B3（30）、C3（35）、~~C3（45）~~、~~B3（60）~~	A1、A2、B1、B2、C1、C2

　ところで、図12を見て、何か気付いたことはないでしょうか？それは、時間２と時間３の各時間においてそれぞれ複数あるA、B、Cのうち、最もコストが低いものがひとつずつ選ばれて、次の時間につながっているということです。つまり、時間２ではA2に到達する経路はB1からの経路とC1からの経路の２つがありますが、よりコストの低い、B1から分岐したA2が選ばれて、次の時間につながっていきます。

　今回の例だと時間３までしかありませんから、少しわかりにくいかもしれません。時間３から時間５までの場合を図13に示します。

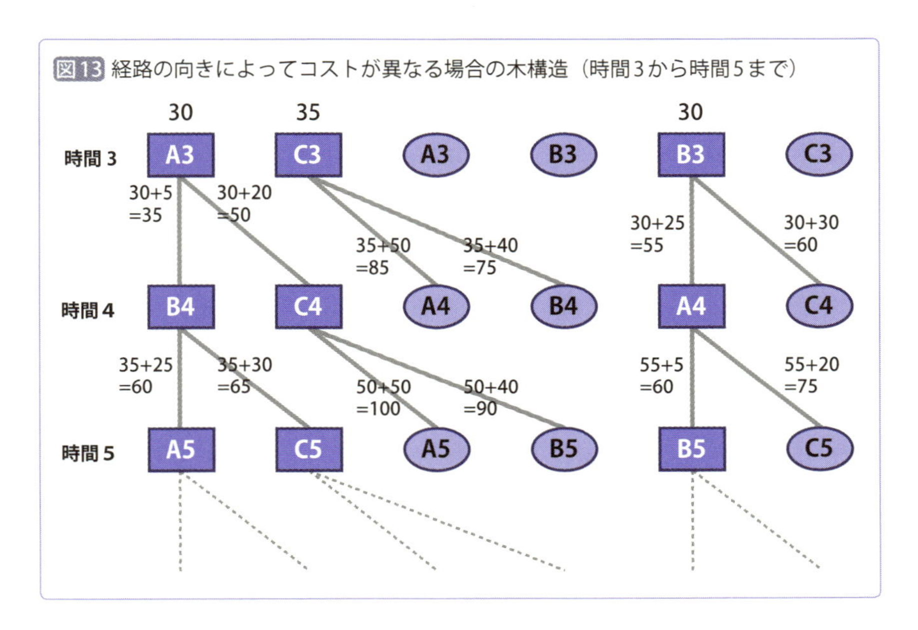

図13 経路の向きによってコストが異なる場合の木構造（時間3から時間5まで）

時間４においても時間５においても、それぞれ複数存在するA、B、Cのうち、ひとつずつ最もコストが低いものが選ばれて（最もコストが低いものは図の中で四角で示しています）、次の時間につながっていることがわかります。

この性質を利用すると、均一コスト探索よりも簡略化したやり方で最短経路を求めることができます。すなわち、各時間において探索の順番などを全く気にせずに、ある時間におけるA、B、Cの各地点から次の時間のA、B、Cの各地点へのコストを全て求めて、その中から最もコストの低いA、B、Cを残すことを繰り返していけばいいのです。

このように計算するやり方を「ビタビアルゴリズム」と呼びます。ビタビアルゴリズムを用いて時間５まで計算している例を図14に示します。

図14 ビタビアルゴリズムに基づく計算

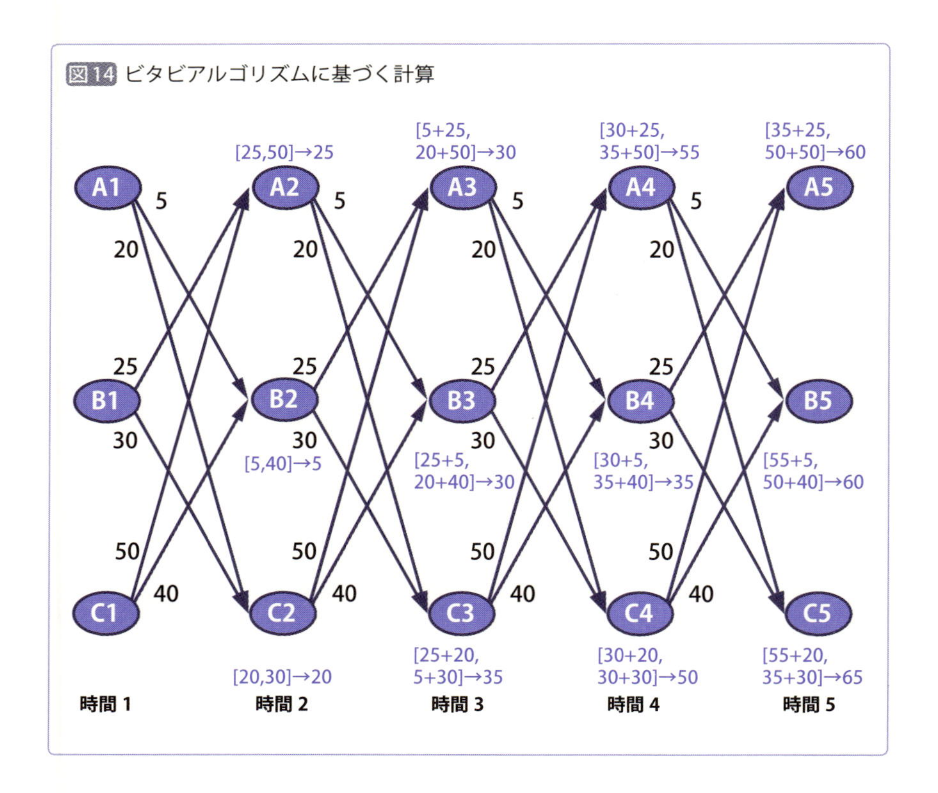

時間2では、A2までの経路としては、B1→A2（25）、C1→A2（50）があり、コストが最も低い25を残します。括弧内はコストです。

B2までの経路としては、A1→B2（5）、C1→B2（40）があり、コストが最も低い5を残します。

C2までの経路としては、A1→C2（20）、B1→C2（30）があり、コストが最も低い20を残します。

時間3では、A3までの経路としては、B2→A3（5+25=30）、C2→A3（20+50=70）があり、コストが最も低い30を残します。

B3までの経路としては、A2→B3（25+5=30）、C2→B3（20+40=60）があり、コストが最も低い30を残します。

C3までの経路としては、A2→C3（25+20=45）、B2→C3（5+30=35）があり、コストが最も低い35を残します。

以降の時間4、時間5についても同様に進めることができます。木構造やオープンリストとクローズドリストを用いてひとつずつ処理を進めていくよりも、手続きがかなり簡単に済みます。

◇最適性の原理とは

本項の最後に「最適性の原理」と呼ばれるものを紹介します。これまでに紹介した「コスト均一探索」や「ビタビアルゴリズム」の根本にある原理です。

92ページの図12に戻ってみましょう。A3までの経路が「B2→A3(30)」と「C2→A3（70)」の2つありますが、最適性の原理を理解していれば、A3以降の経路を探索するときにはC2からたどった経路を覚えておく必要がないことがわかります。なぜなら、C2からの経路は今後の探索において、絶対に最短経路にはならないからです。

このことを、次ページの図15で示します。図15では、Xがスタート地点、Yがゴール地点です。この際、AからXまでの最短距離が20だとわかっているとします。また、同時にXからBまでの最短距離が30だともわかっているとします。AからYまでの距離は10で、BからYまでの距離は5

です。このとき、XからYまでの最短距離はいくつとなるでしょうか。

Aまでの最短距離は20なので、Aを経由した場合のYまでの最短距離は「20+10=30」です。一方、Bまでの最短距離は30なので、Bを経由した場合のYまでの最短距離は「30+5=35」だとわかります。よって、XからYまでの最短距離はAを経由した場合の30です。

つまり、次の時点までの最短経路は、それまでの最短経路から最短距離の地点へと進んだところになります。

このように、「ある時点までの最短経路」を基に最短距離となる地点に進むことで、全体として最短距離の経路を導くことができることを「最適性の原理」と言います。

最適性の原理を用いる手法のことを総称して「動的計画法」と呼びます。動的計画法は経路の計算を大幅に削減することができるため、様々な分野で使われています。

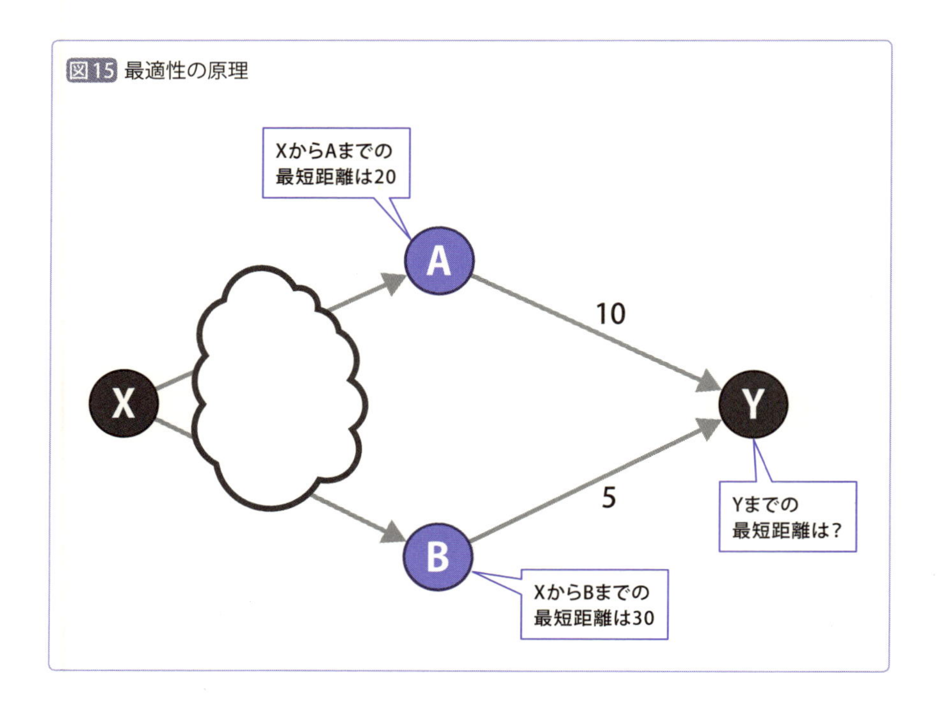

図15 最適性の原理

〔3-1-5〕
探索を現実的な問題に応用してみよう

◇地図上の問題以外への適用

　ここまで、地図上の経路探索のことばかり説明してきましたが、これまでに説明した探索の方法を一般化することで様々な問題に適用し、その答えを見つけることができます。本章の冒頭で、探索という処理を行うためには以下の情報が必要だと述べました。

- **スタート地点**
- **ゴール地点**
- **中間地点**
- **どの地点からどの地点へ移動できるかの情報**
- **各地点間の距離**

　ここで、それぞれの各条件を、もっと普遍的な言葉に言い換えてみます。

- **開始状態**
- **終了状態**
- **中間状態**
- **各状態からどの状態に変化できるかという情報**
- **状態遷移のコスト**

　こうして言い換えてみると、「何らかの状態から開始して、状態が変化しながら、終了状態にたどり着く」という過程は、どんな問題解決にも共通していると思いませんか？

ここで「川渡り問題」というものを考えてみましょう。川渡り問題とは、「川の向こう岸へ渡りたいが、向こう岸へ渡るためにはいくつかの条件があり、それを解決して渡るにはどうすればよいか」を考える問題です。基本的には何回かに分けて渡ることになるのですが、そのときにいくつか条件があり、その条件を満たすように渡らないといけません。

今回は、人間とキャベツとヤギとオオカミが川を渡るときの場合を考えます。なお、次のような条件があることとします。

- **一度に船に乗せることができるものは2つまで**
- **人間がいないと船を移動させることができない**
- **人間がいないときにキャベツとヤギが同時にいるとヤギがキャベツを食べてしまう**
- **人間がいないときにヤギとオオカミが同時にいるとオオカミがヤギを食べてしまう**

こうした現在の状況は、どのように表せばよいでしょうか。ひとまず、次のように表してみましょう。

人間がこちらの岸にいるかどうか（いる場合は1、いない場合は0）
キャベツがこちらの岸にあるかどうか（ある場合は1、ない場合は0）
ヤギがこちらの岸にいるかどうか（いる場合は1、いない場合は0）
オオカミがこちらの岸にいるかどうか（いる場合は1、いない場合は0）
船がこちらの岸にあるかどうか（ある場合は1、ない場合は0）

こうすると、開始状態は＜1，1，1，1，1＞として表すことができるでしょう。この状態から＜0，0，0，0，0＞に移動する経路を探索すれば問題解決ということになります（図16）。

このように定義をしてみると、ここまでに紹介した探索手法で問題を解決できることがわかります。ここでは、深さ優先探索を使って問題を解いてみましょう。図16を参照してください。その結果、次のような経路が見

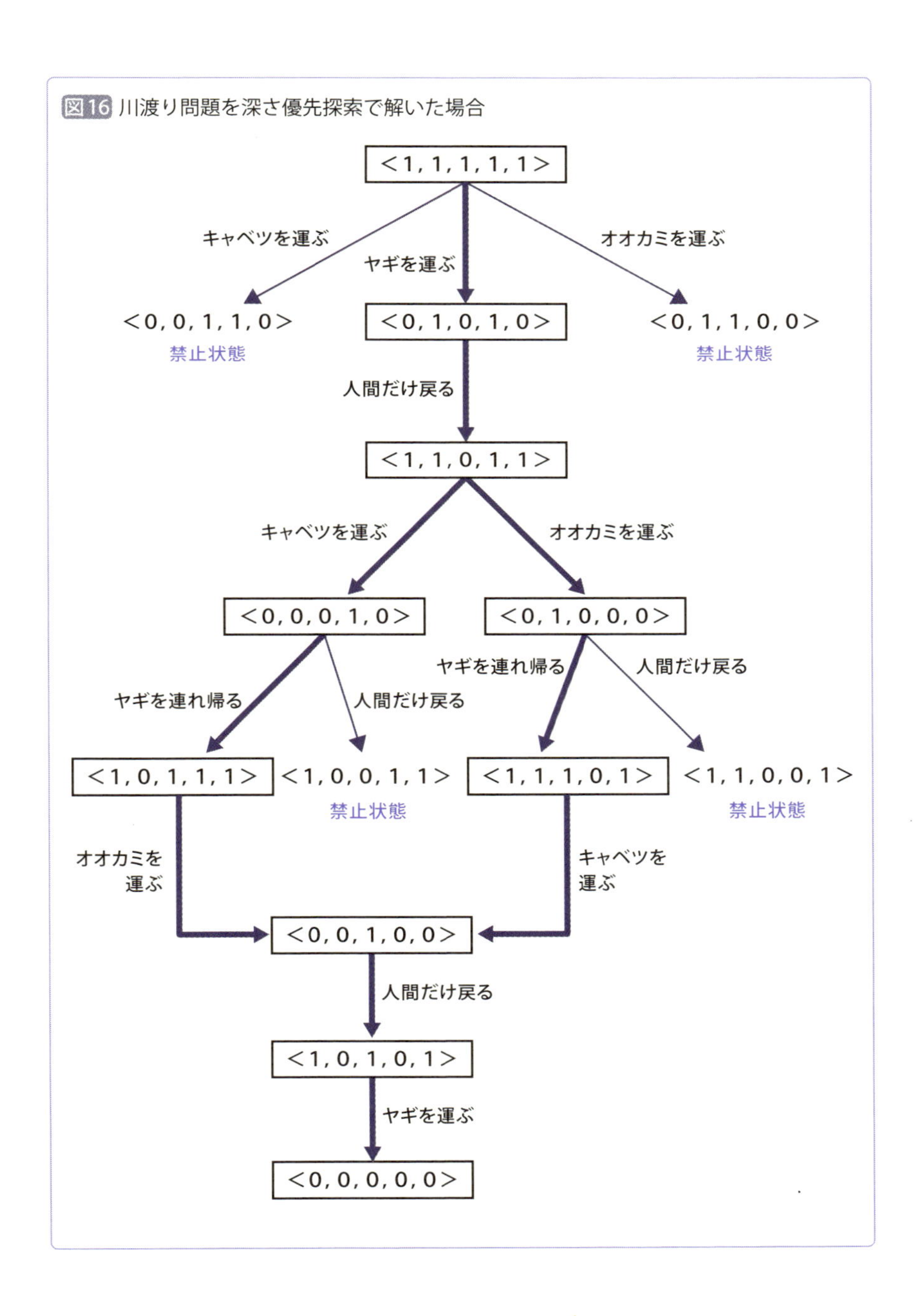

図16 川渡り問題を深さ優先探索で解いた場合

つかりました。

・ヤギを運ぶ→人間だけ戻る→キャベツを運ぶ→ヤギを連れ帰る→オオカミを運ぶ→人間だけ戻る→ヤギを運ぶ
・ヤギを運ぶ→人間だけ戻る→オオカミを運ぶ→ヤギを連れ帰る→キャベツを運ぶ→人間だけ戻る→ヤギを運ぶ

このように、探索手法を応用して２通りの経路で終了状態までたどり着けることがわかりました。ちなみに、ある経路では、オオカミがヤギを食べてしまえる状態になります。こういう状態に陥ってしまうと終了状態にたどり着くことができません。このような状態は「禁止状態」と呼びます。

多くの問題に探索を応用できる

このように、探索問題は地図上の経路を探索するだけではなく、一般の問題にも応用して解を見つけることが可能です。

難しい問題になればなるほど、考慮すべき状態が多くなり、探索すべき可能性（専門用語で「探索空間」と呼びます）も膨大になりますが、この章で示したような効率的な手法を用いることで、数多くの現実的な問題を効率的に解く糸口をつかむことができます。

〔3-1-6〕
「次の手」を選択する仕組みを見てみよう

◇ついに人間に勝利を収めた人工知能

このところ、人工知能関連のニュースで囲碁や将棋が取り上げられることが多くなりました。その理由は、囲碁や将棋において人工知能がトッププロを次々と破っているからでしょう。数あるボードゲームの中で、より複雑な処理を必要とする囲碁や将棋についてはそう簡単に人間のトッププロを人工知能が打ち破ることはできないだろうと考えられてきました。しかし、最近ではすっかり囲碁や将棋においてコンピュータの方が強いという認識に世の中がだんだんと変化してきたように思います。

そこで、ここからは、人工知能がどのようにボードゲームで次の手を決めているかを考えていきたいと思います。

まず、三目並べを例にとって考えましょう。

三目並べとは、先手と後手が○と×を3×3の盤面にそれぞれ交互に書き込んでいき、縦・横・斜めのいずれかに先に3つ並べた方が勝ちとなるゲームです。

この盤面は、97ページで考えた探索する際に必要な条件である「状態」と考えることができます。さらに、盤面に○か×を書き込むと盤面の状態が変化していくので、探索問題と捉えることが可能です。

次ページの図17は、盤面の状態が○か×が書き込まれていくことによって変わっていく様子を表しています。

このことから考えると、ボードゲームにおいて、探索手法を駆使していけば絶対に勝てるパターンを見つけることができると思った人はいるのではないでしょうか。確かに、三目並べのように少ないマス目の数であれば、状態を最後まで展開することができるので、どのように状態を移動させていけば勝てるのかを探索することが比較的簡単にできます。

しかし、こうしたボードゲームで探索を行う際に、これまでの探索と少し違う点があります。それは「相手がいる」ということです。すなわち、自分の行きたい経路を必ずたどることができるとは限りません。そこで、こうした場合には特殊な探索が必要になります。その探索手法のひとつが「ミニマックス法」です。

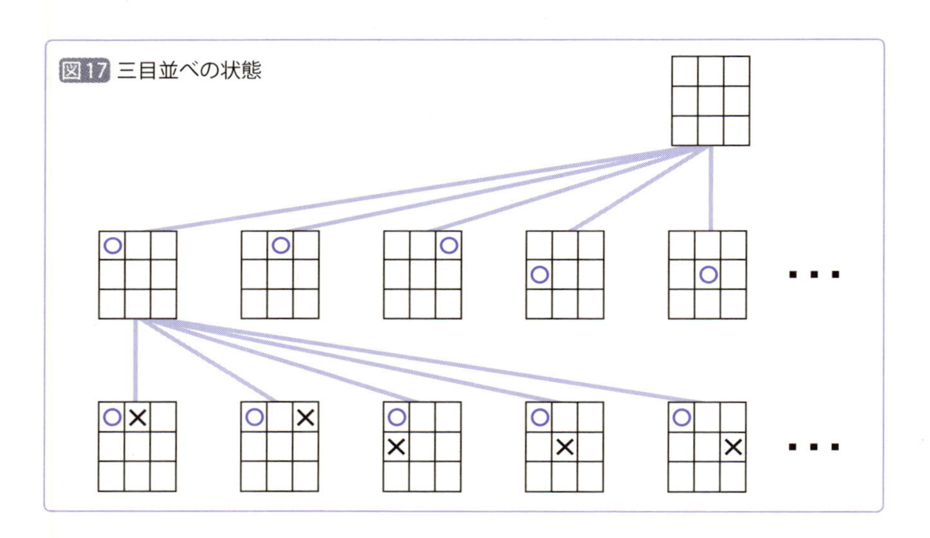
図17 三目並べの状態

ミニマックス法による探索

図18を見てください。なお、三目並べであっても状態の数が非常に多くなって複雑になってしまうので、ここではもう少し単純化して考えています。

一番下に、相手の番のときに自分が勝つか、負けるか、引き分けかが書かれています。例えば、自分の番のときに5番にいて、10番に移動するような手を打つと引き分けですが、11番に移動するような手を打てば勝てます。

ここで考えないといけないのは、自分は当然勝つことを目指して行動しますが、同様に相手も勝てるように（つまり、こちら側が負けるように）行動するということです。

4番、5番、6番、7番の状態にいるときは自分の番です。自分の好きなところに移動することができるので、移動先の中で自分にとって一番いいところに行くことができます。よって、移動先に「勝ち」がある5番、6番の状態は「勝ち」と同じ状況だと言えます。一方で、4番と7番はどう頑張っても「負け」にしか行けませんので「負け」と同じ状況です。

相手の番である、2番と3番についても考えましょう。相手も勝ちたいですから、勝てるものを選ぶはずです。

2番にいるときに、相手は4番か5番に移動することができます。そうすると、相手は当然4番を選ぶでしょう。そうすると、2番に行った時点でこちら側が「負け」となる状況です。

3番にいるときはどうでしょう。相手は6番か7番に移動することができます。よって、当然7番を選ぶでしょう。つまり、こちら側にとっては3番も「負け」に等しい状況です。

さらにさかのぼり、1番のときについてを考えてみましょう。残念ながら、ここまで見たように2番に行っても3番に行ってもどちらも「負け」の状況にしかならないようです。よって、1番は「負け」と同じ状況と言えます。

まとめると、相手の番のときは、自分にとって一番悪いもの（これを「Min」あるいは「ミニマム」と呼びます）が選ばれ、自分の番のときには移動先の最もよいもの（これを「Max」あるいは「マキシマム」と呼びます）が選ばれるということです。

図18 ミニマックス法の考え方

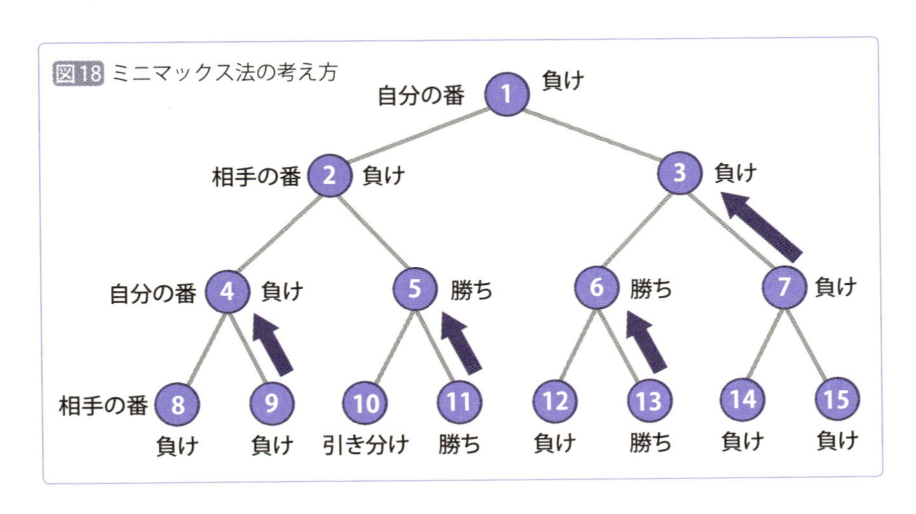

このように考えて状態に勝ち負けをつけていき、分岐先にシステムにとって「勝ち」と同じ状態があればその状態に移動していくようにする、という方法がミニマックス法です。

◇複雑なゲームの場合にはどうする？

ここで例示した三目並べは、それほど状態の数が多くないので、全ての状態を列挙することが可能です。よって、末端の状態に「勝ち」、「負け」、「引き分け」を設定することで、ミニマックス法を適用することができます。しかし、チェスや囲碁、将棋といったボードゲームは、よりマス目が多かったり、一度取得した相手の駒を自分の駒として使えたりして、考慮すべき状態の数が非常に多くなります。そのため、最後まで状態を列挙することが困難です。

最後まで状態を列挙できないということは、「勝ち」、「負け」、「引き分け」を末端の状態に設定して逆算することができないということです。そのような場合には、どうすればよいのでしょうか。

評価値を用いて逆算する

こうした場合には、途中までの状態を求めた上で、それぞれについてどのくらい勝つことができそうなのかを見積もっていきます。

具体的には、それぞれの状態に勝ち負けの代わりとなる数値（評価値）を設定し、そこから逆算していきます。この数値は経験則から導き出してもよいですし、近年であれば計算機シミュレーションを用いて求めることもあります。計算機シミュレーションとは、ある局面からランダムにコンピュータ同士を何度も対戦させて勝率を求めていくものです。そしてその勝率を評価値に設定して、その数値を基にミニマックス法を適用します。

図19に、このような評価値を用いた場合のミニマックス法での探索を示します。一番下にある8番から15番の下部に書かれている数値は、見積もりによって得られた何らかの評価値（大きい方が勝ちに近いとします）を表しています。この図を参考に考えてみましょう。なお、これまでの経路探索ではスタート地点から探索を行っていましたが、ここでは末端のノードから

上に向かって探索をしています。向きが異なることに注意してください。

まずはひとつ手番をさかのぼり、4 番から 7 番を見てみます。4 番から 7 番は自分の手番なので、移動先の一番大きな評価値を選ぶことになるでしょう。したがって、4 番の評価値は 20 だと考えることができます。同様に 5 番については、評価値が 30 だと考えることができるでしょう。同じように 6 番について考えると、評価値は 15、7 番については評価値は 50 です。

さらにもうひとつ手番をさかのぼり、2 番と 3 番の評価値を考えてみます。ここは相手の番なので、より評価値の小さい方が選択されると考えられます。よって、評価値は 20 と 30 のうち、より低い方である 20 となります。同様に 3 番に関しても、移動先の 15 と 50 のうち、より小さい方である 15 となります。

こうしてミニマックス法を活用し、1 番にいる状況では、2 番に移動すると最も高い評価値が得られるので、そのように移動するのがよいことがわかりました。相手がいるゲームの場合には、常に状態が変化するため絶対的に正しい選択というものはありませんが、このように常に最善だと考えられる選択を見つけることが、ミニマックス法によって可能なのです。

図19 評価値を用いた場合のミニマックス法

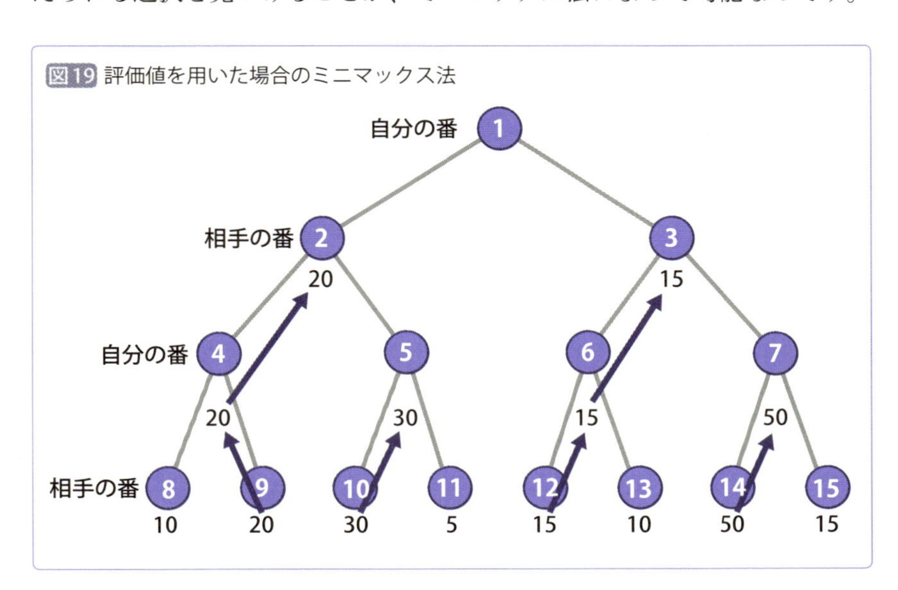

〔3-1-7〕
効率的に次の手を選択する仕組み

◇最大化に着目した「αカット」

前項で紹介したように、ミニマックス法は評価値が割り振られた状態について、さらにそこからさかのぼって、上にある状態の評価値を求めていきます。

しかし、特定の場合には計算を省略することができ、さらに効率的に探索を行うことが可能です。

図20を見てください。

現在、12番と13番の評価値を基に、6番に「15」の評価値が割り振られたところだとします。

図20 αカットの例

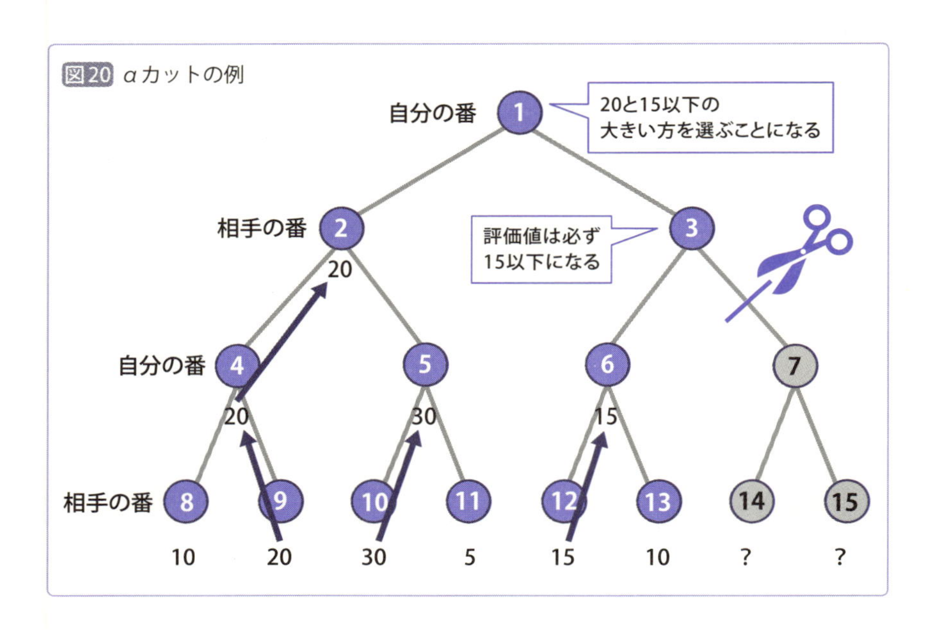

　この段階で、7番以降を考慮する必要はなくなります。つまり、7番以降の分岐はないものだと思って全く問題がありません。これを「αカット」と呼びますが、なぜカットしてもよいのでしょうか。

αカットが可能になる理由

　2番と3番は、図20にも示されているように、相手の手番です。すなわち、最も小さい値が選ばれるはずです。
　つまり、その次の手番である6番に「15」の評価値が割り振られているということは、もう一方の7番の評価値が何であれ、3番の評価値は15以下になることが確定しているということです。
　例えば、7番の評価値が「5」だったとしましょう。そうすると、3番の評価値は「5」となり、15以下です。
　あるいは、7番の評価値が「100」だったとしましょう。この場合でも、15と100の小さい方が選ばれるため、3番の評価値は15になります。
　このように、6番の評価値が決定している時点で、3番の評価値は15以下だということが判断できますが、これによってもうひとつのことがわかります。
　それは、そもそも3番自体が選ばれることはない、ということです。なぜかと言うと、自分の手番である1番では、分岐のうち、最大のものを選ぶはずだからです。
　つまり、2番の評価値が「20」で、3番の評価値が「15」以下であれば、1番では20を選ぶことになります。その結果、3番以下の状態については、もう考えなくてもよく、カットできるのです。このように、最大化に寄与しないことが明らかな場合に、以降の分岐を考えない処理のことを「αカット」と呼びます。

最小化に着目した「βカット」

　αカットと並び、効率的に探索を行うテクニックとして、もうひとつのカットが存在します。「βカット」と呼びますが、αカットと同様に図を用いて考えてみましょう。

図21では、2番から分岐していくものの最下段に並ぶそれぞれのうち、最も高いものは10番の評価値で「30」です。したがって、ひとつ前の手番であり、自分の手番である5番の評価値は、必ず30以上であることが確定します。

さらに、2番について考えてみます。これは相手の手番なので、分岐する4番か5番のうち、評価値の小さい方が選ばれるでしょう。評価値が明らかになっている8番から10番を参考に考えると、5番の評価値は「30」以上となり、確定している4番の評価値よりも高いため、相手は4番を選び、5番を選ばないだろうと判断できます。よって、5番以下の他の状態はもう考えなくてもよいことになります。すなわち、11番は見るまでもなくカットできます。

同様に、14番の評価値が「50」だと明らかになったときのことを考えます。この場合、7番の評価値は50以上であることが確定します。

明らかになっている他の評価値を参考に3番について考えてみます。3

図21 βカットの例

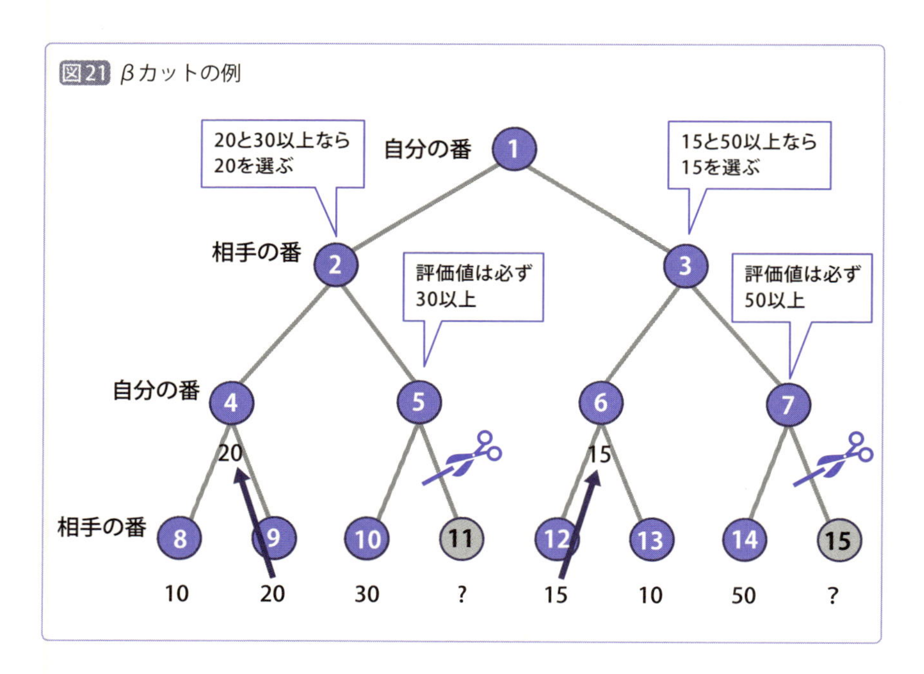

番は相手の手番であるため、6番と7番のうち、より小さい方の評価値を選ぶでしょう。6番の評価値は「15」で、7番の評価値は「50」以上です。よって、相手は必ず6番を選び、7番を選ぶことはありません。したがって、7番以下の他の状態はもう考えなくてもよいのです。

このように、最小化に寄与しないことが明らかな場合に、以降の分岐を考えない処理のことを「βカット」と呼びます。

探索処理は何に応用できる？

本章ではここまで、コンピュータで答えを探す方法である「探索」について、根本的な原理を紹介してきました。

探索は、人工知能においてあらゆるものの基盤となる処理です。「やってみよう！」で触れたようなカーナビで最適な経路を見つけるだけでなく、ボードゲームでよりよい手を見つけたり、さらには、より一般的な問題についても答え・解決策を見つけたりするために用いることが可能です。

探索は第1次AIブームのころから研究されてきていますが、このような理由から常に重要な位置付けをされてきました。

少し想像しづらいかもしれませんが、言語処理や音声認識などの技術の基盤としても用いられています。より具体的に言うと、言語処理では、「かな漢字変換」が最も基本的なアプリケーションとなりますが、入力されたローマ字列について、変換候補を見つける際に用いられるのが、本章で紹介したような探索手法です。同様に音声認識では、入力された音声について、該当する単語列を探索によって見つけています。このように、知らず知らずのうちに、我々の身の回りで探索手法は大活躍しているのです。

次章以降で説明していく様々な人工知能技術においても、いたるところで探索の技術が使われています。折に触れて紹介していく予定です。

第3章のまとめ

- 探索とは、特定の条件を満たすものを見つける処理のことで、幅広い分野の問題解決において役に立つ
- 探索の主な手法として、深さ優先探索、幅優先探索、均一コスト探索、A*探索などがある
- 経路探索において、これから訪問しようと思っている地点のリストを「オープンリスト」、すでに訪問済みの地点のリストを「クローズドリスト」と呼ぶ
- 向きによってコストが変化する探索の場合には「ビタビアルゴリズム」を用いると効率的に探索できる
- 囲碁や将棋のように、相手がいる場合の探索では「ミニマックス法」という方法を用いる

練習問題

Q1 A*探索では、地点からゴールまでの距離をどのように見積もることによって、最適な経路を探索しているでしょうか？

A ランダムに見積もる　B 実際より近く見積もる
C 実際より遠く見積もる

Q2 均一コスト探索やビタビアルゴリズムの背景にある、効率的な探索を可能にする仕組みのことを何と呼ぶでしょうか？

A ベイズの定理　B 最適性の原理
C ニューラルネットワーク　D αカット

Q3 ミニマックス法において、最大化に寄与しないことが明らかな分岐をカットし、効率的に探索する処理のことを何と呼びますか？

A αカット　B βカット
C γカット　D δカット

Q1. B　Q2. B　Q3. A

Chapter

04

人工知能に知識を教え込もう

～知識の様々な表現方法～

本章では、人工知能に知識を教え込む方法について学びます。「そもそも知識とは何か」ということから出発して、知識の種類や知識の表現方法までを見ていきましょう。また、第2次AIブームの中心だったエキスパートシステムについても紹介します。

やってみよう!

〔4-1〕
誰が一番知識があるか考えてみよう

本章では、コンピュータにどのように知識を教えて賢くするかについて説明します。そのために、そもそも「知識」とは何かについてから考えてみたいと思います。
「あの人は知識がある人だ」と言うときの、「知識がある人」とはどういう人を指すのでしょうか。

Step1 ▷「知識がある」と思う人や、「知識が必要だ」と思う職業を書き出してみよう

まず、頭の中で、知識があると思う人や知識が必要となる職業を考えてみて書き出してみましょう。知識の色々な形が見えてくるはずです。

解答(一部) クイズ番組によく出演している人、どんな質問にも答えてくれる人、弁護士、哲学者、医者

Step2 ▷知識のタイプを考えてみよう

知識がある人とはどういう人かを少し考えたところで、次の図を見てください。

Aさん
→クイズが得意

Bさん
→家電量販店の説明員

Cさん
→市役所の窓口担当

Dさん
→熟練工

Eさん
→赤ちゃん

ここに5人の人物がいます。この5人には、次のような特徴があります。

Aさん：数々のクイズ番組で賞金を獲得してきたクイズ王
Bさん：お客さんのどんな質問にも即座に答える家電量販店説明員
Cさん：市役所の窓口担当
Dさん：美しい製品を作る熟練工
Eさん：生まれて1年も経たない赤ちゃん

これらの人物が、どのような知識を持っているのかを考えて、書き出してみましょう。

解答（一部）　Aさん：世の中の物事に関する広い知識、Eさん：生きるための様々な知識

Step3 ▷誰が最も知識を持っているか考えてみよう

Step2では、AさんからEさんまでの持っていると考えられる知識のタイプについて考えてもらいました。最後に、その情報を基に、AさんからEさんまでのうち、誰が一番知識があると思うかを考えてみましょう。

それではここから、「知識とは何か」を始点に、知識について説明していきたいと思います。

〔4-1-1〕
知識の定義を知ろう

◇辞書の定義から考える「知識」

本章では、人工知能に知識を教え込んで賢くしていくための仕組みを解説していきます。そこで、そもそも知識とは何なのか、というところから出発しましょう。1章では、「知能」について考えてみましたが、「知能」と「知識」とは異なるものであることに注意してください。

まずは「知識」に関する辞書の定義を見てみましょう。

ある事項について知っていること。(広辞苑)
知恵と見識。ある事柄に対する明確な意識と判断。また、それを備えた人。
(日本国語大辞典)
ある物事について認識し、理解していること。また、その内容。
(明鏡国語辞典)
知ること。認識・理解すること。また、ある事柄について知っている内容。
(大辞泉)
広義には「知る」といわれる人間のすべての活動と、特にその内容をいい、狭義には原因の把握に基づく確実な認識を言う。
(ブリタニカ国際大百科事典)

ここに列挙した定義の共通項を考えてみると、ある人が「知っている」もしくは「認識・理解している」ことを「知識」と呼べそうです。

◇「知っている」ための3つの条件

「知っている」とはどういう状況なのかについては、古代ギリシャの時代から研究が重ねられています。「わざわざ何を研究することがあるのか」と思われるかもしれませんが、考え始めるとなかなか難しい問題であることがわかります。

長年の研究の結果、現在では、ある人物Aが事柄Pを「知っている」と言ってよい条件として、次のようなものがよく挙げられます（図1）。

条件1：Aさんは事柄Pを信じている
条件2：事柄Pは真実である
条件3：Aさんは事柄Pを信じるだけの理由がある

上記の3つの条件を参考に、「Aさん」が「今の時刻が10時である」という事柄を知っていると言えるかどうかについて、いくつかの状況で考えてみましょう。

まず条件1だけを満たしている場合を考えてみます。この状態は、Aさんが「今の時刻が10時である」と信じているだけの状態です。

しかし、ただそう思っているだけの状態に対して、その人がそれを「知っている」とみなすのは少し無理があるでしょう。

図1「知っている」ための3つの条件

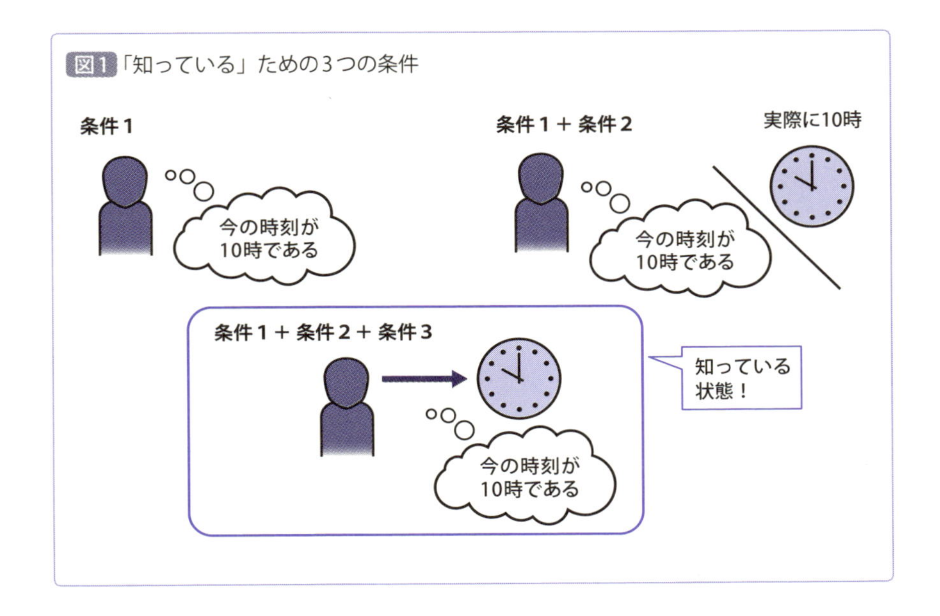

この状態に、条件2を加えてみましょう。Aさんが「今の時刻が10時である」と信じていて、かつ実際に時刻が10時だったとします。

この場合、Aさんが「今の時刻が10時である」ということを「知っている」状態だと言えるでしょうか。実は、そうとも言い切れません。なぜなら「今の時刻が10時である」と何の根拠もなくAさんが思っていて、その上でたまたま現在時刻が10時だった可能性も考えられるからです。この場合には、Aさんの考えがたまたま的中しただけで、「知っている」と言うことはできないでしょう。

ここで、最後に条件3を追加してみましょう。こうすれば、Aさんが時刻を「たまたま」知っていたのではないということになります。例えば、Aさんが目の前の時計を見ていて、その針が10時を指している場合などです。これなら、Aさんが「今の時刻が10時である」と知っていたとみなす十分な状況になります。

◇「知っている」状態の定義は難しい

これらの3つの条件だけでは十分ではないとの立場から、何をもって「知っている」状態とするかについては現在も議論が続けられています。例えば、Aさんが時計を見て、10時だと考えた場合でも、実は時計が壊れていて、さらにたまたまちょうど10時だった、というややこしい場合も考えられます。

複雑な話になってしまうために深入りはしませんが、このように、何をもって知っている状態なのか、あるいは何をもって知識とするのかの定義は意外と奥深いものです。

人工知能における「知識」とは

人工知能に話を戻します。現状では、人工知能が自律的に何かを信じたり、あるいは何かを信じたりするだけの理由を持たせることは難しいため、人工知能の扱う「知識」とは、人間がある程度の信頼性をもって正しいと判断し、コンピュータに入力したデータのことを指します。

〔4-1-2〕
知識の種類を知ろう

書き出しやすい知識、書き出しづらい知識

知識は、いくつかの種類に分けられます。中でも、最も基本的な知識は「○○は××だ」や「○○ならば××だ」といったものでしょう。具体的には「人間は哺乳類だ」というものや「人間ならば死ぬ」といったものが挙げられます。こうした知識のことを「宣言的知識」と呼びます。なお、宣言的知識は「記述的知識」とも呼ばれ、書き出しやすいことが特徴です。

その他の知識の種類について、112ページの「やってみよう！」に登場したAさんからEさんを例にして紹介していきます。Aさんはクイズ王なので、宣言的知識を大量に持っていると言えるでしょう。

Bさんは、家電の知識が豊富です。すなわち「このエアコンの燃費は○○だ」とか「この会社の掃除機の特徴は○○だ」という宣言的知識を大量に持っていることになります。Aさんとの違いは、内容が特定の分野（この場合は家電）に特化していることです。特定の分野に特化した知識のことは「専門知識」と呼びます。専門知識がある人は、しばしば専門家（エキスパート）と呼ばれますね。

Cさんは、窓口業務において様々な手続きの方法を知っています。このような「どうすればよいかの知識」のことを「手続き的知識」と呼びます。手続き的知識は、宣言的知識と比べて、書き出すことが少し難しい知識です。

この本を読んでいる人の中にも、色々な製品のマニュアルを読んでいて、「わかりにくいな」と思ったことのある人がいるでしょう。書いてある通りにやってもうまくいかずに、結局コールセンターに相談することになります。これは、手続き的知識を書き出したり他の人に伝えたりしにくいことに起因します。

熟練工のDさんが持っている知識は「動き方の知識」です。こうした

知識は、手続き的知識以上に書き出すことが困難です。

どうしてその動きをするのか、動いている当の本人でさえもよくわからないまま身体が動いていることもよくあります。

特にスポーツでは、上手な人が「こうやるんだよ」と言って華麗な動きをすることがありますが、どうやるのかを仔細に尋ねられると、うまく答えられなかったりします。これは、我々が普段意識していない知識の一種だからです。

なお、こういった普段意識していないような知識のことは「暗黙的な知識」もしくは「暗黙知」と呼び、中でも運動など身体に関するものは、特に「身体知」と呼びます。

最後に、E さんはどのような知識を持っているのでしょうか。知識はないようにも思えますが、1 歳に満たない赤ちゃんでも、ある程度の物理法則を理解していることが知られています。例えば、何か物体が宙に浮かんでいたり、急に消えたりすると、多くの赤ちゃんは驚きます。これは、「物体は自然には浮かばない」とか「物体は急に消えない」という知識を持っているためです。

こういう知識は、広く知られる言葉で「常識」と呼べるでしょう。常識は、暗黙知よりもさらに書き出すことが困難です。属する文化圏によっても異なりますし、あまりにも当たり前すぎて書きづらかったり、書いても書いてもきりがなかったりすることがほとんどだからです。

図2に、ここまで説明した知識の種類をまとめておきます。宣言的知識、手続き的知識、身体知、常識の順番で徐々に書き出しづらくなっていきます。

なお、基本的に人工知能に教えることができるのは、書き出すことができる知識です。すなわち、宣言的知識や一部の手続き的知識が主になります。

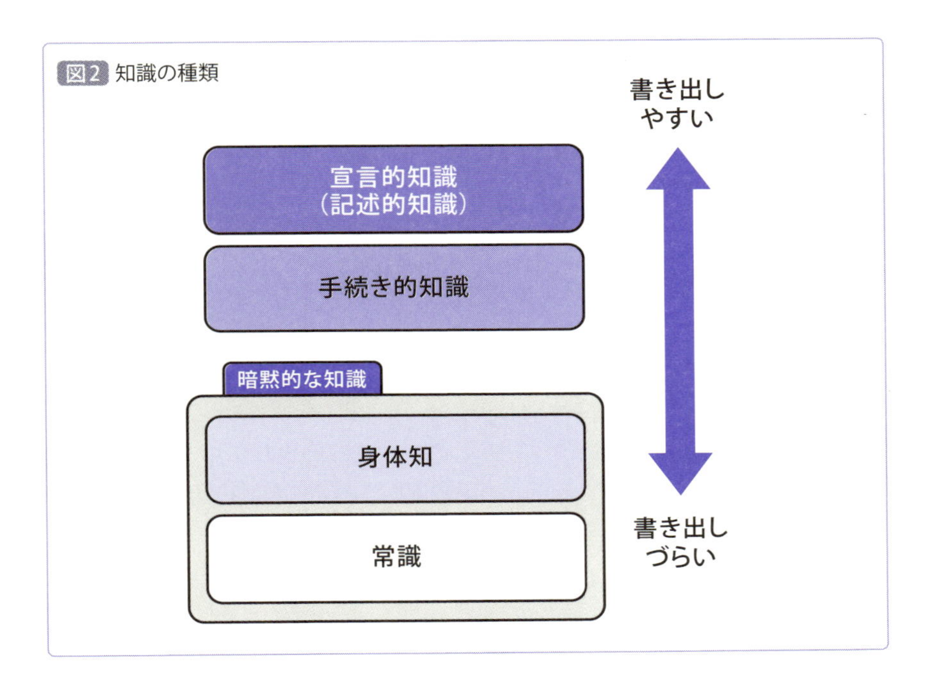

図2 知識の種類

〔4-1-3〕
知識があると できるようになること

◇新たな知識を見つける「推論」

ここまで、知識の基本的な事柄を説明してきましたが、こうした知識があることで、何ができるのでしょうか。

一般的に、知識があれば、物事が正しいか、間違っているかといった「判断」や問い合わせへの「受け答え」などができるとされています。

また、一定以上の知識があると、推論を行うことでさらに知識を増やしていくことができます。これが知識の大きな強みです。では、「推論」とはどういったことを指すのでしょうか。大きく分けて３種類あるとされています（図3）。

①演繹的推論

現在の手持ちの知識を組み合わせ、新しい知識を見つけることを「演繹的推論」と言います。例えば、「人間ならば死ぬ」という知識と「ソクラテスは人間だ」という知識を持っている人であれば、この２つを組み合わせて「ソクラテスは死ぬ」という新しい知識を導き出すことができるでしょう。

なお、もし組み合わせる知識自体に誤りがある場合には、間違った推論をしてしまう可能性があることに注意しましょう。

②帰納的推論

いくつかの事例から知識を見つけることを「帰納的推論」と言います。例えば、ハクチョウが目の前にたくさんいて、それらが全て白かったとします。帰納的推論を行えば、このことから「ハクチョウであれば白い」という新しい知識が得られるでしょう。

なお、帰納的推論は必ずしも正しい知識が得られるわけではないことに注意します。例えば、世の中には黒いハクチョウもいるそうです。

③仮説推論

現在の状況を最もよく説明できるような知識を逆算的に推測することを「仮説推論」と言います。これまでの演繹的推論、帰納的推論に比較してややわかりづらいかもしれません。具体例で考えてみましょう。

友人が急に羽振りがよくなってお金を浪費しだしたとします。そこで、「宝くじに当たるとお金がたくさんもらえて浪費する」という知識を持っていれば、あなたは「友人が宝くじに当たったのではないか」と考えるでしょう。こうして、持っている知識を基に現状を的確に説明できる知識を推論することを「仮説推論」もしくは「アブダクション」と言います。

しかしながら、これはあくまで「仮説」であり、必ずしも正しい知識が得られるわけではないことに注意しましょう。

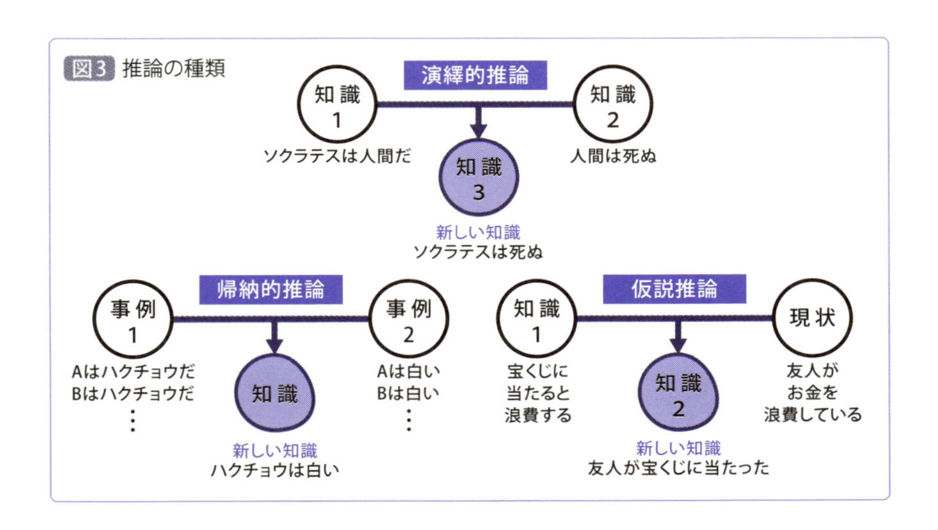

やってみよう!

〔4-2〕
身近な「宣言的知識」を見てみよう

ここまで、知識の基本的な事柄について見てきました。その中でも、基本的なものが「宣言的知識」です。そして、この宣言的知識が数多く集まっているサイトが、Wikipediaです。

Wikipedia トップページ
https://ja.wikipedia.org/wiki/%E3%83%A1%E3%82%A4%E3%83%B3%E3%83%9A%E3%83%BC%E3%82%B8

Step 1 ▷自分の好きな単語のページを開いてみよう

Wikipediaには多くの知識が書かれています。まずは、自分の好きな単語のページを開いて、どのような知識が書かれているかを見てみましょう。
なお、図には、Wikipedia（日本語版）の「ネコ」のページのスクリーンショットを示しています。このページには、「ネコ」に関する知識が大量に書かれています。ページの右側にはInfoboxと呼ばれる表があり、「ネコが生物学上どの分類にあたるか」、「学名は何か」、などが示されています。
また、ページの下の方には関連項目やカテゴリの情報があります。
このページを読むことで、ネコがどういう生き物であるかが、ある程度把握できるでしょう。

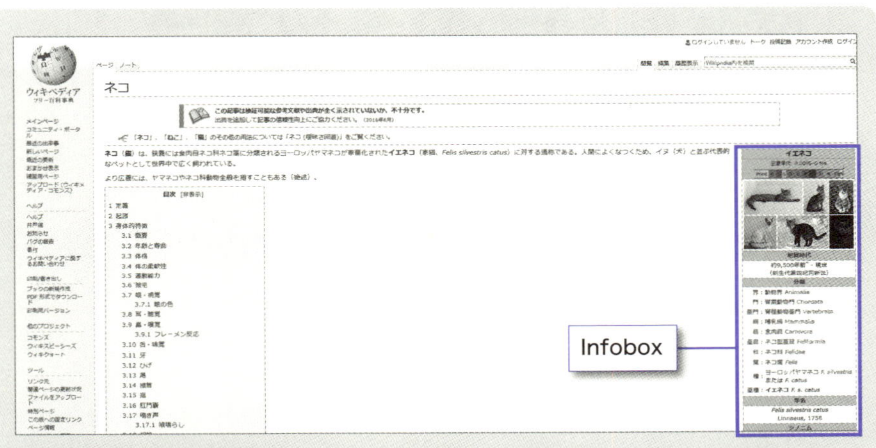

Wikipedia「ネコ」のページ
https://ja.wikipedia.org/wiki/%E3%83%8D%E3%82%B3

Step2 ▷宣言的知識で表しきれない知識を考えてみよう

多くの宣言的知識が掲載されているWikipediaですが、Wikipediaからは得られない知識というのも多々存在します。そこで、Step1で開いたページからは得られないような知識にはどんなものがあるかを考えてみましょう。

解答（一部）　ネコと仲良くなるための知識、ネコの育て方、ネコの飼い方

〔4-2-1〕
宣言的知識の表現方法①意味ネットワーク

◈人工知能に「意味」を理解させるために重要

人工知能において、宣言的知識を表現するために用いられる表現方法のひとつが「意味ネットワーク」です。これは、端的に言えば「概念の関係性をネットワーク図として表したもの」です。

図4を見てください。ネコ、ネズミ、チーズ、哺乳類、体毛、脊椎動物、脊椎といった概念が丸の中に書かれており、それぞれ矢印でつながれています。この矢印は、概念間の関係を表しており、「is-a」、「has-a」、そして「likes」の3種類が使われています。それぞれどういった関係を表しているのか見てみましょう。

①is-a

「is-a」は「属する」という関係を表します。つまり、図4の中で「ネコ」から「哺乳類」へと伸びる「is-a」の矢印は「ネコは哺乳類に属する」という関係を表しています。同様に、「哺乳類」から「脊椎動物」へと伸びる矢印は「哺乳類は脊椎動物に属する」という関係を表しています。

②has-a

「has-a」は「持つ」という関係を表します。図4では、「ネコ」と「ひげ」、また「爪」が「has-a」の矢印で接続されています。つまり、「ネコはひげを持つ」や「ネコは爪を持つ」という関係を表していることになります。

③likes

最後に、「likes」は、そのまま「好き」という関係を表します。

図4 意味ネットワークの例

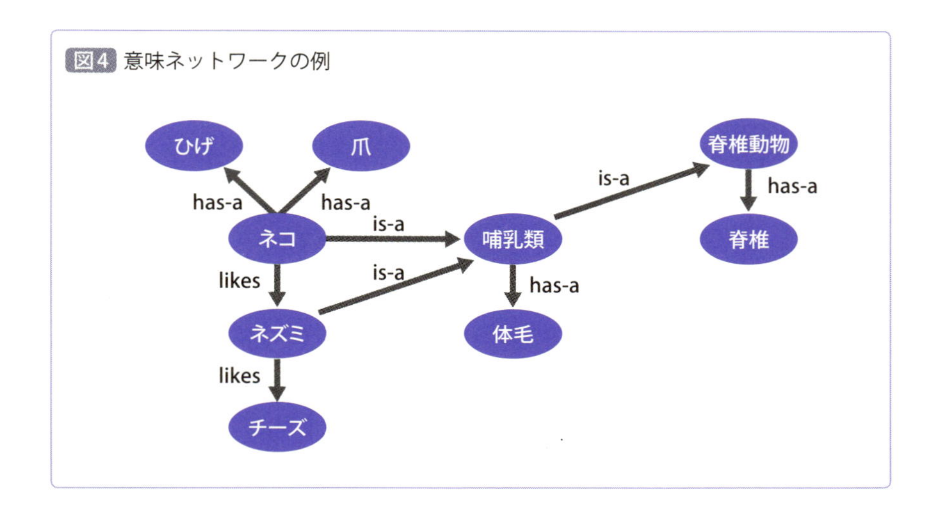

◈意味ネットワークの使い方

意味ネットワークで知識を表現し、人工知能に教え込むことで、人工知能に投げかけられた質問に自動的に答えることができるようになります。

例えば、「ヒゲを持つ哺乳類は何？」という質問が投げかけられたとします。その際に、図4のような意味ネットワークを人工知能に教え込んでおけば、「ヒゲ」に対して「has-a」の関係があり、かつ「哺乳類」に対して「is-a」の関係がある概念を探すことで、「ネコ」と答えることができます。また、推論を行うことも可能です。「ネコは哺乳類」で「哺乳類は脊椎動物」という知識があるので、そこから演繹的推論により「ネコは脊椎動物である」という知識を導くことができるでしょう。

意味ネットワークは自由に設定してよい

なお、意味ネットワーク上で用いる関係は、自分で必要に応じてその都度定義すればよいもので、ここで紹介した「is-a」、「has-a」、「likes」の3つに限りません。

また、意味ネットワークにおける概念も「ネコ」や「ネズミ」といった単一の概念ではなく、文章で表されるような複雑な概念にしても構いません。

[4-2-2]

宣言的知識の表現方法②命題論理

◇命題に対して操作を行う

「命題」とは、「真（正しい）または偽（誤り）である意味内容」のことです。例えば、「人は死ぬ」や「ネコはネズミが好き」などはいずれも命題となります。

人工知能の知識を、命題という形で表して持っておくことで、「命題論理」により、知識が組み合わさった場合に正しいかどうかという判断ができます。命題論理とは、命題に対して何らかの操作を行い、真理値（真か偽か）を考える学問のことです。真偽の判断は非常に基本的なものですから、重要な学問だと言えるでしょう。

ここに2つの命題があるとします。

P: 太郎は男だ
Q: 太郎は背が高い

これらの命題について、真理値を考えていきましょう。一般に、命題論理で扱う操作としては、次のような5種類があります。

- **否定**
- **連言（いわゆる「かつ（AND)」。論理積とも呼ぶ）**
- **選言（いわゆる「または（OR)」。論理和とも呼ぶ）**
- **含意（いわゆる「ならば」）**
- **同値**

否定の操作

まずは「否定」の操作についてです。これは、対象となる命題Xが真のときに偽、偽のときに真とする操作です。

連言の操作

次に、「連言」の操作を行ってみましょう。連言は、2つの命題を「かつ(AND)」でつないだ命題の真偽を考える操作です。

命題PとQで連言を考える場合には、命題が2つあるため、4パターン考える必要があります。各パターンの真理値は次のようになります。

- **もし「太郎は男だ」が真で、「太郎は背が高い」が真の場合、「太郎は男だ、かつ、太郎は背が高い」という命題は真**
- **もし「太郎は男だ」が真で、「太郎は背が高い」が偽の場合、「太郎は男だ、かつ、太郎は背が高い」という命題は偽**
- **もし「太郎は男だ」が偽で、「太郎は背が高い」が真の場合、「太郎は男だ、かつ、太郎は背が高い」という命題は偽**
- **もし「太郎は男だ」が偽で、「太郎は背が高い」が偽の場合、「太郎は男だ、かつ、太郎は背が高い」という命題は偽**

命題PとQを「かつ」でつないだ「太郎は男だ、かつ、太郎は背が高い」という命題が真であるということは、「太郎は背が高い男」ということです。

これが成り立つためには、当然ながら太郎は男でないといけないですし、太郎は背が高くもないといけません。よって「太郎は男だ」と「太郎は背が高い」のどちらともが真のときだけ「太郎は男だ、かつ、太郎は背が高い」という命題が真になります。

それ以外の場合は、太郎が背が低かったり、太郎が男性ではなかったりするということですので「太郎は男だ、かつ、太郎は背が高い」という命題は真にはなりません。

選言の操作

今度は「選言」の操作を行ってみましょう。選言は、2つの命題を「または(OR)」でつないだ命題の真偽を考える操作です。連言と同様に、命題

ＰとＱを選言でつないだ場合のパターンは4種類あります。

- **もし「太郎は男だ」が真で、「太郎は背が高い」が真の場合、「太郎は男だ、または、太郎は背が高い」という命題は真**
- **もし「太郎は男だ」が真で、「太郎は背が高い」が偽の場合、「太郎は男だ、または、太郎は背が高い」という命題は真**
- **もし「太郎は男だ」が偽で、「太郎は背が高い」が真の場合、「太郎は男だ、または、太郎は背が高い」という命題は真**
- **もし「太郎は男だ」が偽で、「太郎は背が高い」が偽の場合、「太郎は男だ、または、太郎は背が高い」という命題は偽**

「太郎は男だ、または、太郎は背が高い」という、命題ＰとＱを「または」でつないだ命題が真であるということは、太郎が男であるか、背が高いか、どちらかの条件を満たしていればよいことになります。よって、「太郎は男だ」と「太郎は背が高い」のどちらかが真の場合に、「太郎は男だ、または、太郎は背が高い」という命題は真になります。

太郎が男性ではなく、かつ、背が高くない場合は「太郎は男だ、または、太郎は背が高い」という命題は真にはなりません。

含意の操作

「含意」とは、2つの命題が含意（○ならば△）の関係にある場合の、命題の真偽を考える操作です。含意については、因果関係がある命題を例にした方が理解しやすいと思いますので、命題ＰとＱではなく、次の命題ＲとＳについて考えます。

R: 天気が晴れである
S: 遠足に行く

命題ＲとＳを含意でつないだ場合のパターンは4種類あります。

・もし、「天気が晴れである」が真で、「遠足に行く」が真の場合、「天気が晴れである、ならば、遠足に行く」という命題は真
・もし、「天気が晴れである」が真で、「遠足に行く」が偽の場合、「天気が晴れである、ならば、遠足に行く」という命題は偽
・もし、「天気が晴れである」が偽で、「遠足に行く」が真の場合、「天気が晴れである、ならば、遠足に行く」という命題は真
・もし、「天気が晴れである」が偽で、「遠足に行く」が偽の場合、「天気が晴れである、ならば、遠足に行く」という命題は真

天気が晴れていて遠足に行く場合、「天気が晴れである、ならば、遠足に行く」と言ってよいので真となります。天気が晴れているのに遠足に行っていない場合、「天気が晴れである、ならば、遠足に行く」とは言えないので偽となります。「天気が晴れていないけれども遠足に行った場合」はどうでしょうか。「天気が晴れである、ならば、遠足に行く」と言えるでしょうか。

結論から言うと、この命題（「天気が晴れていないけれども遠足に行った場合」）は真になります。なぜかと言うと、「天気が晴れている、ならば、遠足に行く」という命題は、天気が晴れている場合についてのみ言及しているため、天気が晴れていないときに何をしても、この命題自体の正しさは損なわれないからです。天気が晴れておらず、遠足にも行かない場合も同様に真になります。

同値の操作

最後に、同値についてです。同値は、2つの命題の真理値が同じ場合に真、異なる場合に偽とする操作です。

◇真理値表

ここまで紹介した5つの操作、否定、連言、選言、含意、同値を行ったときの真理値は次の表のようにまとめられます（表1）。このような表のことを「真理値表」と言います。
否定、連言、選言、含意、同値はそれぞれ「¬」、「∧」、「∨」、「→」「≡」という記号で表します。

表1 各操作の真理値表

P	Q	¬P(否定)	P∧Q(連言)	P∨Q(選言)	P→Q(含意)	P≡Q(同値)
真	真	偽	真	真	真	真
真	偽	偽	偽	真	偽	偽
偽	真	真	偽	真	真	偽
偽	偽	真	偽	偽	真	真

ところで、表1で示した真理表にはない「¬P∨Q」の真理値はどうなるでしょうか？ 計算すると次のようになります（表2）。

表2「¬P∨Q」の真理値表

P	Q	¬P(否定)	¬P∨Q（選言）
真	真	偽	真
真	偽	偽	偽
偽	真	真	真
偽	偽	真	真

この結果から、「P→Q」と「¬P∨Q」の真理値が同じことがわかります。よって、これらは書き換え可能です。
また、連言や選言で組み合わせた命題について、次の書き換えが成り立ちます。

- **「¬（P∧Q）」と「¬P∨¬Q」**
- **「¬（P∨Q）」と「¬P∧¬Q」**

この関係は、真理値表を書けばすぐにわかります。「ド・モルガンの法則」という名前で覚えている人もいるでしょう（表3、表4）。

ここで紹介したド・モルガンの法則だけでなく、次のような書き換えも覚えておくとよいでしょう。これは分配法則と呼ばれるものです。

・「P∧（Q∨R）」と「（P∧Q）∨（P∧R）」
・「P∨（Q∧R）」と「（P∨Q）∧（P∨R）」

表3 ド・モルガンの法則（その1）

P	Q	¬P	¬Q	P∧Q	¬(P∧Q)	¬P∨¬Q
真	真	偽	偽	真	偽	偽
真	偽	偽	真	偽	真	真
偽	真	真	偽	偽	真	真
偽	偽	真	真	偽	真	真

表4 ド・モルガンの法則（その2）

P	Q	¬P	¬Q	P∨Q	¬(P∨Q)	¬P∧¬Q
真	真	偽	偽	真	偽	偽
真	偽	偽	真	真	偽	偽
偽	真	真	偽	真	偽	偽
偽	偽	真	真	偽	真	真

命題論理を使ってできること

さて、ここまで命題論理を紹介してきましたが、これを使うことで、ある命題が正しいのかどうかを、手持ちの命題に照らし合わせて確認することができます。A→Bという命題が成り立つかどうかを求めたい場合を例にして考えてみましょう。

反駁による証明を行う

このためには、「反駁による証明」を行うのが一般的です。具体的には、命題を否定してみたときに、矛盾が出ないかどうかを確認します。

もしこの際に矛盾が出れば、命題を否定すること自体が誤りであった、すなわち、命題が正しかったということがわかる、というやり方です。反駁による証明のためには、まずA→Bを次の流れで書き換えていきます。

- **否定する：¬（A→B）**
- **含意を書き換える：¬（¬A∨B）**
- **ド・モルガンの法則を適用する：¬¬A∧¬B**
- **「¬¬A」を「A」に書き換える：A∧¬B**

こうして、最後に得られた「A∧¬B」に矛盾が出ないかを考えればよいのです。「矛盾が出る」ということは言い換えれば「どうやっても成立しない」ということです。つまり、導いた命題が「必ず偽になる」ことを証明すればよいことになります。この証明に際して利用されるのが「導出原理」です。

導出原理って何？

導出原理とは、手持ちの命題が正しいとした場合に、相反し合う要素（例えば「P」と「¬P」のような、ある命題とそれを否定した命題のこと）を打ち消して、残ったものを選言（OR）でつなぐことで、真となる、新たな命題を導くことを言います。

「(¬P∨Q)∧(P∨R)」という命題で考えてみましょう。

「(¬P∨Q)∧(P∨R)」を見てみると、相反し合う要素として「¬P」と「P」が見つかるので、これらを打ち消して、Q∨Rという命題が導出できます。なぜこうした操作が可能になるのかと言うと、命題「(¬P∨Q)∧(P∨R)」が真になるときには、命題「Q∨R」も必ず真になるからです。これは、真理値表を書くことで確かめられます（表5）。

なお、導出原理は「選言でつながれた命題（節）が連言でつながれた場合」にのみ適用可能です。それ以外の場合には、ド・モルガンの法則などを用いて、あらかじめ書き換えておく必要があります。

表5 導出原理が成り立つ理由

P	Q	R	¬P∨Q	P∨R	(¬P∨Q)∧(P∨R)	Q∨R
真	真	真	真	真	真	真
真	真	偽	真	真	真	真
真	偽	真	偽	真	偽	真
真	偽	偽	偽	真	偽	偽
偽	真	真	真	真	真	真
偽	真	偽	真	偽	偽	真
偽	偽	真	真	真	真	真
偽	偽	偽	真	偽	偽	偽

命題論理を用いた真偽の判断

さて、ここまでを理解したところで、ようやく準備が整いました。命題論理を用いて次の命題に関する真偽を判断してみましょう。

- **P: 音楽が好き**
- **Q: コンサートに行く**
- **R: 国語が好き**
- **S: 読書をする**

このとき、「(P→Q) ∧ (R → S) ∧ (P ∧ R)」であれば「Q∧S」と言えるかどうかを考えてみましょう。この命題を文章にすると、「音楽が好きならばコンサートに行く」、かつ、「国語が好きならば読書をする」、かつ、「音楽が好き、かつ、国語が好き」が正しいならば、「コンサートに行き、かつ、読書をする」ということは正しいかどうかを判断するということです。

「((P→Q) ∧ (R→S) ∧ (P∧R)) → (Q∧S)」を否定すると、「((P→Q) ∧ (R→S) ∧ (P∧R)) ∧¬ (Q ∧ S)」になります。「A→B」を否定すると「A ∧¬ B」になったことを思い出してください。

また、132ページで説明したように、導出原理は節が連言でつながっていないといけないため、ド・モルガンの法則などを用いて書き換えていきます。また、含意記号を用いない形に書き換えます。

①ひとつ目の含意記号を書き換える：「(¬P∨Q)∧(R→S)∧(P∧R)∧¬(Q∧S)」
②もうひとつの含意記号を書き換える：「(¬P∨Q)∧(¬R∨S)∧(P∧R)∧¬(Q∧S)」
③ド・モルガンの法則を適用する：「(¬P∨Q)∧(¬R∨S)∧(P∧R)∧(¬Q∨¬S)
④必要のない括弧を削除する：「(¬P∨Q)∧(¬R∨S)∧P∧R∧(¬Q∨¬S)」

導出原理を使い、相反し合う要素を削除していきます。

①もともとの命題：「(¬P∨Q)∧(¬R∨S)∧P∧R∧(¬Q∨¬S)」
②相反する「¬P」と「P」を打ち消す：「Q∧(¬R∨S)∧R∧(¬Q∨¬S)」
③相反する「¬R」と「R」を打ち消す：「Q∧S∧(¬Q∨¬S)
④相反する「Q」と「¬Q」を打ち消す：「S∧(¬S)」
⑤相反する「S」と「¬S」を打ち消す：「□」

最後の「□」は、何もなくなったという意味の記号で、矛盾を表します。具体的には、ひとつ前の手順で扱った命題「S∧(¬S)」は成り立たないということになり、矛盾していることがわかります。矛盾しているということは、否定する前の命題は正しかったということです。

よって、「音楽が好きならばコンサートに行く」、かつ、「国語が好きならば読書をする」、かつ、「音楽が好き、かつ、国語が好き」のそれぞれの命題が正しいならば、「コンサートに行き、かつ、読書をする」という命題が正しいことが証明できました。

〔4-2-3〕宣言的知識の表現方法③ 述語論理

◇命題論理を拡張した表現方法

前項で紹介した命題論理を拡張したものとして、述語論理というものがあります。「太郎は人間だ」、「花子は人間だ」、「健太は人間だ」というような命題がたくさんあったとき、それぞれに、P、Q、R といったアルファベットを割り当てていくと、多くの記号が必要になり、複雑になってしまいます。

述語論理では、このような場合に「人間だ」という意味を表す「human」という述語を用いて、次のように命題を表します。

・human（太郎）
・human（花子）
・human（健太）

これらは、それぞれ、「太郎は人間だ」、「花子は人間だ」、「健太は人間だ」という意味内容を持つ命題です。

また、タマはネコで、ポチはイヌであるという命題は次のように書けます。

・cat（タマ）
・dog（ポチ）

タマやポチといった個別の存在に限定せず、何かしらがネコであったり、イヌであったりするという命題を表すには次のように書きます。なお、ここで登場する「x」や「y」は、まだ決まっていないものという意味です。

・cat（x）

・dog (y)

アルファベット記号だけを用いていた命題論理と比べて、命題の意味内容がわかりやすく感じるのではないでしょうか。

日本語でも英語でも、文章には主語や述語があります。述語論理では、この述語を中心にして命題を表現します。

◇命題論理で扱えないものも扱える

述語論理では、命題論理では扱うことができない「全てのネコはかわいい」や「ほえないイヌもいる」といった「全ての○○」「○○もいる」というような意味内容も扱うことができます。これには、全称記号（∀）と存在記号（∃）を使います。これらの記号を使い、「全てのネコはかわいい」と「ほえないイヌもいる」は次のように書けます。

・全てのネコはかわいい：「∀x (cat (x) → cute (x))」
・ほえないイヌもいる：「∃x (dog (x) ∧¬ bark (x))」

ここで使われている「cute」はかわいいという意味を表す述語で、「bark」は、ほえるという意味の述語です。

より忠実に説明すると、ひとつ目の「∀x（cat（x）→ cute（x））」は、全ての「x」について、それがネコであれば、それはかわいいという意味を表しています。

2つ目は、イヌであって、かつ、ほえない「x」が存在するという意味内容を表しています。

このように述語論理では、比較的複雑な命題を表現することができます。また、命題論理と同様に、反駁による証明を用いて、命題が正しいかどうかの判断も行うことができます。

例として、「かわいいものが好き」であり「ネコはかわいい」ときに、「ネコが好き」が正しいかどうかを述語論理を用いて考えてみましょう。基本

的には命題論理のときと同じ方法を使います。もともとの命題は

∀x (((cute (x) →likes (x)) ∧cute (ネコ)) →likes (ネコ))

です。見やすさのため、以下では∀の記号は省略して説明します。

- **否定する：「(cute (x) →likes (x)) ∧cute (ネコ) ∧¬ likes (ネコ)」**
- **含意記号を書き換える：「(¬ cute (x) ∨likes (x)) ∧cute (ネコ) ∧¬ likes (ネコ)」**

　ここまできたら、次は相反しあう要素を打ち消していきたいのですが、パッと見で、うまく打ち消せるものはなさそうです。

　ここで、「x」に着目してみます。「x」というのは、全てのものについて成り立つので（∀がついていることを思い出してください）「ネコ」であってもよいはずです。そこで「ネコ」にしてしまいましょう。そうすると、次のように導出を進めることができます。

- **「x」を「ネコ」に書き換える：「(¬ cute (ネコ) ∨likes (ネコ)) ∧cute (ネコ) ∧¬ likes (ネコ)」**
- **「¬ cute (ネコ)」と「cute (ネコ)」を打ち消す：「likes (ネコ) ∧¬ likes (ネコ)」**
- **「likes (ネコ)」と「¬ likes (ネコ)」を打ち消す：「□」**

　最終的に「□（＝矛盾）」が導けたので、「かわいいものが好き」であり「ネコはかわいい」ときに、「ネコが好き」という命題が正しいことがわかりました。

　途中で、「x」は「ネコ」であると決めましたが、このような処理を「単一化（ユニフィケーション）」と呼びます。「x」と「ネコ」を同じもの（単一のもの）にしてしまうという意味です。

[4-2-4]
その他の様々な知識表現を知ろう

◇フレーム問題への対症療法：フレーム表現

本章で紹介してきた「意味ネットワーク」、「命題論理」、「述語論理」では、かなり自由に知識を表現できます。

人工知能を賢くするためには、このような方法を用いて、とにかく思いつく知識をどんどん書いていき、人工知能に入力していけばよいでしょう。

しかし、知識がどれだけたくさんあっても、実際の問題解決にあたっては、どの知識を用いればよいかわからないという「フレーム問題」が発生します。49ページでも紹介した、人工知能の直面している最大の問題でもある、「対象となる問題について、必要な知識をうまく切り出すことが難しい」という問題です。

このような問題に対して、「フレーム表現」という解決策が編み出されています。フレーム表現とは、問題解決に必要となる知識を人間の手によって定義したもののことを言います（図5）。

図5 フレーム表現

スロット1	スロットの値，デフォルト値，値が追加されたときの動作，値が問われた時の動作
スロット2	同上
スロット3	同上
⋮	⋮
スロットN	同上

ひとつのフレームには複数のスロットがあり、スロットの中に、スロットの値、デフォルトの値、値が追加されたときの動作、値が問われたときの動作などが定義されます。なお、スロットの中に何を含めるかは、設計者が自由に決めて問題ありません。

フレーム表現に関しては、例があると理解しやすいので、「フライト情報の知識」を表してみましょう。

フライト情報には、フライト番号、航空会社、出発地、目的地、日付、乗り継ぎフライトなどが含まれるでしょう。これらをスロットに定義していくと、図6のようになります。ここで、日付には別のフレーム表現を用いています。

また、乗り継ぎのフライトについては、別のフライト情報が入れられるはずなので、こちらもフライト情報のフレーム表現によって表現されます。

人工知能に関して、フレーム問題はまだ解決していないため、現状の人工知能を用いたアプリケーションでは、対症療法的にフレーム表現による知識が多く用いられています。しかしながら、近年では機械学習が発展するにつれて、人工知能も高度な学習ができるようになってきています。フレーム表現が不要になる日は、案外近いかもしれません。

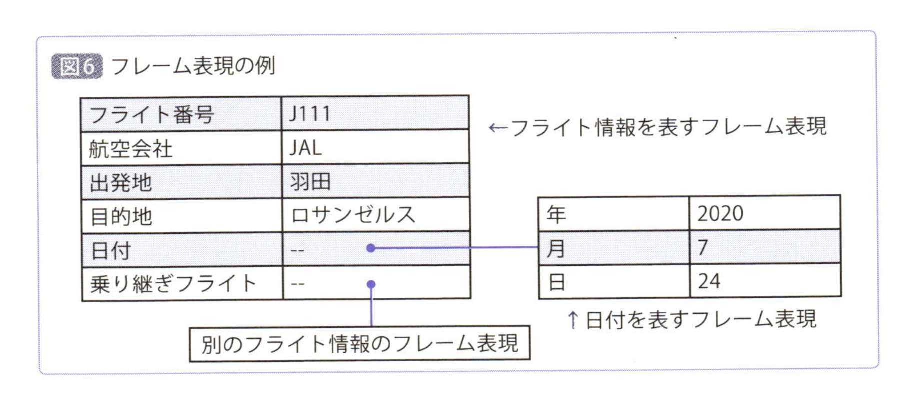

図6 フレーム表現の例

Webを利用した知識の構築：セマンティックウェブ

人工知能に関する単語でよく聞くものとして「セマンティックウェブ」がありますが、これは、インターネット上の知識をつなげて、コンピュータによって利用できるようにしようという取り組みのことです。具体的には、知識の表現方法や、共通で使うべきオントロジー（141ページ参照）などを定めて、それにしたがって知識を作っていく取り組みを指します。

セマンティックウェブにおいて、知識は全て「主語」、「述語」、「目的語」の3つ組みで表すことになっています。

例えば、次の知識があったとします。

・日本の首都は東京である
・東京の人口は1300万人である

これらの知識は、どちらも3つ組みで表すことができます（図7）。また、3つ組みの同じ要素をつなげると、図の一番下にあるような、より複雑な知識を作ることができます。気付いた人がいるかもしれませんが、実はこれは124ページで紹介した「意味ネットワーク」と同じです。つまり、セマンティックウェブとは、いわば「インターネット上で意味ネットワークを作る取り組み」ということに他なりません。

インターネット上にはすでに多くの情報が集まっており、人間の手で一から知識を作り上げるよりも、それぞれを組み合わせた方が効率よく知識を構築できることは、想像できますね。そこで、近年ではインターネット上のコンテンツなどから半自動的に構築した巨大な意味ネットワークが用いられるようになっています。このような意味ネットワークのことを「ナレッジグラフ（知識グラフ）」と呼びます。例えば、Apple社のSiriはユーザの様々な質問に答えることができますが、これには、ナレッジグラフが利用されています。

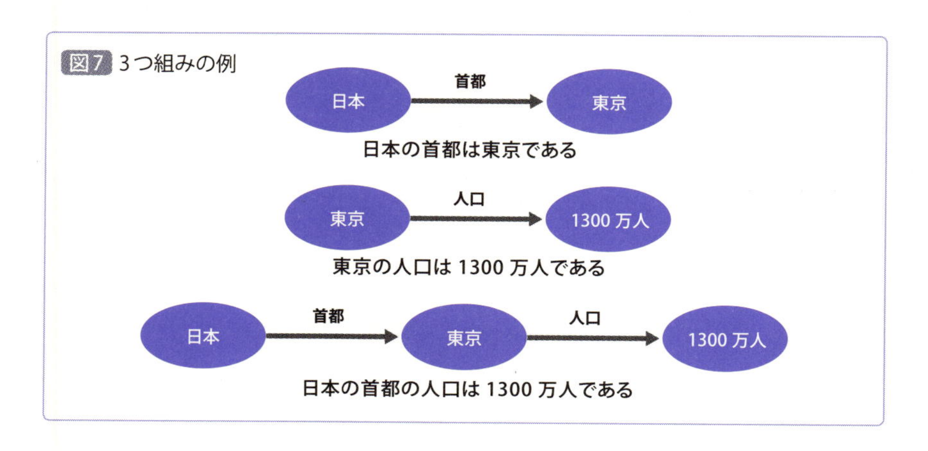

◇知識に関する「メタ情報」：オントロジー

　これまでに知識の表現をいくつか説明してきましたが、色々な人が何も考えずに自分流の方法で知識を表現してしまうと、てんでんばらばらなものになってしまい、理解しづらくなってしまいます。

　知識を表現する際には、まずこの世界にはどういうものがあって、それらがどういう関係性で存在しているのか、ということをあらかじめ共通認識として定義しておけば、色々な人が表現した知識が組み合わさった場合に、それらから推論などを行ったり、全く新しい知識を見つけたりすることもできるでしょう。

　このような、概念の定義や関係性の定義に関するメタ的な記述を「オントロジー」と言います。オントロジーという単語は、日本語では「存在論」と訳されることが多いですが、簡単に言えば、「世界にはどのような物事があるのか」を説明したもののことです。

　図8は、オントロジーがない場合とある場合を表したものです。オントロジーにしたがって知識を作成しておくことで、それぞれの知識の関係が明らかになり、様々な知識をつなげることが容易になるのです。

図8 オントロジーがない場合とある場合

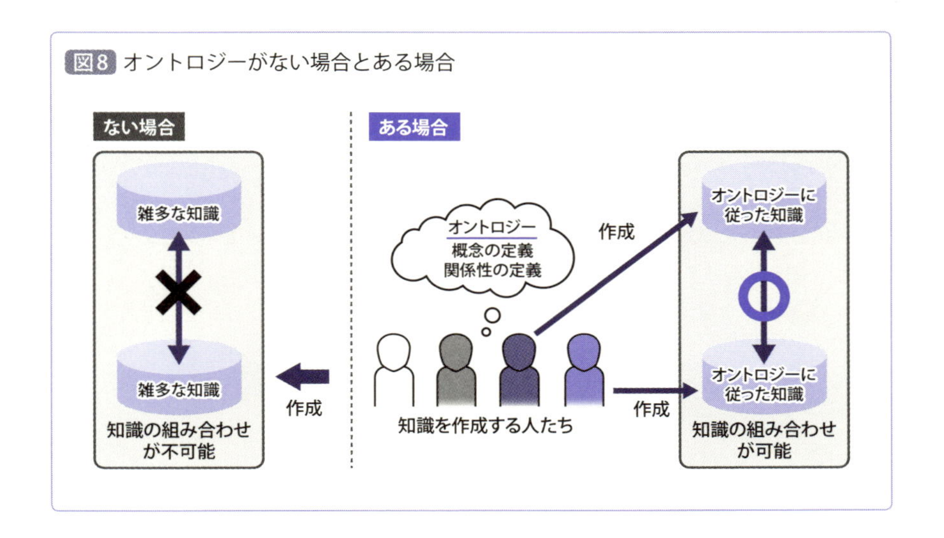

〔4-3〕身近な「手続き的知識」を見てみよう

「手続き的知識」を表現したものとして、マニュアルが存在します。
アルバイトをしたことがある人は多いと思いますが、多くのアルバイトにおいて、「どういう仕事なのか」ということから、「仕事を進める手順」、「どういう問い合わせに対してどのように答えるべきか」といったことなどがマニュアルに書かれているでしょう。
そこで、私たち人間に手続き的知識を教え込んでくれるものとして、「マニュアル」を見てみましょう。人工知能に手続き的知識を教え込む際に参考となるポイントもいくつか見つかるはずです。

Step1 ▷家電のマニュアルを見てみよう

家電を購入すると、その多くでマニュアル（取り扱い説明書）がついてくるはずです。最近の家電はよく考えられていて、マニュアルを読まなくてもおおよその操作を行うことは可能ですが、それでも、何かわからないことがあればとりあえずマニュアルを読むでしょう。
家にある家電のマニュアルを探して、少し眺めてみてください。その上でどんな内容が書かれているかを書き出してみましょう。

Step2 ▷ wikiHowを使ってみよう

wikiHowというウェブサイトがあります。
「wiki」と冠する通り、Wikipediaの親戚的な立ち位置にあるサイトで、Wikipediaが「宣言的知識」を表現するサイトだとしたら、こちらは「手続き的知識」を表現しているバージョンです。このウェブサイトを見てみましょう。
wikiHowでは、何かしたいことがあるときに、どうやればよいかということが書かれています。

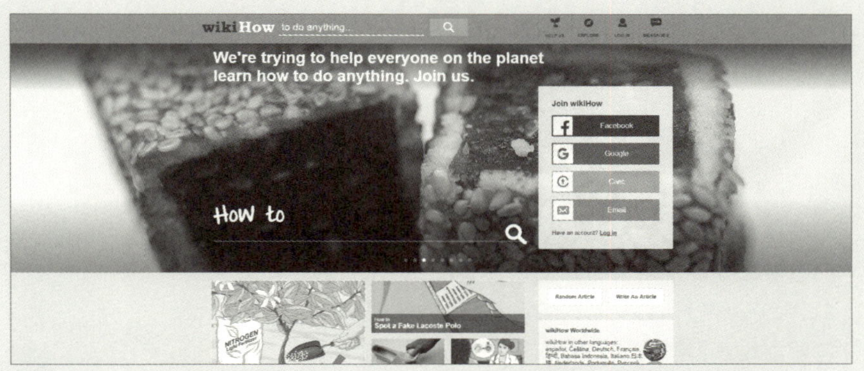

wikiHow
https://www.wikihow.com/Main-Page

英語のサイトではありますが、wikiHowで自分のしたいと思うことを調べてみましょう。例えば、「Stick to a diet」という項目がありますが、これはダイエットを続けるにはどうしたらよいかが書かれた項目です。ページを見てみると、「目標を詳細に立てること」、「現状を把握すること」、「週ごとのプランを立てること」、「記録をつけること」などが書かれています。また、「ダイエットの目標を付箋で周りに貼る」、「ある程度体重が落ちたら自分にご褒美を出す」、「ひとりで取り組まない」といったことも書かれていてなかなか参考になります。

マニュアル人間はよくないとよく言われますが、何も知らないときには、マニュアルは大変重宝します。
マニュアルの示す手続き的知識にはいくつかの種類がありますが、本節では、ルール知識、プラン知識、スクリプトについて説明します。

【4-3-1】
手続き的知識の基本的な表現方法

◇最も単純な手続き的知識：ルール知識

手続き的知識の中に「ルール知識」があります。「もし○○ならば××をせよ」というような形式を持った知識のことで、手続き的知識の中でも単純なものです。なお、ルール知識は「IF-THENルール」と呼ばれることもあります。

例えば、コンビニの店員の場合では、思いつくだけでも次のようなルール知識が存在するでしょう。

- **お客さんが入店したら、いらっしゃいませと言う**
- **お客さんが商品を買ったら、関連商品を勧める**
- **お客さんが行列しだしたら、他のレジを開ける**
- **お客さんがお酒を買ったら、年齢確認をする**
- **特定の時刻になったら、検品をする**

しかし、容易に想像がつくように、このようなルールは範囲をどこまで定め、いくつ書けばよいかが難しい問題です。人工知能に関する「フレーム問題」もそうでしたが、書いても書いてもきりがない、ということがよくあります。

また、ルールによっては競合するルールが存在することがあります。例えば、お客さんがお酒を買った場合、「お客さんが商品を買ったら、関連商品を勧める」というルールと「お客さんがお酒を買ったら、年齢確認をする」というルールの両方が適用可能です。そのため、この2つのルールのどちらから実施するかといったことをあらかじめ決めておく必要があります。

ルール知識の問題点

ルール知識は、特定の状況でどうすればよいかを表現すればよいだけなので、作るのは比較的容易です。その上、明確な構造を持っているので、人間にとっても理解しやすいという特徴があります。

しかし、先ほど述べたようにルールをどこまで指定すればよいのかは難しい問題ですし、ルールが競合したときのことも考えておかなくてはいけません。

現状では、「ルールをどこまで指定するか」については、コストとのトレードオフで決定します。ルールを多く書けばコストがかかりますが、ルールを多く書くほど一般に高いパフォーマンスが期待できるため、損益分岐点を見極めてルールを書くことが多いです。

ルールが競合した場合については、「えいや」で決めていることがほとんどです。つまり、人間がよさそうだと思うのものに優先度をつけて選ばれやすくしています。

◇目的達成への道筋を示す：プラン知識

プラン知識とは、「ルール知識」と同様に手続き的知識のひとつで、「目的を達成するために、どのような行動の系列を実行すればよいか」に関する知識のことです。

駅で駅員さんに「東京駅まで行きたいんですが」と聞いたときにはどのような答えが返ってくるでしょうか。「まず切符を買ってください」や「○○番ホームの電車に乗れば行けますよ」といった返答が想像できます。この返答に用いている知識がプラン知識にあたります。この例の場合、「東京駅まで行く」という目的を達成するためにどういった行動をとればよいのかに関する知識です。

プラン知識を構成する３つの要素

プラン知識は、「①アクション（行動）」、「②前提」、「③効果」の3つ組みで表現されます。それぞれを簡単に説明すると、「アクション」はその名の通り、目的を達成するために行うべき行動のことです。「前提」は、そのアクションを行うために成り立っていなくてはならない条件のことです。例えば、川を渡って向こう岸まで行きたい場合には、「舟に乗る」、「泳いでいく」などの方法が考えられますが、そのためには向こう岸までの舟が存在していたり、渡りたいと思っている人が泳げる能力を持っていなければなりません。この場合の「舟」や「泳げる能力」がプラン知識における「前提」です。

最後に、「効果」は、アクションを実行すると生じる「結果」のことです。

逆算して組み立てる

「家から電車で目的の駅まで移動する」場合に、どのようなプランを組み立てればよいかを考えてみましょう。ちなみに、プラン知識を基にプランを組み立てることをプランニング、もしくは、「プラン立案」、「計画立案」などと言い、相手のプランを理解することは、「プラン認識」、もしくは、「計画認識」と言います。

プランを組み立てるには、基本的には、目的の状態を考えてそこから逆算していきます。家から電車で目的の駅まで移動したい場合、「目的の駅にいる」ことが目的の状態です。この目的の状態になるには、目的の駅で電車から降りる必要があるでしょう。そのためには、電車に乗っている必要があります。電車に乗るためには切符が必要なので、切符を買う必要があります。切符を買うためには駅に行く必要があり、そのためには、家から駅に行く必要があります。このように、プラン知識を使って、プランを立案するのです（図9）。

図9 プランを組み立てる例

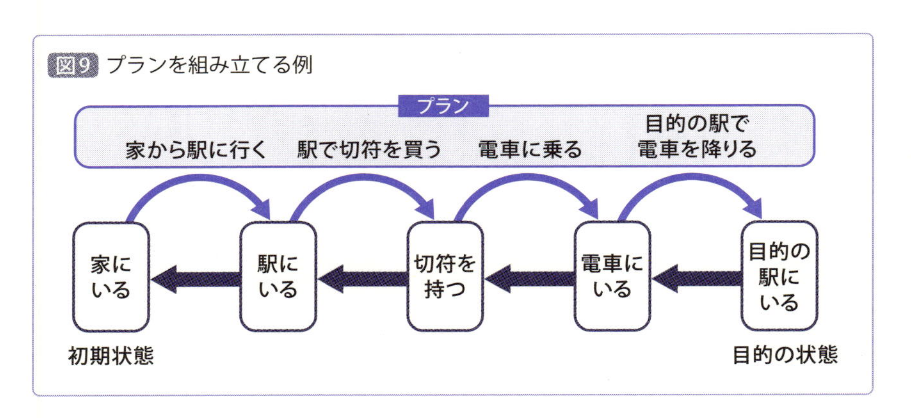

この逆算は、3章で紹介した探索の手法を用いて行います。目的の状態に達するようなアクションの系列を探索すればよいということです。

今回の例では、表6のようなプラン知識を用いることになります。

表6 プラン知識の例

	アクション	前提	効果
プラン知識①	家から駅に行く	家にいる	駅に着く
プラン知識②	駅で切符を買う	駅にいる	切符を得る
プラン知識③	電車に乗る	切符を得ている	電車で移動できる
プラン知識④	目的の駅で電車を降りる	電車に乗っている	目的の駅に到着する

ロボットが歩いたり、行動したりする場合にはプラン知識が必須となりますが、ロボットが行動している間にも周囲の状況は刻々と変わります。その結果として、実行中のプランが実行できなくなることも多々あります。そうした際には、そのプランを放棄して他のプランを実行しなくてはなりません。

プラン知識の問題点

ルール知識と同様、プラン知識にもいくつかの問題点が存在します。中でも「どの程度まで定義すればよいのか」、「目的を達成するために複数のプランがある場合にはどのプランを実行すればよいのか」、といった問題は難しい課題として残っています。このため、プラン知識は現実のアプリケーションではあまり利用されているとは言えないのが実際のところです。

◇状況理解に役立つ知識：スクリプト

特定のシチュエーションにおいて、どのような出来事が典型的に起こるかを表現した知識のことを「スクリプト」と言います。スクリプトという単語は、日本語に訳すと「台本」のことを指しますが、イメージとしては近いものがあります。では、早速スクリプトがどういったものかを見てみましょう。

以下は、レストランでのシチュエーションに関するスクリプトです。誰が何をしてどのようなできごとが起こっていくかが時系列に書かれています。

- **お客さんがお店に入る**
- **ウェイターがお客さんをテーブルに案内する**
- **お客さんが料理を注文する**
- **シェフが料理を作る**
- **ウェイターが料理をお客さんのテーブルに運ぶ**
- **お客さんが料理を食べる**
- **お客さんがウェイターを呼んで支払いをする**
- **お客さんがお店を出る**

こうして表現されたものを見てみると、「知識」と呼ぶには少し違和感を持つ人がいるかもしれませんね。

ルール知識であれば、「お客さんが店に入ってきたらメニューを渡す」、「お客さんが手を挙げたら席に行って話を聞く」など、「どのような条件のときに何をすればよいのか」が定義されていました。

また、プラン知識では、目的に向かい、工程ごとに「アクション」、「前提」、「効果」の3つ組みで知識が表現され、一連の関係性が理解できました。しかし、スクリプトでは出来事が順番に書かれてはいるものの、前提や効果といった記述がありません。では、スクリプトは、何のための知識なのでしょうか。

スクリプトは「何か行動をするため」というよりも、「状況の理解を行うため」の知識として利用されます。具体的には、「ある状況で次に何が起こりそうか」、「これまでに何が起こったか」などを推測するために用いられます。

ルール知識やプラン知識が、「問題解決」に必要な典型的な情報を書いたものだとすると、スクリプトは、シチュエーションの「理解」に必要な典型的な情報を書いたものだと言うことができるでしょう。

例えば、ウェイターが料理をお客さんのテーブルに運んでいたとしましょう。そうすると、スクリプトの知識を持っていれば、「お客さんがすでに料理を注文していたのだな」とか、「シェフが料理を作ったのだな」ということが推論できますし、「この後、お客さんは料理を食べて支払いをしてお店を出るのだ」ということも推論できるでしょう。

〔4-3-2〕 エキスパートシステムって何？

◇第１次ブームの課題を克服

専門知識を用いて問題解決を行うシステムのことを「エキスパートシステム」と言います。直訳すると「専門家システム」です。48ページで紹介したように、人工知能の第1次ブームの際には、探索のアルゴリズムをベースに、パズルのような問題ばかりを解いていましたが、世の中にある実際の問題を解くことができなかったために、ブームは去ってしまったのでした。

その後に到来した第2次ブームをけん引したのがエキスパートシステムです。第1次ブームの際の課題を克服するために、世の中の実問題を解くことを目的として考案されたエキスパートシステムは、専門家の知識をコンピュータに教え、その知識を用いてコンピュータに推論させるという仕組みで成り立っています。

実際に、エキスパートシステムは専門家に近いパフォーマンスを出すことができたので、一気に人工知能が再びのブームを迎えることになりました。当時の新聞では、毎日と言っていいほどにエキスパートシステムの記事が出ているほどで、現在の第3次ブームと同様の盛り上がりだったようです。

◇エキスパートシステムの全体図

エキスパートシステムの構成は図10のようになっています。

まず、ある分野における専門家がいるとします。この専門家の知識を持つようなエキスパートシステムを作ることが目的です。ただし、専門家は医者であったり建築家であったりして、コンピュータの専門家というわけではありませんので、エキスパートシステムに知識を投入することは困難です。そこで、「ナレッジエンジニア」という役割の人間が専門家にヒアリングを行い、エキスパートシステムに入力していきます。入力に際しては、入力を簡易化するための「構築支援インタフェース」というものを用い、入力された知識は、「知識ベース」という場所に蓄えられます。ここまでがエキスパートシステムに専門家の知識を入力する大まかな流れです。

ここからは、知識を蓄えたエキスパートシステムをユーザがどう使うのかについてです。ユーザはエキスパートシステムとやりとりをしますが、やりとりの冒頭では、エキスパートシステムは状況を何も理解できていないので、ユーザに色々と質問をします。そして、質問を何回かするうちにエキスパートシステムが状況を理解できてきたら、推論エンジンを用いて、これまでに蓄えた専門家の知識をベースにして、実際に専門家がこの場にいあわせていた場合にしそうな提案や判断をします。

図10 エキスパートシステムの構成

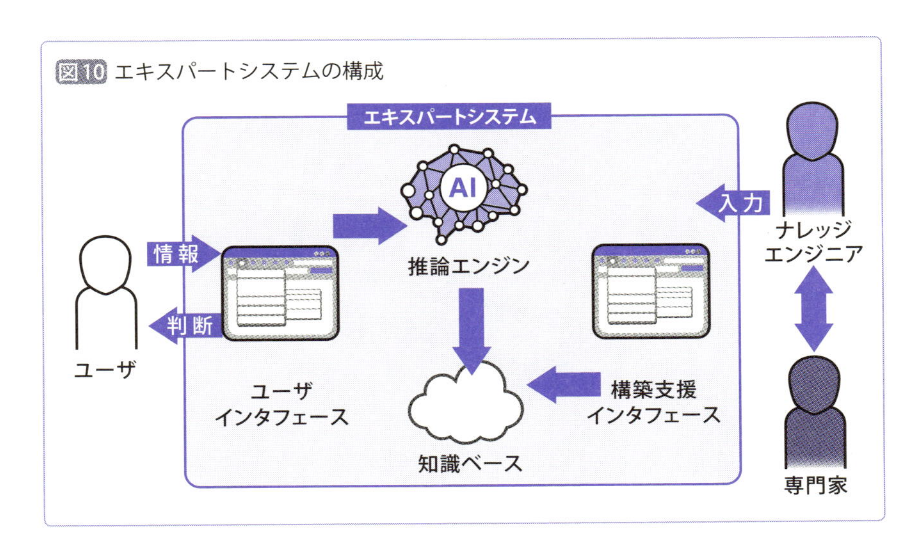

◇エキスパートシステムの構築

図10で登場した「知識ベース」と「推論エンジン」がどのように構築されるかをもう少し詳しく見てみましょう。

定番の方法は、知識ベースに「プロダクションルール」というものを用い、推論エンジンによって、新しい知識を増やしていくという方法です。プロダクションルールというのは、「もし○○ならば××せよ」という形式で表現されるルール知識で、ある条件が成立したときに新しく得られる知識をワーキングメモリ(作業領域)に書き込むものです。ワーキングメモリとは、これまでにわかったことが書き込まれる領域です。医療診断を行うエキスパートシステムであれば、患者の体温や咳があるかどうかなど、事前にわかっていた情報や、診断の過程でわかった情報などが書き込まれます。

エキスパートシステムは、「マッチング→競合解消→実行」というステップを繰り返すことで新しい知識を増やしていきます。これを、「認知動作サイクル」と呼びます(図11)。認知動作サイクルでは、まずプロダクションルールとワーキングメモリに入っている内容を「マッチング」します。

図11 エキスパートシステムの認知動作サイクル

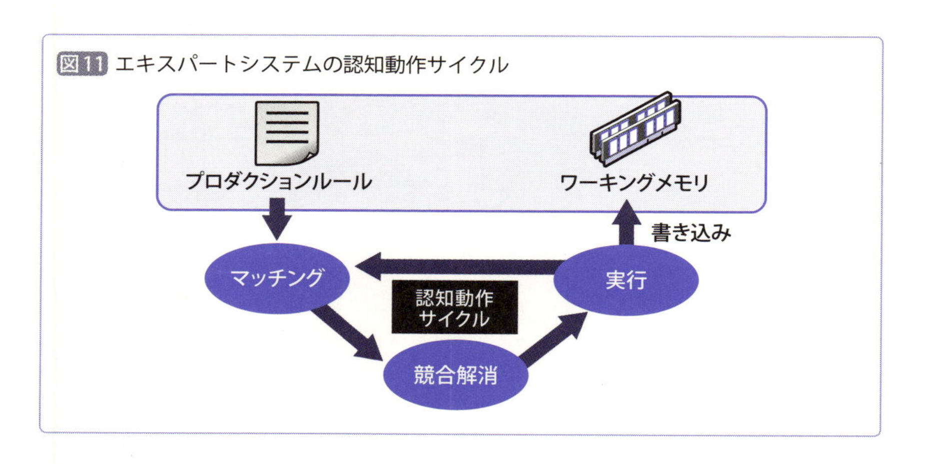

マッチングというのは、プロダクションルールの「○○ならば」の部分が一致する内容がワーキングメモリにあるかどうかをチェックする処理です。その次の「競合解消」は、複数のプロダクションルールが競合してしまった場合に、どれを選ぶか決定する処理です。「ルール知識」を説明した際にも、こうした競合が課題であると紹介しましたが、知識への優先付けは、人工知能分野においては常につきまとう課題であると言えるでしょう。そ

して最後の「実行」は、プロダクションルールの「××せよ」もしくは「××である」の部分を実際に実行し、その結果をワーキングメモリに書き込むという処理です。こうすることで、エキスパートシステムに新しい知識が増えていきます。

◇前向き推論と後ろ向き推論

では、簡単な医療診断システムを例にしてエキスパートシステムの動作を説明します。図12を見てください。

図12 診断システムの動作例

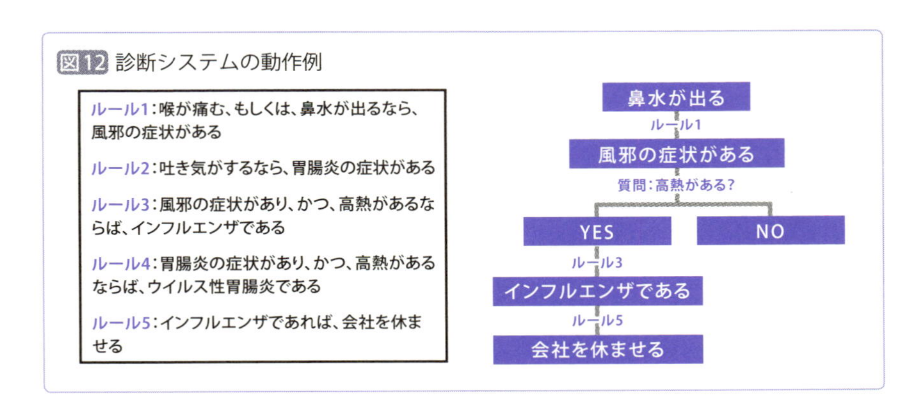

ここには、プロダクションルールが5つ設定されています。また、開始時には、ワーキングメモリに、患者に関する事前情報として「鼻水が出る」という知識が入力されています。ここから、システムは次のように診断していきます。

①：プロダクションルールとワーキングメモリの内容（ここでは、「鼻水が出る」）のマッチングを行う。ルール１がマッチするので「風邪の症状がある」という情報がワーキングメモリに入力される

②：「鼻水が出る」、「風邪の症状がある」という情報で、さらにマッチングできるプロダクションルールは存在しないため、患者に質問する。現状ではルール３の一部分（「風邪の症状があり」）がマッチしているため、

高熱があるかどうかわかれば、このプロダクションルールを実行できる。したがって、患者に高熱があるかを質問する
③：患者に高熱があることがわかったため、ルール3がマッチし、「インフルエンザである」という内容をワーキングメモリに書き込む
④：ルール5がマッチするので、患者には会社を休ませる

この例では、プロダクションルールの条件（「○○ならば」に該当する部分）をマッチさせて、結果（「××せよ」に該当する部分）の内容をワーキングメモリに書いています。こうした方法を「前向き推論」と言います。

前向きと言うからには「後ろ向き」も当然存在し、後ろ向き推論は、「○○かもしれない」というある程度の目測を立てて、そのために必要なことを追って確認していく方法です。この場合、まずインフルエンザではないかという目測を立てた上で高熱かどうかを質問して、高熱だとわかれば、次に風邪の症状があるかを調べます。鼻水が出ていることから、風邪の症状があることがわかるので、「やっぱりインフルエンザだった」と結論付けます。

◇エキスパートシステムの3分類

ちなみに、エキスパートシステムは次の3つに分類できます。

①分類型

得られた情報を基に、あらかじめ用意された仮説を絞り込むことで、答えを得るタイプです。医療診断などでよく活用されます。患者の状態や医学の知識を基に、多くの病名の中から該当する病名を絞り込んでいきます。前向き推論と相性がよいタイプです。

②合成型

目的を達成する組み合わせを提案することで、答えを得るタイプです。建築やデザインなどの分野で活用されることが多いでしょう。建築家の場合は、目的を達成するために、適切な素材を選んだり工程を決定したりします。後ろ向き推論と相性がいいとされます。

③複合型

分類型、合成型のどちらの処理も必要とするタイプのエキスパートシステムです。「教育」分野が典型例だと言われます。例えば、学生の学業や生活面の把握には分類型が有効ですし、目的を決めて教育のスケジュールを立てるときには、合成型も必要です。

エキスパートシステムは、医療、化学、物理学、教育、業務管理、製品設計など様々な分野で用いられていたため、様々な分野の知識をエキスパートシステムに入力する必要があり、そのための方法論などが多く研究されました。このような学問分野のことを「知識工学」と呼びます。

◇エキスパートシステムの知識は入れ替え可能？

エキスパートシステムは、知識ベースを差し替えれば、専門知識を入れ替えることができます。このことを応用し、知識を差し替えることで、様々なエキスパートシステムが作れるようにしたツールを「エキスパートシステム構築支援ツール」と言います。

医療診断のシステムとして有名なものにMYCIN（マイシン）と呼ばれるシステムがありますが、このシステムは後ろ向き推論を採用していました。MYCINが用いていたプロダクションルールの数は500程度で、専門の医師には及びませんでしたが、専門ではない医師よりもよい診断を行うことは可能でした。

このMYCINをベースにしたエキスパートシステム構築支援ツールにEMYCIN（イーマイシン）というものがあります。

また、本項ではエキスパートシステムの構築法として、プロダクションルールを用いるものを紹介しましたが、フレーム表現を用いるものもあります。それ以外にも、複数のエキスパートシステムが情報を共有しあって、相互的に問題を解決する構成を持つものもあります。

〔4-3-3〕
暗黙知について知ろう

◇身体スキルの理解・向上を目指す身体知の研究

様々な種類がある知識の中でも「暗黙的な知識（暗黙知）」は言葉にできない、もしくは、言葉にしにくい知識でした。暗黙的な知識の代表として、「身体知」と「常識」を紹介しましたね。

このうち「身体知」は「動作に関する知識」のことです。スポーツ科学やスキルサイエンス（職人の手仕事や楽器の演奏など、繊細な動きと熟練が必要とされる動きの研究）などの分野で研究されています。

身体知研究の大きな目的は、「どのようにして人間は身体スキルを獲得するのか」、「どうやって身体スキルを向上させるのか」を明らかにすることです。

例えば、何度もゴルフの練習場に通い、コースに出てみても、全く上達しないということはよくあることでしょう。身体知研究は、そうしたときにどうすればよいのかを研究する学問領域だということです。

練習しても上達しないのは、そもそも練習の仕方が間違っていることが多くありますが、身体に関する人間の思い込みも少なからずあります。身体知の研究は、そうした思い込みを自覚して、直していくために役立つのです。

ゴルフだけでなく、スポーツを上達させるためには、自分の身体がどう動いているのかを言葉にして、意識する必要があります。これを「身体的メタ認知」と呼びますが、身体的メタ認知を行うことで初めて、問題を認識でき、修正することができます。中でもスランプからの脱出に有効だと言われています。

◇人工知能は「非常識」？

暗黙知のもうひとつの代表格である「常識」とは、言ってしまえば空気のようなもので、表現することが非常に難しい知識の一種です。また、人工知能が人間のように、知的に振る舞うために欠かすことができないものも、この常識です。

私が携わっている「ロボットは東大に入れるか」というプロジェクトでは、その名の通りにロボットを東京大学の入学試験に合格させるため、色々な問題を受けさせています。その中のセンター模試の英語科目の問題で、会話文中に空欄がひとつあり、その空欄を埋めるのに適切な発言を選択肢から選ぶという問題があります（図13）。

AとBの2人が会話をしています。もうすぐ本屋に着きそうなのですが、急にBが「あれ、ちょっと待って」と発言して、続いて何かしら空欄Xに当てはまる発言をします。そして、Aが「ありがとう」と感謝しています。それに対してBが「さっきも靴ひもを結んでなかった？」と聞いています。

これらのことから判断して、空欄Xに対して4つある選択肢のうち、正解の選択肢はもちろん4番の「靴ひもが解けているよ」なのだと私たちの多くは理解できるはずです。しかし、どのような知識を基にここで私たちは4番を選んだのでしょうか。

図13 会話文完成問題の例

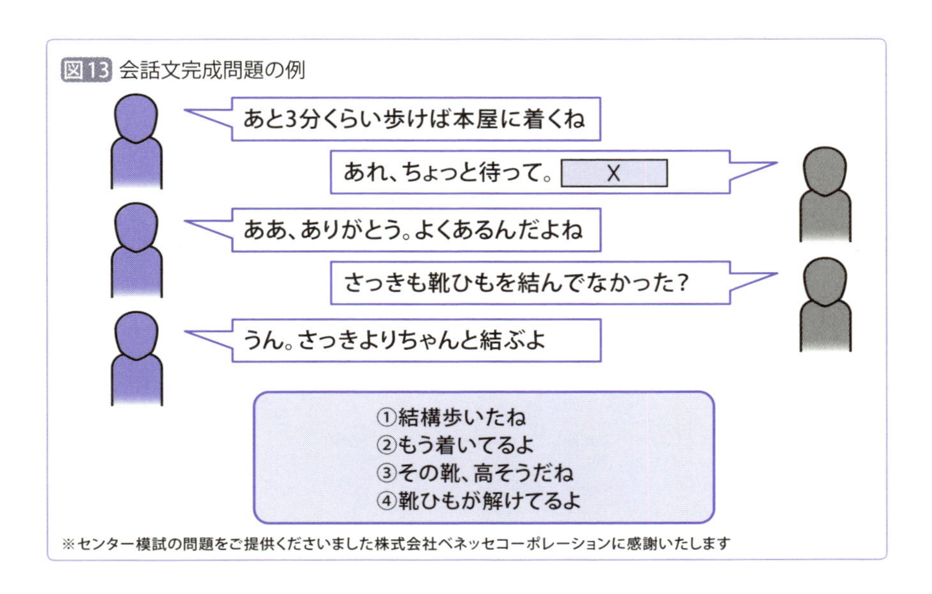

※センター模試の問題をご提供くださいました株式会社ベネッセコーポレーションに感謝いたします

４番を選ぶには「靴ひもが解けていることはよくない状態だ」という知識や、靴ひもが解けていることを指摘することは感謝の対象である」といった知識、さらには「靴ひもが解けたら結ぶ必要がある」や、そもそも「外を歩いているときには靴を履いている」などの知識が必要になるでしょう。こうした知識は「常識」と呼ぶ他ないものです。

コンピュータには「常識」がないため、このような簡単な問題も事前に教え込んでおかないことには解けません。実際に、先ほどの問題は、現状の東ロボくんには解けません。今後、人工知能をより賢くしていくためには、空気のような常識をどのように書き出して、コンピュータに使えるようにしていくのかという研究を進めていく必要があるのです。

◇「常識」を表現する取り組みも登場

もちろん、このような研究は進められており、常識を書き出すプロジェクトのひとつで「CYC（サイク）」と呼ばれるものも生まれています（図14）。ありとあらゆる常識を可能な限り書き出して、コンピュータで扱えるようにしようというものです。

図14 常識を表現する取り組み（その1）：CYC

Cycorp
URL→http://www.cyc.com/

　また、MIT（マサチューセッツ工科大学）の「オープンマインドコモンセンス」というプロジェクトでは、インターネット上のコンテンツやクラウドソーシングなどを用いて、常識を含む幅広い種類の知識を収集し、ConceptNet（コンセプトネット）と呼ばれる知識を構築しています。図15に、ConceptNetに含まれる知識の一部を示します。
　「アイスが冷たい」や、「バイオリンは壊れやすい」、「メスは手術室にある」といった、わざわざ言うまでもない、常識的な内容が含まれていることがわかります。このような知識が蓄積されていくことで、将来的には、より知的に振る舞うような人工知能につながると期待されています。

図15　常識を表現する取り組み（その2）：ConceptNet

ja アイス	— HasProperty → Weight: 6.63	ja 冷たい	**Source:** 12 players of nadya.jp
ja アイス	— AtLocation → Weight: 5.29	ja コンビニエンスストア	**Source:** 8 players of nadya.jp
ja メス	— IsA → Weight: 4.47	ja 医療器具	**Source:** 6 players of nadya.jp
ja アイス	— AtLocation → Weight: 3.46	ja 駄菓子屋	**Source:** 4 players of nadya.jp
ja パソコン	— HasProperty → Weight: 3.46	ja 壊れやすい	**Source:** 4 players of nadya.jp
ja バイオリン	— HasProperty → Weight: 3.46	ja 壊れやすい	**Source:** 4 players of nadya.jp
ja 宝石	— HasProperty → Weight: 3.46	ja 高い	**Source:** 4 players of nadya.jp
ja アイス	— MadeOf → Weight: 3.46	ja 牛乳	**Source:** 2 players of nadya.jp
ja メス	— AtLocation → Weight: 2.83	ja 手術室	**Source:** 3 players of nadya.jp

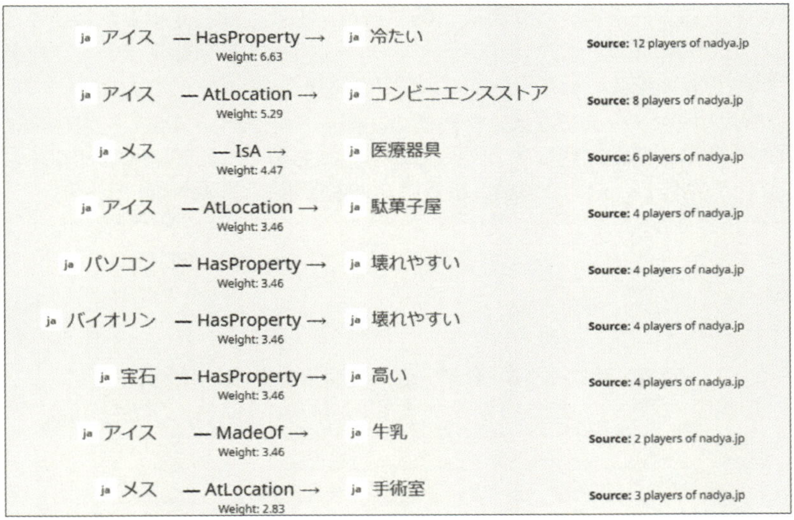

Edge list
URL→http://conceptnet.io/c/ja

第4章のまとめ

- 知識には「宣言的知識」、「専門知識」、「手続き的知識」、「常識」など様々な種類が存在する
- 知識があると、推論により、さらに新しい知識を生み出すことができる。推論には、演繹的推論、帰納的推論、仮説推論がある
- 宣言的知識の表現として、意味ネットワーク、命題論理、述語論理などがある
- フレーム表現は、問題解決に必要となる知識を定義したもののことで、人工知能の多くのアプリケーションで用いられている
- 手続き的知識の表現として、ルール知識、プラン知識、スクリプトなどがある
- オントロジーを用いて知識を構築すると、様々な知識を組み合わせることが可能となる。また、インターネット上で巨大な意味ネットワークを構築する営みとしてセマンティックウェブがある
- エキスパートシステムは、専門家の知識をデータベース化し、世の中にある実際の問題を解決するために作られたもので、認知動作サイクルによって動作し、前向き推論、後ろ向き推論を用いて問題解決を図る

練習問題

Q1 命題論理における「含意」の真理値表を完成させてください

P	Q	P→Q（含意）
真	真	①
真	偽	②
偽	真	③
偽	偽	④

Q2 エキスパートシステムで一般的に用いられるルール知識のことを何と呼ぶでしょう？

A スクリプト　B フレーム表現
C プロダクションルール　D オントロジー

解答

Q1. ①→真、②→偽、③→真、④→真　Q2. C

Chapter

05

人工知能に学習させよう

～未来を切り開く「学習」の仕組み～

本章では、機械学習について学びます。具体的には、最小二乗法を中心に、回帰分析からディープラーニングまで、主な手法の仕組みを紹介していきます。機械学習は、人工知能が自分で賢くなることを可能にするかもしれない技術です。基本的な仕組みはシンプルなので、じっくり勉強していきましょう。

〔5-1〕学習とはどういうことか考えてみよう

「機械学習」という言葉を聞いたことがある人は多いと思います。これは、噛み砕いた言い方をすれば「コンピュータが学習する」ということですが、コンピュータの学習について考える前に、我々が行っている学習とは何かを考えてみましょう。
まず、これまでに「学習した」と思ったときのことを振り返ってみてください。

Step 1 ▷「学習した」と思う経験を振り返ってみよう

これまでの「やってみよう!」でも見てみたように、「知能」や「知識」は、人によって様々な定義があります。
そこで、「学習」についても、まず自分なりに「どんなときに『学習した』と感じるか」を考えてみてください。

解答(一部) 学校で勉強しているとき、英会話教室に通っているとき、スポーツの練習をしているとき

Step2 ▷思いついた「学習」に共通する性質を考えてみよう

Step1では、学習について思い思いに想像してもらいました。
学校での勉強や英会話教室などに通ったときのことや、あるいは部活動などのスポーツ、はたまた教習所での運転講習などを思い浮かべた人もいるでしょう。
一見するとバラバラに見えるこれらの事柄ですが、「学習」という言葉から思い浮かんだものである以上、何か共通点があるはずです。では、これらの「学習」に共通することは何か考えて、書き出してみましょう。

これらの「学習」に共通していることについて、筆者なら「練習や試行錯誤を通して、以前できなかったことができるようになったり、より上手にできるようになったりすること」だというふうに考えます。例えば、ある科目を勉強すると、その科目の点数が高くなるでしょう。勉強だけでなく、スポーツについても同様に、練習すると上達していくはずです。一般に、どんなことでも失敗をすると同じミスをしにくくなります。これが「学習する」ということです。
これまでに紹介した人工知能の第２次ブームでは、エキスパートシステムが流行し、様々な知識をコンピュータに入力することで問題を解決していました。
本書でも繰り返し強調していますが、この際に問題となったのは、「知識をコンピュータに与えることが大変だった」ということです。
そこで、人工知能に自動的に問題の解決の仕方を学習させる「機械学習」に注目が集まったのです。
ここからは、人工知能の可能性を飛躍的に広げた機械学習について見ていきます。

[5-1-1] 機械学習の種類を知ろう

◇機械学習の３分類

機械学習は、大きく「①教師あり学習」、「②教師なし学習」、「③強化学習」の３種類に分類できます。

①教師あり学習

教師あり学習とはその名の通り、先生に従って学習するように、正解がわかっている場合の学習です（図1）。

具体的には、問題とその正解のペア（このペアのことを「学習データ」や「訓練事例」と呼びます）が与えられた状態で学習します。正解がわかっているため、問題を解いてから、その結果を正解と見比べて、正解との誤差が小さくなるように人工知能の挙動（内部パラメータ）を修正していきます。

私たちがテスト勉強をするときなども、解答つきの問題集をたくさんこなしますよね。それは、自分の答えと正解との誤差を修正するチャンスを多くするためです。「教師あり学習」のメカニズムも、こうしたことと同じです。

図1 正解に合わせて調整を行う教師あり学習

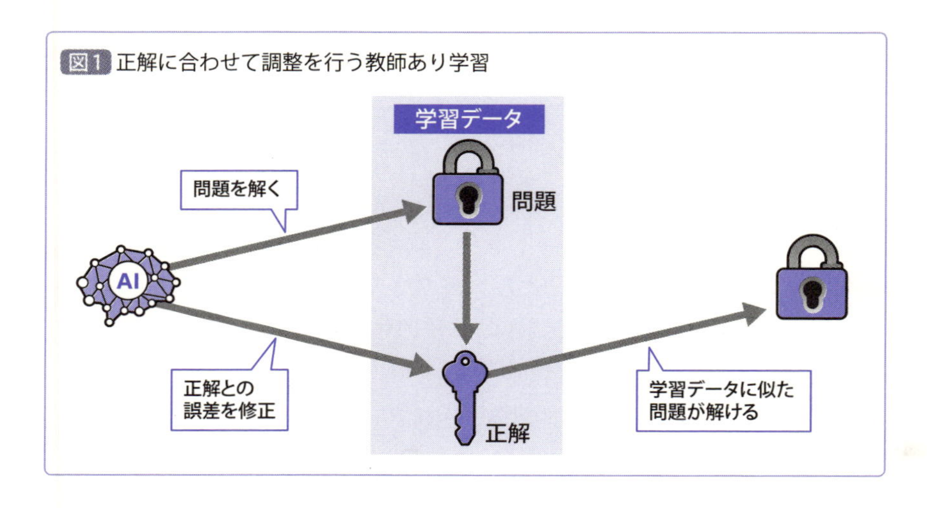

②教師なし学習

教師なし学習は、教師あり学習とは反対に、正解がない場合の学習です。私たちに実感の持ちやすい言い換えをすれば、問題ばかりが載っていて解答がついていない問題集のようなものです。

「正解がないのでどうしようもないのではないか」と思われるかもしれませんが、案外そうでもありません。問題を観察することによって似た問題のまとまりを発見し、「問題にはこういうタイプがあるのだな」ということが理解できるのです（図2）。

問題同士のまとまりがわかってくると、未知の問題に直面しても、どのまとまりに属する問題なのかが認識できるようになり、対応しやすくなります。

また、問題がどういうものかおおよそわかっていると、新しい問題について、それが見たことのあるものなのか、見たことのないものかがわかるようになります。

図2 問題の分類を理解する教師なし学習

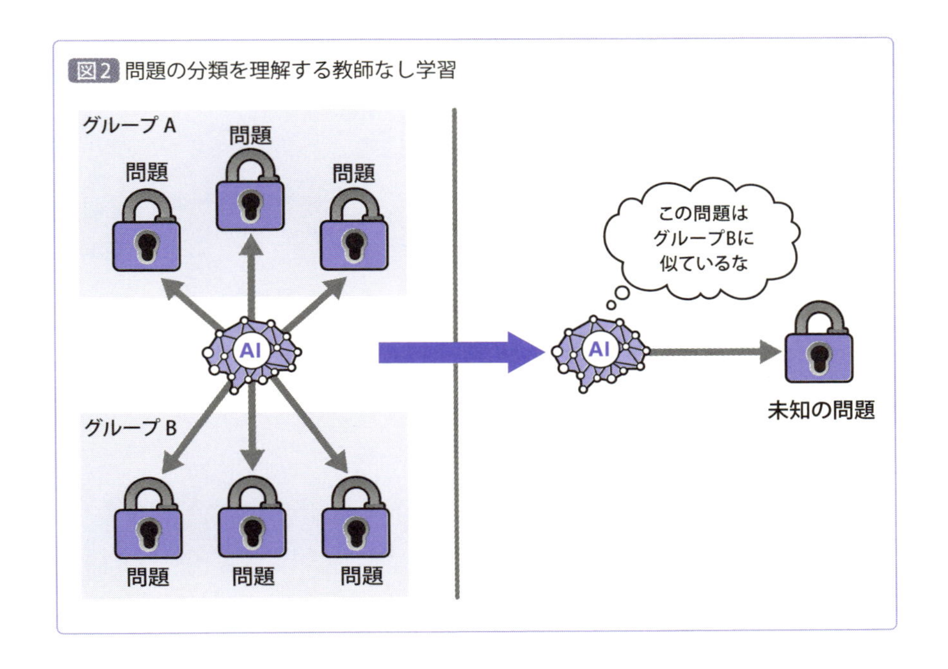

私たちが日常生活を送っていて、突然変な音が聞こえてきたらすぐに気付くでしょう。

これは、「通常の状態ではどのような音が聞こえるか」が無意識のうちに理解できており、その状態とは違う状況に置かれた場合に、そのことを認識できているからです。「この音は異常な音だ」ということが教えられていないのにそのように理解できるのは、教師なし学習の結果だと言えるでしょう。

③強化学習

強化学習は、試行錯誤を行いながら最適だと思われる「行動の仕方」を学習します（図3）。この際の「行動の仕方」のことを「方策」や「ポリシー」と言います。

私たちの普段の生活でも、試行錯誤の結果、最適な方法を偶然発見することはたまにあるでしょう。このときの一連の行動を覚えておいて、次回

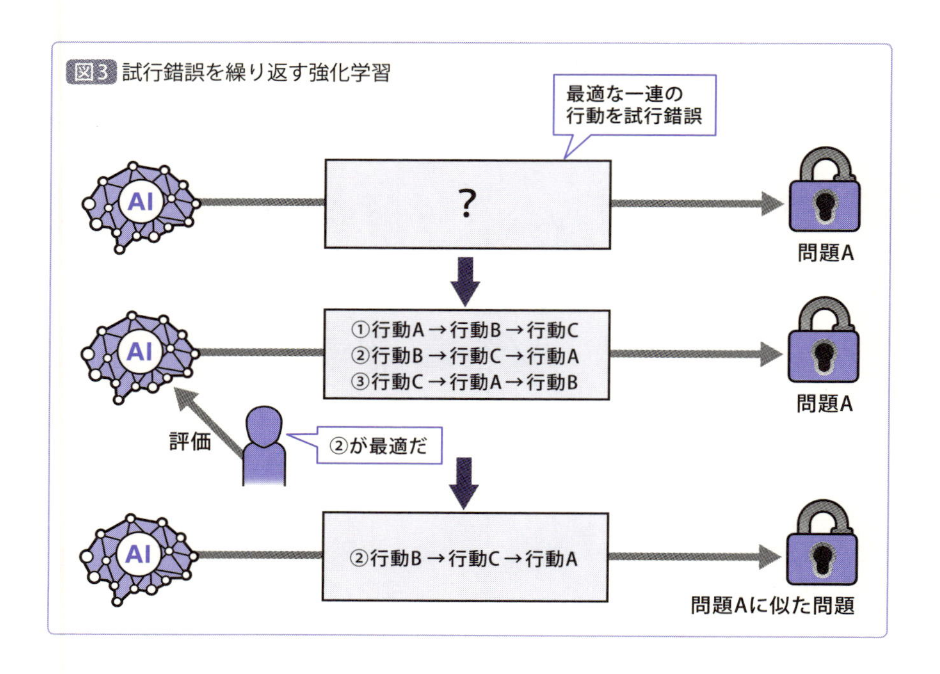

図3 試行錯誤を繰り返す強化学習

以降に似たような状況に直面した際に、同じ行動をなるべくできるようにするのが強化学習です。

◇正解が少ない場合の３種類の教師あり学習

ここまで、機械学習の３分類について紹介しましたが、この中でも、教師あり学習については、全ての問題に正解が与えられている場合とそうではない場合に分かれます。後者は、正解の与えられ方によって、さらに「半教師あり学習」と「転移学習」、そして「ゼロショット学習」に分かれます。では、それぞれを見ていきましょう。

①半教師あり学習

「半教師あり学習」とは、少量の「正解のある問題」と、大量の「正解のない問題」とで学習していく形の教師あり学習です。

言ってみれば、教師あり学習と教師なし学習の中間のようなものです。正解のない問題の学習を通して、どういう問題のパターンがあるのかを学習し、そうして得ることのできた情報を活用して、教師あり学習を行っていきます。

②転移学習

「転移学習」とは、解決したい問題について正解が少量しかない反面、解決したい問題に似たものについての正解は大量にある、という状態で学習する教師あり学習のことです。

例えば、ゴルフの学習データは十分与えられているが、野球の学習データはほとんどない場合に、野球の上達を目指すようなケースです。プロ野球選手は、ゴルフが上手なことも多く、これらのスポーツに何かしらの共通点はありそうですよね。こうした共通点を用いる学習が転移学習です。

ゴルフの学習データから、まずゴルフの上達を目指し、その上で野球の学習データを用いて、ゴルフの動きを野球用に調整するようなイメージです。なお、転移学習は、ある分野の知識を他の分野に適応させるという特性から「適応」もしくは「ドメイン適応」とも呼ばれます。

③ゼロショット学習

転移学習のうち、極端なものに「ゼロショット学習」があります。これは、解決したい問題についての正解が全くない（ほとんどない）状態で学習する場合の転移学習を指します。より具体的に説明すると、解決したい問題を抽象化することで、正解のあるもう一方の問題の解き方に応用しようとするものです。例えば、野球に特化した動きを学習するのではなく、球技一般についての動きという観点から学習を行い、学習した結果を他の球技にも適用していくようなイメージです。

◇学習データを多く集めるのは大変

さて、本項では基本的な機械学習の分類を紹介してきました。いかに学習させることが人工知能の活用に重要とは言え、多くの学習データを作ることはやはり大変です。そこで、学習データをできるだけ少なく済ませられるような学習方法が近年多く研究されています。そのうちのひとつが、「転移学習」や、その下位要素である「ゼロショット学習」なのです。

それでは、ここからは教師あり学習を中心に、機械学習の扱う問題について詳しく紹介していきます。

〔5-1-2〕回帰分析って何？

◇直線を用いて予測する

教師あり学習の手法のひとつに、「回帰分析」というものがあります。専門的な用語を用いて説明するならば、回帰分析とは、関係性を表す関数を学習する手法のことです。ここでは特に、直線を用いて関係性を学習する回帰分析（線形回帰分析）に着目して話を進めます。

例えば、身長と体重は一般に連動しています。身長が高い人は体重も重い傾向にありますし、身長が低い人は体重も軽い傾向にあるでしょう。

このことから、身長がわかれば、体重がある程度は予測できると考えられますね。このときの身長と体重の関係性は、次のように、直線で表すことができます（図4）。

図4 身長と体重の関係

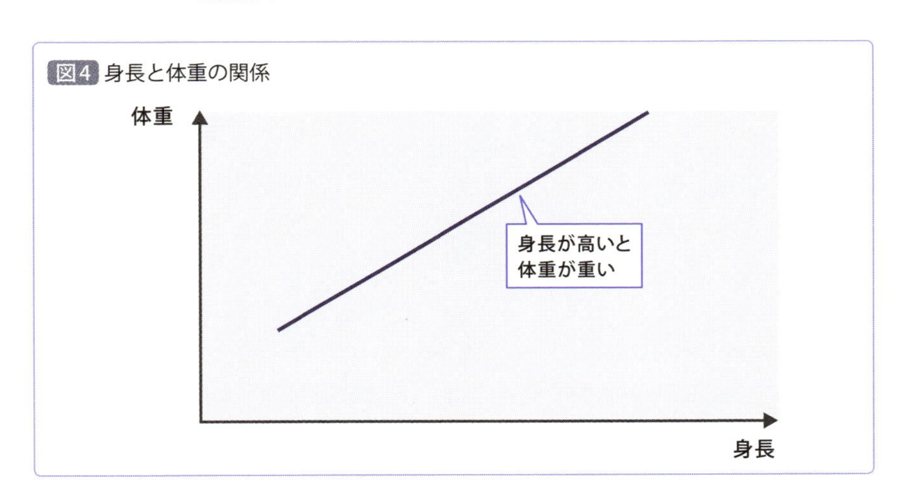

◇回帰分析のケーススタディ

さて、ここにAさんからEさんまでの5人がいるとします。それぞれの身長と体重は次ページの表1の通りです。

表1 AさんからEさんまでの身長と体重

人物	身長	体重
A	170センチ	65キロ
B	155センチ	50キロ
C	150センチ	45キロ
D	175センチ	70キロ
E	165センチ	55キロ

それぞれの身長と体重をグラフにしてみましょう。すると、図5のようになります。

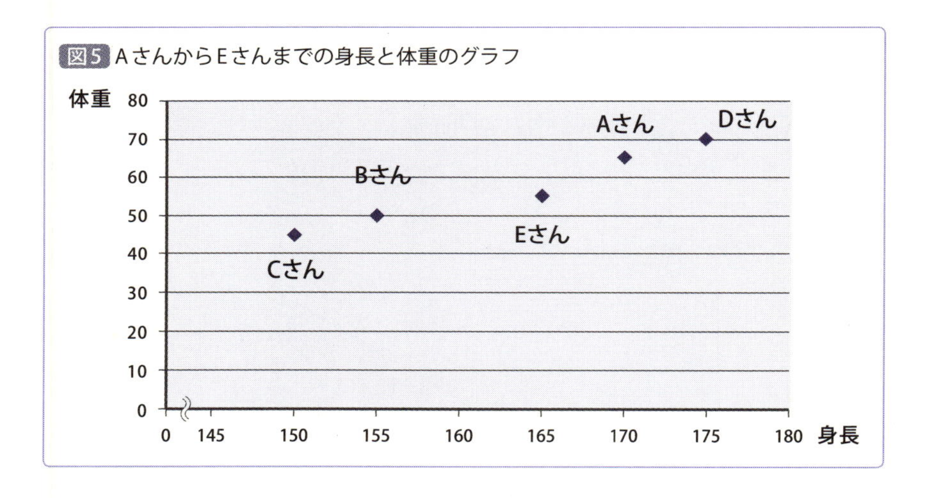

図5 AさんからEさんまでの身長と体重のグラフ

Aさんの身長は170センチで、体重が65キロなので、図のx軸の170のところと、y軸の65とが合致するところに位置付けされます。BさんからEさんについても、同様にプロットされます。

ここで、新しいメンバーとしてFさんを追加するとしましょう。しかし、Fさんについては身長が180センチであることしかわかっていないとします。こうした場合に、回帰分析を駆使すれば、Fさんの体重が何キロくらいかを予測することができます。では、どうやって求めることができるでしょうか。

◇最小二乗法を用いる

ここで用いられるのが「最小二乗法」という方法です。回帰分析は教師あり学習ですので、正解がわかっています。よって、予測値と正解との誤差がわかります。最小二乗法は、このことを利用し、この誤差を最小にするような直線を見つける方法です。一般に、直線は、

$$y = ax + b$$

という式で表されます。「a」は直線の傾きで、「b」は切片（直線がy軸と交わるところの値）です。aとbの値はまだわかっていないのでとりあえずそのままにして、この状態で誤差を表現してみましょう。誤差は、予測値から実際の値を引いたものになります。なお、身長はxで、体重はyとします（表2）。

表2 それぞれの予測値と誤差

人物	身長（x）	体重（y）	予測値	誤差
A	170	65	a×170+b	a×170+ b-65
B	155	50	a×155+b	a×155+ b-50
C	150	45	a×150+b	a×150+ b-45
D	175	70	a×175+b	a×175+ b-70
E	165	55	a×165+b	a×165+ b-55

予測に用いる直線が「y＝ax＋b」ですので、Aさんの予測値は「a×170＋b」となります。Aさんの体重は65ですので、予測値との誤差は「a×170＋b－65」となります。学習データ全体における誤差は、誤差を全て足したものになります。

ただし、誤差は正（プラス）の値、負（マイナス）の値の両方の値をとりますので、誤差がちゃんと積み上がっていくように、二乗して足していくことにします。そうすると、誤差の総和は次のページのように表すことができます。

$$
\begin{aligned}
\text{誤差の総和} = &(a \times 170 + b - 65)^2 + \\
&(a \times 155 + b - 50)^2 + \\
&(a \times 150 + b - 45)^2 + \\
&(a \times 175 + b - 70)^2 + \\
&(a \times 165 + b - 55)^2
\end{aligned}
$$

この誤差の総和が最も小さくなるようなaとbを求めればよいということになります。このように、二乗して得られた誤差の総和を最小にすることから最小二乗法と呼ぶのです。

この最小化において、aとbに色々な数字をとにかく当てはめて試してみてもよいのですが、値のとりうる可能性が多くて、全てを試すのは困難です。そこで、もう少し賢いやり方を考えてみましょう。

まず、この式を展開してみます。例えば、最初の部分の $(a \times 170 + b - 65)^2$ は、展開すると次のようになります。

$$
\begin{aligned}
&(170 \times a + b - 65)^2 \\
&= (170 \times a + b - 65) \times (170 \times a + b - 65) \\
&= 170 \times 170 \times a^2 + 170 \times ab - 170 \times 65 \times a + \\
&\quad 170 \times ab + b^2 - 65 \times b - 65 \times 170 \times a - 65 \times b + 65 \times 65
\end{aligned}
$$

我々は誤差の総和が最も小さくなるようなaとbを探そうとしています。まずはaについて考えてみましょう。この式をaについてまとめると次のようになります。

$$
\begin{aligned}
&a^2 \times (170 \times 170) + \\
&a \times (170 \times b - 170 \times 65 + 170 \times b - 65 \times 170) + \\
&b^2 - 65 \times b - 65 \times b + 65 \times 65
\end{aligned}
$$

これはaの二次式になっています。二次式というのは、注目している記号（この場合はa）の最大次数が2である式のことです。この式は、a^2に何かを掛けたもの、aに何かを掛けたもの、そして、それ以外を足し合わせたものですので、aの二次式になります。aの二次式は、「$Xa^2 + Ya + Z$」という形で表されます。

このことを押さえると、最初の式の冒頭部分の$(a \times 170 + b - 65)^2$だけでなく、それ以降の$(a \times 155 + b - 50)^2$などもaの二次式となるので、誤差の総和も当然aの二次式です。

$(a \times 170 + b - 65)^2$は、bについてまとめると次のようになります。

$$
\begin{aligned}
&b^2 + \\
&b \times (170 \times a + 170 \times a - 65 - 65) + \\
&170 \times 170 \times a^2 - 170 \times 65 \times a - 65 \times 170 \times a + 65 \times 65
\end{aligned}
$$

よって、この式はbについても二次式だということがわかります。すなわちaのときと同様、誤差の総和もbの二次式となります。

つまり、ここまでをまとめると、誤差の総和はaの二次式であり、また、bの二次式でもあるということです。

二次式のグラフの形

では、ここからaとbについて誤差の総和が最も小さくなるような値を求めていきますが、二次式のグラフはどういう形をしているか覚えていますか？ 二次式のグラフは、2次の項の係数が正（プラス）の場合、ワイングラスのような形をしています。典型的な形をしている$y = x^2$のグラフを次のページに示します（図6）。

誤差の総和は、説明したようにそれぞれaとbの二次式で、係数も正ですので、どちらもワイングラスのような形をしていることになります。

このようなグラフにおいて、最も誤差の値が小さくなるところを求めればよいのです。

図7を見てわかる通り、一番底で最も誤差の値が小さい状態になっています。つまり、これらのグラフの底のaとbの値を求めればよいのです。

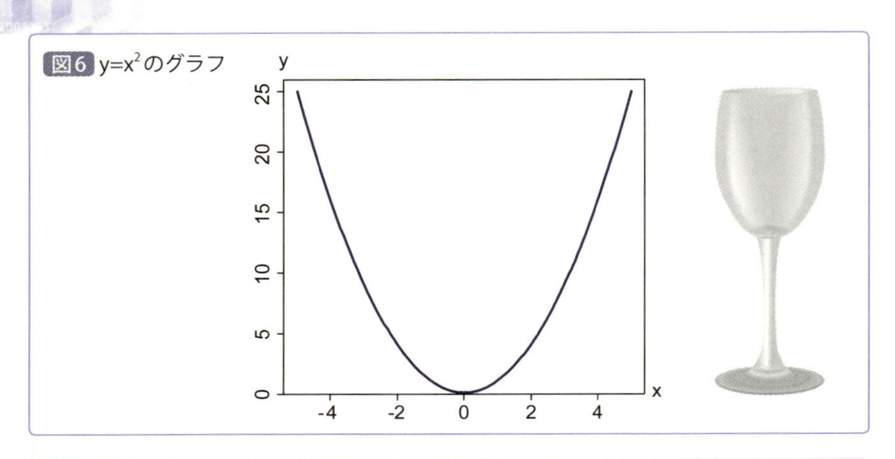

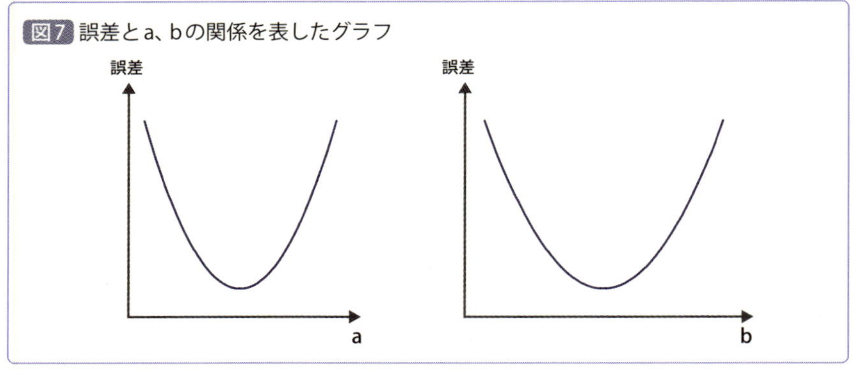

底の値を求めるには？

なお、グラフにおいて一番底の点を見つけるためには「微分」の知識が必要です。数学が苦手な人もいると思いますが、他の項でも微分は出てきますので、ここで身につけておきましょう。

微分というのは、簡単に言うと、与えられた式における接線の傾きを得ることです。xでの接線の傾きを求めるには、xにおける座標と、そこから少し右にずらした「x＋Δx」における座標の傾きを求めます。Δxとは、ずらす大きさを表しています。

二次式の一般的な形は次の通りです。これはxについての二次式です。

なお、aとbは最小二乗法の説明で用いていますので、ここでは、αとβとγの記号を用いています。

$$y = \alpha x^2 + \beta x + \gamma$$

xにおけるy座標は「$\alpha x^2 + \beta x + \gamma$」で、$\Delta x$だけ右にずらしたときのy座標は「$\alpha (x + \Delta x)^2 + \beta (x + \Delta x) + \gamma$」です。これは、「$\alpha x^2 + \beta x + \gamma$」のxに「$x + \Delta x$」を入れただけです。

傾きは、y方向への動きをx方向の差（つまりΔx）で割ればよいので、次の式で表すことができます。

$$\frac{\alpha (x + \Delta x)^2 + \beta (x + \Delta x) + \gamma - (\alpha x^2 + \beta x + \gamma)}{\Delta x}$$

この式を展開してみましょう。

$$\frac{\alpha x^2 + 2\alpha x \Delta x + \alpha \Delta x^2 + \beta x + \beta \Delta x + \gamma - \alpha x^2 - \beta x - \gamma}{\Delta x}$$

となります。さらに、打ち消し合うところを消すと、

$$\frac{2\alpha x \Delta x + \alpha \Delta x^2 + \beta \Delta x}{\Delta x}$$

となります。分母の「Δx」で分子を割ると、

$$2\alpha x + \alpha \Delta x + \beta$$

となります。もし右にずらす量がものすごく小さい（例えば、ほとんど0）だとすると、Δxは0に近付くので、$\alpha \Delta x$もほとんど無視できる値となり、

$$2\alpha x + \beta$$

となることがわかります。これが二次式の座標xにおける接線の傾きの式です。すなわち、ある点xにおける接線の傾きは「$2\alpha x+\beta$」です。xが5だとすると、「$2\alpha \times 5+\beta$」が接線の傾きです。

ちなみに、一次式（$y=\alpha x+\beta$）の接線の傾きはαとなります。もともとの直線の傾きがαなので、どの点をとっても傾きはαになります。また、定数式（$y=\gamma$）の接線の傾きは0になります。「定数式」というのは、x軸に平行な直線なので、常に傾きは0となります。

ここまでが微分についての説明です。このように、微分を使うと接線の傾きを求めることができます。

微分を用いた実際の計算

今回は二次式のグラフの底を求めたいので、傾きが0になる点を求めればよいということになります。つまり、接線の傾きの式を求めて、その値が0となる点を求めればよいということです。

では、実際に求めてみましょう。誤差の総和の式を再掲します。

$$
\begin{aligned}
\text{誤差の総和} = &(a \times 170 + b - 65)^2 + \\
&(a \times 155 + b - 50)^2 + \\
&(a \times 150 + b - 45)^2 + \\
&(a \times 175 + b - 70)^2 + \\
&(a \times 165 + b - 55)^2
\end{aligned}
$$

この式をaで微分してみましょう。

なお、ここで行うように、aやbのそれぞれに着目して微分することを「偏微分」と言います。言葉としては難しそうに聞こえますが、aに着目して微分するとは、要するに他の値は定数（例えば、3とか5などの固定された数値）だと思って処理するということです。

誤差の総和の式は少し長いので、計算を簡単にするために微分の便利な性質をひとつ用いてみましょう。それは、「複数の値を足したものを微分したものは、それぞれの値を微分して足したものと同じ値になる」という性質です。例えば、「$\alpha x^2+\beta x+\gamma$」を微分したものは、$\alpha x^2$と$\beta x$と$\gamma$をそれぞれ別々に微分し、足したものと同じになります。実際に計算して確かめてみてください。

この性質を用いると、誤差の総和の微分とは、「$(a \times 170 + b - 65)^2$」から、「$(a \times 165 + b - 55)^2$」までのそれぞれを微分して足せばよいことになります。誤差の最初の部分の「$(a \times 170 + b - 65)^2$」についてaでまとめたものは次の通りでした。

$$
\begin{aligned}
& a^2 \times (170 \times 170) + \\
& a \times (170 \times b - 170 \times 65 + 170 \times b - 65 \times 170) + \\
& b^2 - 65 \times b - 65 \times b + 65 \times 65
\end{aligned}
$$

これをaで微分すると、

$$2a \times (170 \times 170) + (170 \times b - 170 \times 65 + 170 \times b - 65 \times 170)$$

となります。もう少しまとめると、

$$2a \times 170 \times 170 + 2 \times 170 \times b - 2 \times 170 \times 65$$

さらに170と2でまとめると、

$$170 \times 2 \times (a \times 170 + b - 65)$$

となります。BさんからEさんについての微分も同様に計算できるので、誤差の総和をaで微分したものは次のようになります。

$$
\begin{aligned}
\text{誤差の総和をaで微分したもの} = & 170 \times 2 \times (a \times 170 + b - 65) + \\
& 155 \times 2 \times (a \times 155 + b - 50) + \\
& 150 \times 2 \times (a \times 150 + b - 45) + \\
& 175 \times 2 \times (a \times 175 + b - 70) + \\
& 165 \times 2 \times (a \times 165 + b - 55)
\end{aligned}
$$

ここでは誤差の総和をaで微分したもの、すなわち、接線の傾きが0になればよいので、式の左辺を0と置きます。

$$
\begin{aligned}
0 = & 170 \times 2 \times (a \times 170 + b - 65) + \\
& 155 \times 2 \times (a \times 155 + b - 50) + \\
& 150 \times 2 \times (a \times 150 + b - 45) + \\
& 175 \times 2 \times (a \times 175 + b - 70) + \\
& 165 \times 2 \times (a \times 165 + b - 55)
\end{aligned}
$$

右辺のどの項にも共通する「2」で両辺を割ってみましょう。

$$
\begin{aligned}
0 = & 170 \times (a \times 170 + b - 65) + 155 \times (a \times 155 + b - 50) + \\
& 150 \times (a \times 150 + b - 45) + 175 \times (a \times 175 + b - 70) + \\
& 165 \times (a \times 165 + b - 55)
\end{aligned}
$$

さらに式を整理すると最終的に、

$$133275 \times a + 815 \times b = 46875$$

という方程式を導くことができます。bについても同様に微分（偏微分）してみましょう。

誤差の最初の部分の $(a \times 170 + b - 65)^2$ についてbでまとめたものは次の通りでした。

$$
\begin{aligned}
& b^2 + \\
& b \times (170 \times a + 170 \times a - 65 - 65) + \\
& 170 \times 170 \times a^2 - 170 \times 65 \times a - 65 \times 170 \times a + 65 \times 65
\end{aligned}
$$

これをbで微分すると、

$$2 \times b + 170 \times a + 170 \times a - 65 - 65$$

となります。もう少しまとめると、

$$2 \times b + 2 \times (170 \times a - 65)$$

となります。BさんからEさんについての微分も同様に計算できるので、誤差の総和をbで微分したものは次のようになります。

$$\begin{aligned}\text{誤差の総和をbで微分したもの} = &2 \times b + 2 \times (170 \times a - 65) + \\ &2 \times b + 2 \times (155 \times a - 50) + \\ &2 \times b + 2 \times (150 \times a - 45) + \\ &2 \times b + 2 \times (175 \times a - 70) + \\ &2 \times b + 2 \times (165 \times a - 55)\end{aligned}$$

誤差の総和をbで微分したものが0になればよいので、左辺を0と置きます。

$$\begin{aligned}0 = &2 \times b + 2 \times (170 \times a - 65) + \\ &2 \times b + 2 \times (155 \times a - 50) + \\ &2 \times b + 2 \times (150 \times a - 45) + \\ &2 \times b + 2 \times (175 \times a - 70) + \\ &2 \times b + 2 \times (165 \times a - 55)\end{aligned}$$

さらに、右辺の全ての項に共通する「2」で両辺を割ると次のようになります。

$$
\begin{aligned}
0 = {} & b + (170 \times a - 65) + \\
& b + (155 \times a - 50) + \\
& b + (150 \times a - 45) + \\
& b + (175 \times a - 70) + \\
& b + (165 \times a - 55)
\end{aligned}
$$

さらに式を整理すると次のようになります。

$$
\begin{aligned}
0 = {} & 5 \times b + a \times (170 + 155 + 150 + 175 + 165) - \\
& (65 + 50 + 45 + 70 + 55)
\end{aligned}
$$

ここから、

$$815 \times a + 5 \times b = 285$$

という方程式を最終的に導くことができます。ここまでで、2つの方程式を得ることができました。

①：$133275 \times a + 815 \times b = 46875$
②：$815 \times a + 5 \times b = 285$

これらは連立方程式ですので、一方をもう片方に代入することで解くことができます。二番目の式から、

$$b = \frac{285 - 815 \times a}{5}$$

ですので、これを一番目の式に代入しましょう。

$$133275 \times a + 815 \times \left(\frac{285 - 815 \times a}{5}\right) = 46875$$

$$133275 \times a + 163 \times (285 - 815 \times a) = 46875$$

$$133275 \times a + 163 \times 285 - 163 \times 815 \times a = 46875$$

$$133275 \times a + 46455 - 132845 \times a = 46875$$

$$430 \times a = 420$$

$$a = \frac{420}{430} = 0.9767\cdots$$

となります。この値を、

$$b = \frac{285 - 815 \times a}{5}$$

に代入すれば、

$$b = \frac{285 - \frac{815 \times 420}{430}}{5} = \frac{-511.046\cdots}{5} = -102.209\cdots$$

となります。

よって、求めたかった直線の式は次の通りです。

$$y = 0.977x - 102.209$$

新しいメンバーのFさんの身長は180センチですので、xに180を代入すると、「y＝73.651」となります。よって、Fさんの体重は、およそ73.651キロではないかと予測できます。

このように、回帰分析を使えば、現状のデータを基に新たなデータを推測することが可能です。

[5-1-3] 重回帰分析って何？

◇複数の値を参考に予測する

前項で紹介した回帰分析は、実際に求めた「身長から体重を予測する」のように、何かひとつの数値からもうひとつの数値を予測する手法でした。本項で紹介する「重回帰分析」と呼ばれる方法では、複数の値からひとつの数値を予測します。

天気予報では、気圧、気温、雨量など様々な情報を総合して、降水確率などを予測しています。複数の数値からひとつの数値を予測していますので、これは重回帰分析を行っているということです。

回帰分析と同じく、言葉の響きは少し難しそうですが、重回帰分析でもその仕組みに着目すれば、そこまで難解ではないので安心してください。

ここでは次のような場合を考えてみましょう。表3はAさんからEさんまでの算数、国語、理科のテストの点数です。ここで、新しいメンバーのFさんの算数と国語の点数がそれぞれ、60点、70点だとしましょう。この場合のFさんの理科の点数を、重回帰分析を用いて予測してみます。

表3 AさんからEさんまでのテストの点数

人物	算数	国語	理科
A	70	30	80
B	20	60	30
C	80	50	70
D	30	40	40
E	50	20	50

三次元上で考える

今回は、算数と国語という2つの点数から理科の点数を予測するという問題になります。今回考慮すべき数値は算数、国語、理科の3つの点数なので、前項の二次元上とは違い、三次元上で考えることになります。

x軸で算数の点数、y軸で国語の点数、そして、z軸で理科の点数を考えます。そして、学習データから、算数の点数と国語の点数から理科の点数を予測するような式を求めていきます。

今回、求めたい予測式は次の形をしています。

$$z = ax + by + c$$

基本的には回帰分析のときと同様の式ですが、項がひとつ増えていることに注意してください。

先ほども説明しましたが、重回帰分析の手続きは、回帰分析と同様です。つまり、誤差の総和の式を求め、a、b、cで微分したものを0と置いて、連立方程式を解きます。そのためにまず、予測式を用いて誤差を表してみましょう。

そうすると、次の表のようになります（表4）。

表4 それぞれの予測値と誤差

人物	算数	国語	理科	予測値	誤差
A	70	30	80	a×70+b×30+c	a×70+b×30+c-80
B	20	60	30	a×20+b×60+c	a×20+b×60+c-30
C	80	50	70	a×80+b×50+c	a×80+b×50+c-70
D	30	40	40	a×30+b×40+c	a×30+b×40+c-40
E	50	20	50	a×50+b×20+c	a×50+b×20+c-50

誤差を二乗して足し合わせた誤差の総和は次の通りです。

$$
\begin{aligned}
\text{誤差の総和} = \ & (a \times 70 + b \times 30 + c - 80)^2 + \\
& (a \times 20 + b \times 60 + c - 30)^2 + \\
& (a \times 80 + b \times 50 + c - 70)^2 + \\
& (a \times 30 + b \times 40 + c - 40)^2 + \\
& (a \times 50 + b \times 20 + c - 50)^2
\end{aligned}
$$

この式を展開すればすぐにわかりますが、この式は、a、b、cの二次式でそれぞれの二次の項の係数も正になりますので、次のような図で表すような形をしています（図8）。

図8 誤差の総和とa、b、cの関係を表したグラフ

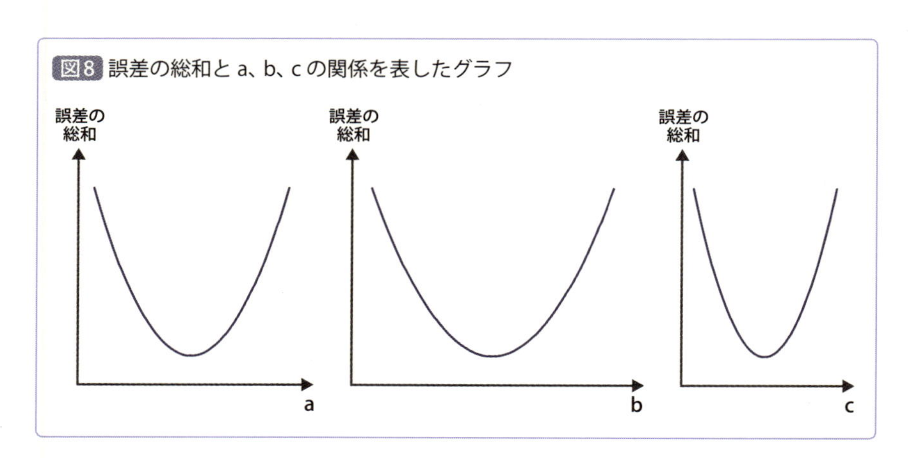

よって、誤差の総和をa、b、cでそれぞれ微分して0と置き、連立方程式を作って解けばよいのです。

なお、今回は、算数と国語という2つからもうひとつの値を求めていくケースなので比較的簡単に求めることができますが、これがもっと多くなって何十個の数値からひとつの値を求めるようになると、連立方程式が非常に多くなってしまい、計算が大変になってしまいます。

こうした場合に解く方法はいくつかありますが、わかりやすい方法のひとつに反復法があります。

反復法って何？

反復法とは、とりあえず適当な値からスタートして、正しい値に近付くように少しずつ値を更新していく方法のことです。では、実際に反復法を使ってみましょう。

反復法の考え方を、グラフを用いて説明します。まず、aを適当な値「a_0」だとします。そして、このときの傾き（微分の値）を計算していきます。

この傾きが正（プラス）であれば、正解は左側にあることがわかります。
反対に、この傾きが負（マイナス）であれば、今度は、正解は右側にあることがわかります（図9）。

図9 反復法の考え方

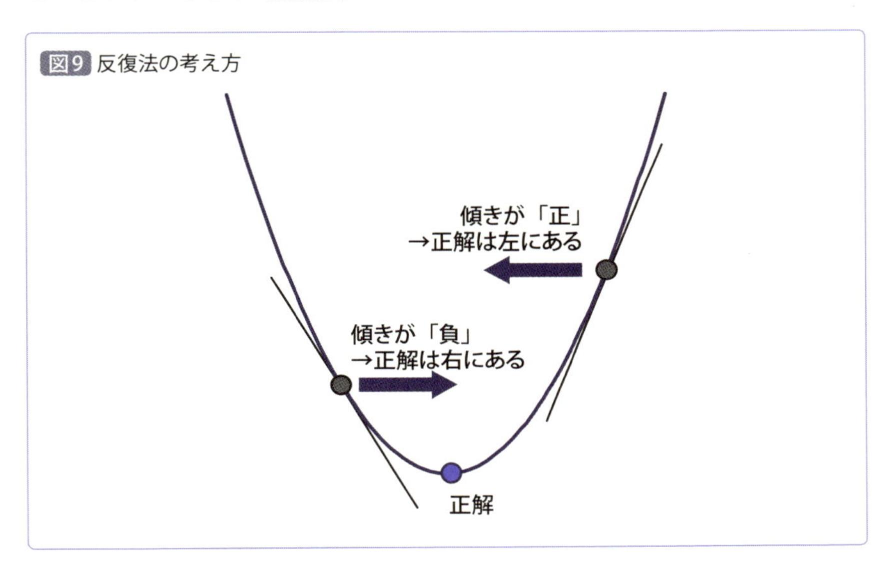

このことから、次のようにa_0の値を修正すれば、一番底の正解に近付けることがわかります。a_1は更新後のaの値を表します。

$$a_1 = a_0 - \eta \times a_0\text{における傾き}$$

ここで登場した「η（イータ）」というのは「a_0における傾き」をどのくらい考慮して値を修正するかという正の値で、「学習率」とも呼ばれます。
一気に修正しすぎると正解からはるかに離れた位置にまで移動してしまうこともあるため、こうした事故を防ぐために必要なものです。
ここまでを理解したら、反復法の実際の手順に戻りましょう。a_1における傾きを用いてa_2を求めます。そしてこの操作を繰り返していきます。n回繰り返す場合には次のページのようになります。

$$a_2 = a_1 - \eta \times a_1\text{における傾き}$$
$$a_3 = a_2 - \eta \times a_2\text{における傾き}$$
$$a_4 = a_3 - \eta \times a_3\text{における傾き}$$
$$\vdots$$
$$a_n = a_{n-1} - \eta \times a_{n-1}\text{における傾き}$$

現在のaにおける傾きが正であれば、aの値が「$\eta \times$aにおける傾き」だけ引かれて、小さくなることがわかりますね。また反対に、現在のaにおける傾きが負であれば、aの値が大きくなることがわかります。

数ある反復法のひとつ「最急降下法」

反復法において、このように現在の傾きを用いて値を更新していくやり方を「最急降下法」と呼びます。反復法のやり方にはたくさんの方法があるのですが、最急降下法はその中でも最もシンプルなものです。

なお､反復法においても傾きを求めるために微分の計算は必要ですので、ここからは誤差の総和の微分を求めていきます。

回帰分析の説明の際にも説明したように、誤差の総和の微分は、それぞれの誤差の微分の総和と同じです。まずは、Aさんの誤差だけをaで微分してみることにします。Aさんの誤差は次の通りです。

$$(a \times 70 + b \times 30 + c - 80)^2$$

さて、ここまで長い式だと、展開するだけでひと苦労ですね。そこで、展開をすばやく行うために、微分のテクニックである「合成関数の微分」を使いたいと思います。

合成関数の微分って何？

合成関数の微分とは､「$y = (x + 1)^2$」といった式の微分を「$z = x + 1$」と置くことで簡単に解くというやり方です。この操作を行うと、元の式は「$y = z^2$」という単純な形となって扱いやすくなります。

yがxによって求まるとき（つまり、yがxの関数であるとき）、yのxによる微分はy方向への動きをx方向への動きで割ったものになりますが、これを、

$$\frac{\partial y}{\partial x}$$

と表すことにします。∂yはy方向への動き、∂xはx方向への動き、という意味です。なお、偏微分を扱うときは∂という記号を使います。そうすると、yのzによる微分は、

$$\frac{\partial y}{\partial z}$$

と書くことができ、また、zのxによる微分も、

$$\frac{\partial z}{\partial x}$$

と書くことができます。このことから、

$$\frac{\partial y}{\partial x} = \frac{\partial y}{\partial z} \times \frac{\partial z}{\partial x}$$

という式を導けることがわかります。式を文章にしてみると、「yのxによる微分は、yのzによる微分とzのxによる微分の2つを掛け合わせたものになる」という表現になります。なお、このように、ある微分を2つの微分の掛け算として書き換える規則のことを「チェーンルール」と言います。

今回の例だと、$y=z^2$ですので、yのzによる微分は2zとなり、すなわち、「2×（x＋1）」です。また、z＝x＋1で、zのxによる微分は1なので、yのxによる微分は「2×（x＋1）×1」で、「2x＋2」となります。

ここで、先ほどのAさんの誤差を次のページに再掲します。

$$\text{Aさんの誤差} = (a \times 70 + b \times 30 + c - 80)^2$$

これを、次のように置いてみます。

$$d = a \times 70 + b \times 30 + c - 80$$

すると、Aさんの誤差は次のように単純になります。

$$\text{Aさんの誤差} = d^2$$

また、チェーンルールから誤差のaについての微分は以下であることがわかります。

$$\frac{\partial \text{Aさんの誤差}}{\partial a} = \frac{\partial \text{Aさんの誤差}}{\partial d} \times \frac{\partial d}{\partial a}$$

この式の右辺をそれぞれを求めると、

$$\frac{\partial \text{Aさんの誤差}}{\partial d} = 2 \times d = 2 \times (a \times 70 + b \times 30 + c - 80)$$

$$\frac{\partial d}{\partial a} = 70$$

よって、

$$\frac{\partial \text{Aさんの誤差}}{\partial a} = 2 \times (a \times 70 + b \times 30 + c - 80) \times 70$$

と計算できます。BさんからEさんについても同様に計算できます。

このように、合成関数の微分を用いることで微分が計算しやすくなるのでぜひ活用しましょう。また、ここで利用した「チェーンルール」はディープラーニングでも活用するテクニックですので、覚えておいてください。

さて、ここまでをまとめましょう。誤差の総和をaで微分したものは次のようになります。

誤差の総和をaで微分したもの＝2×（a×70＋b×30＋c－80）×70＋
2×（a×20＋b×60＋c－30）×20＋
2×（a×80＋b×50＋c－70）×80＋
2×（a×30＋b×40＋c－40）×30＋
2×（a×50＋b×20＋c－50）×50

誤差の総和をbで微分したものは次の通りです。

誤差の総和をbで微分したもの＝2×（a×70＋b×30＋c－80）×30＋
2×（a×20＋b×60＋c－30）×60＋
2×（a×80＋b×50＋c－70）×50＋
2×（a×30＋b×40＋c－40）×40＋
2×（a×50＋b×20＋c－50）×20

誤差の総和をcで微分したものは次の通りです。

誤差の総和をcで微分したもの＝2×（a×70＋b×30＋c－80）＋
2×（a×20＋b×60＋c－30）＋
2×（a×80＋b×50＋c－70）＋
2×（a×30＋b×40＋c－40）＋
2×（a×50＋b×20＋c－50）

反復法ではa、b、cの初期値は適当に決めてよいので、とりあえず全部「0.5」とすることにしましょう。また、学習率「η」は「0.00001」としてみます。手計算ではかなり大変なので、コンピュータに計算させましょう。反復の回数はとりあえず1000万回としておきます。そうすると、次のページのような結果が得られました。

a = 0.745、b = − 0.128、c = 21.872

なお、コンピュータで計算する場合は、次のようなプログラムを書けばよいでしょう。Javascriptで書いてあるので、ブラウザのJavascriptコンソールにそのまま入力すれば実行することができます。ぜひ試してみてください。

```
var a = 0.5;
var b = 0.5;
var c = 0.5;
var eta = 0.00001;

for(var i=0;i<10000000;i++){
  var new_a = a - eta * (2 * (a * 70 + b * 30 + c - 80) * 70 +
                          2 * (a * 20 + b * 60 + c - 30) * 20 +
                          2 * (a * 80 + b * 50 + c - 70) * 80 +
                          2 * (a * 30 + b * 40 + c - 40) * 30 +
                          2 * (a * 50 + b * 20 + c - 50) * 50);

  var new_b = b - eta * (2 * (a * 70 + b * 30 + c - 80) * 30 +
                          2 * (a * 20 + b * 60 + c - 30) * 60 +
                          2 * (a * 80 + b * 50 + c - 70) * 50 +
                          2 * (a * 30 + b * 40 + c - 40) * 40 +
                          2 * (a * 50 + b * 20 + c - 50) * 20);

  var new_c = c - eta * (2 * (a * 70 + b * 30 + c - 80) +
                          2 * (a * 20 + b * 60 + c - 30) +
                          2 * (a * 80 + b * 50 + c - 70) +
                          2 * (a * 30 + b * 40 + c - 40) +
                          2 * (a * 50 + b * 20 + c - 50));
  a = new_a;
  b = new_b;
  c = new_c;
}

console.log("a=" + a + " b=" + b + " c=" + c);
```

図10はブラウザのJavascriptコンソールでこのプログラムを実行した結果です。下の方に出力が出ています。

図10 ブラウザでプログラムを実行した結果

```
> var a = 0.5;
  var b = 0.5;
  var c = 0.5;
  var eta = 0.00001;

  for(var i=0;i<10000000;i++){
      var new_a = a - eta * (2 * (a * 70 + b * 30 + c - 80) * 70 +
                 2 * (a * 20 + b * 60 + c - 30) * 20 +
                 2 * (a * 80 + b * 50 + c - 70) * 80 +
                 2 * (a * 30 + b * 40 + c - 40) * 30 +
                 2 * (a * 50 + b * 20 + c - 50) * 50);

      var new_b = b - eta * (2 * (a * 70 + b * 30 + c - 80) * 30 +
                 2 * (a * 20 + b * 60 + c - 30) * 60 +
                 2 * (a * 80 + b * 50 + c - 70) * 50 +
                 2 * (a * 30 + b * 40 + c - 40) * 40 +
                 2 * (a * 50 + b * 20 + c - 50) * 20);

      var new_c = c - eta * (2 * (a * 70 + b * 30 + c - 80) +
                 2 * (a * 20 + b * 60 + c - 30) +
                 2 * (a * 80 + b * 50 + c - 70) +
                 2 * (a * 30 + b * 40 + c - 40) +
                 2 * (a * 50 + b * 20 + c - 50));
      a = new_a;
      b = new_b;
      c = new_c;
  }

  console.log("a=" + a + " b=" + b + " c=" + c);
  a=0.744680851066476 b=-0.12765957446320889 c=21.872340425186795        VM107:29
```

※Chromeから「その他のツール」→「デベロッパーツール」を選び、「Console」タブを開き、プログラムを貼り付けることで実行できる

ちなみに、連立方程式を解いて得られる答え(理論値)は次の通りです。

$$a = 0.745、b = -0.128、c = 21.872$$

Javascriptで求めたものと全く同じ値が得られていることがわかります。なお、「η」をうまく設定しないとグラフの右に行ったり左に行ったりを繰り返してしまうため、いくつかの値で試してみる必要があります。

点数の予測

さて、反復法で得られた値を使っていよいよFさんの理科の点数を予測してみましょう。Fさんの算数の点数は60点、国語の点数は70点ですので、

$$0.745 \times 60 - 0.128 \times 70 + 21.872 = 44.7 - 8.96 + 21.872 = 57.612$$

となり、57.6点くらいではないかと予測できます。
このように、回帰分析も重回帰分析も同じ解き方、すなわち、最小二乗法で解くことができるということです。思ったよりも簡単な仕組みで動いていることが理解できたのではないかと思います。

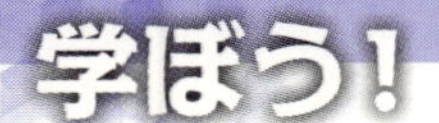

〔5-1-4〕
最小二乗法で分類しよう

◇回帰問題だけでなく分類問題にも

ここまで、教師あり学習のひとつとして、回帰分析および重回帰分析を見てきましたが、どちらの場合にも、使用したのは最小二乗法でした。実は、この最小二乗法は、数値を当てるような「回帰問題」だけでなく、いくつかのカテゴリからひとつを選ぶ「分類問題」にも適用できます。では、本項ではどのようにして最小二乗法を用いて分類をするかの仕組みを見てみましょう。

表5は、ある動物の個体AからEについて、腕の長さ、足の長さ、そしてオスかメスかを記録したものです。

表5 個体AからEまでのデータ

個体	腕の長さ	足の長さ	性別
A	40	30	オス
B	30	80	メス
C	20	70	メス
D	70	40	オス
E	60	20	オス

新しい個体であるFの腕の長さが40、足の長さが60だとしたとき、この個体の性別を当ててみましょう。

これは、これまで紹介した回帰分析および重回帰分析のような数値を当てるものではなく、性別（オスかメスか）というカテゴリを当てるという問題なので、「分類問題」と言います。

では、学習データからどのように分類の仕方を学習すればよいでしょうか。

まず、次のような式を考えてみましょう。

$$z = ax + by + c$$

xには腕の長さが、yには足の長さが入るとします。

この式の値（z）は、オスに対しては＋1、メスに対しては－1となってほしいというふうに仮定します。そうすると、式の値から望ましい値を引いたものを「誤差」と考えることができます。なぜなら誤差とは、値が望ましい値に近付くときに0に近付いていくものだからです。個体Aはオスでしたが、式の値が正しく＋1となったときは、誤差が0になり、個体Bについては、式の値が正しく－1になったときにも、誤差が0になります。このことからわかるように、表中の式の値から望ましい値を引いたものは誤差と呼んでよいものです。このことを表にまとめると次のようになります（表6）。

表6 個体AからEまでの式と値

個体	式の値	望ましい値	誤差
A	a×40+b×30+c	+1	(a × 40+b × 30+c) -1
B	a×30+b×80+c	−1	(a × 30+b × 80+c) - (-1)
C	a×20+b×70+c	−1	(a × 20+b × 70+c) - (-1)
D	a×70+b×40+c	+1	(a × 70+b × 40+c) -1
E	a×60+b×20+c	+1	(a × 60+b × 20+c) -1

そして、引き算した値がプラスでもマイナスでも、誤差がちゃんと積み上がっていくように、二乗して誤差を足し合わせます。そうすると、次のような誤差の総和の式が得られます。

$$
\begin{aligned}
\text{誤差の総和} = \ & (a \times 40 + b \times 30 + c - 1)^2 + \\
& (a \times 30 + b \times 80 + c + 1)^2 + \\
& (a \times 20 + b \times 70 + c + 1)^2 + \\
& (a \times 70 + b \times 40 + c - 1)^2 + \\
& (a \times 60 + b \times 20 + c - 1)^2
\end{aligned}
$$

この式は、見てわかる通り、a、b、cの二次式になっています。したがって、重回帰分析と全く同様に、a、b、cのそれぞれで微分して0になる点を求めればよいということになります。

誤差の総和を各要素で微分する

では、誤差の総和をa、b、cで微分していきましょう。まずはaです。

誤差の総和をaで微分すると次のようになります。

$$
\begin{aligned}
\text{誤差の総和をaで微分したもの} = {} & 2 \times (a \times 40 + b \times 30 + c - 1) \times 40 + \\
& 2 \times (a \times 30 + b \times 80 + c + 1) \times 30 + \\
& 2 \times (a \times 20 + b \times 70 + c + 1) \times 20 + \\
& 2 \times (a \times 70 + b \times 40 + c - 1) \times 70 + \\
& 2 \times (a \times 60 + b \times 20 + c - 1) \times 60
\end{aligned}
$$

次に、誤差の総和をbで微分すると次のようになります。

$$
\begin{aligned}
\text{誤差の総和をbで微分したもの} = {} & 2 \times (a \times 40 + b \times 30 + c - 1) \times 30 + \\
& 2 \times (a \times 30 + b \times 80 + c + 1) \times 80 + \\
& 2 \times (a \times 20 + b \times 70 + c + 1) \times 70 + \\
& 2 \times (a \times 70 + b \times 40 + c - 1) \times 40 + \\
& 2 \times (a \times 60 + b \times 20 + c - 1) \times 20
\end{aligned}
$$

最後に、誤差の総和をcで微分すると次のようになります。

$$
\begin{aligned}
\text{誤差の総和をcで微分したもの} = {} & 2 \times (a \times 40 + b \times 30 + c - 1) + \\
& 2 \times (a \times 30 + b \times 80 + c + 1) + \\
& 2 \times (a \times 20 + b \times 70 + c + 1) + \\
& 2 \times (a \times 70 + b \times 40 + c - 1) + \\
& 2 \times (a \times 60 + b \times 20 + c - 1)
\end{aligned}
$$

最急降下法による計算

ここまでを求めたら、今回も最急降下法を使用します。重回帰分析のときと同様、$a = 0.5$、$b = 0.5$、$c = 0.5$から開始して、$\eta = 0.0001$として10万回程度、値を更新してみました。そうすると、次のような結果が得られました。

$$a = 0.021、b = -0.027、c = 0.599$$

つまり、

$$z = 0.021 \times x - 0.027 \times y + 0.599$$

が、求めたかった式だということになります。

では、この式を基に個体AからEまでの予測を正しくできているかを確認してみましょう。得られた式に、それぞれの個体の腕の長さと足の長さを入れて値を計算してみると表7のようになりました。

オスである個体については式の値が+1に近い値になっており、メスである個体については−1に近しい値になっていることが確認できます。

表7 個体AからEについて求められた値

個体	腕の長さ	足の長さ	式の値	望ましい値
A	40	30	0.629	+1
B	30	80	−0.931	−1
C	20	70	−0.871	−1
D	70	40	0.989	+1
E	60	20	1.319	+1

それでは、新しい個体であるFの腕の長さが40、足の長さが60ですので、これらの値を得られた式に当てはめてみましょう。

$$0.021 \times 40 - 0.027 \times 60 + 0.599 = -0.181$$

求められた数値「−0.181」は+1よりも−1の方に近いので、Fはメスではないかと予測できます。

線形分離可能って何？

個体Aから個体Eをグラフにプロットしてみると図11のようになります。グラフに示されているもののうち、四角はメスを示し、ひし形はオスを示しています。先ほどの式で、z=0 となる場合、これはオスでもメスでもない場合なので、境界を表しているということです。つまり、zに0を代入した、

$$0 = 0.021 \times x - 0.027 \times y + 0.599$$

は境界を表す直線のことです。

$$
\begin{aligned}
0.027y &= 0.021x + 0.599 \\
y &= 0.021x/0.027 + 0.599/0.027 \\
&= 0.778x + 22.185
\end{aligned}
$$

図11にこの線を引くと、うまくオスとメスを分離できていることがわかります。これを見てわかる通り、オスの集合とメスの集合はある程度固まったところに配置されており、集合同士の間に直線を引いて区切ることが可能です。このように直線で分類できる問題のことを「線形分離可能」と言います。

図11 個体とそれを分離する直線

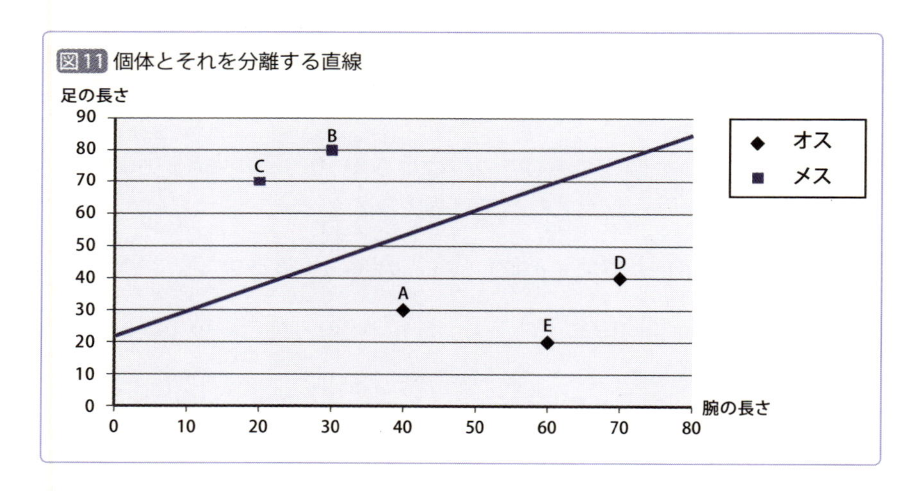

ディープラーニングへの活用も

ここまで示してきたように、回帰問題も分類問題も最小二乗法という同じ仕組みで実現・解決することができます。

この枠組みは、現在の人工知能第3次ブームをけん引している、ディープラーニングにも活用されています（ディープラーニングについてはもう少し後で説明します）。

[5-1-5] スパム分類などに使われる単純ベイズ分類器の仕組み

◇メールのフィルタなどに活用される仕組み

前項では分類問題を解くために最小二乗法を使いましたが、これ以外にも分類問題を解く方法が存在します。本項では、そのひとつである「単純ベイズ分類器」と呼ばれる仕組みについて説明します。

単純ベイズ分類器は、メールのスパムフィルタなどに用いられている方法です。確率を用いた手法で、ある事例をカテゴリ１とカテゴリ２に分類したい場合、その事例がカテゴリ１である確率とカテゴリ２である確率をそれぞれ求め、前者の確率の方が大きければカテゴリ1、そうでないときは、カテゴリ２に分類する、という手法です。

◇例題で学んでみよう

では、具体例を交えて単純ベイズ分類器の仕組みを学んでいきましょう。

ここに、ネコとイヌが合わせて10匹いるとします。そして、「大きいかどうか」、「人に懐くかどうか」、「散歩が好きかどうか」という３つの観点から10匹を観察してみて、その結果を次のページの表8のように得たとしましょう。このとき、見た目からはネコなのかイヌなのかよく判別できないような「大きくて、人に懐かず、散歩が嫌い」な個体Xがいたとします。この個体Xがネコなのかイヌなのかを単純ベイズ分類器を用いて分類してみましょう。

個体Xがいるとき、その個体がネコであるという確率は次のように表すことにします。

$$p(\text{ネコ} \mid \text{個体X})$$

表8 10体がそれぞれネコかイヌかの分類

個体	大きいか	人に懐くか	散歩が好きか	ネコ/イヌ
1	はい	はい	はい	イヌ
2	はい	はい	いいえ	ネコ
3	いいえ	はい	はい	イヌ
4	はい	はい	はい	イヌ
5	いいえ	いいえ	はい	ネコ
6	はい	いいえ	はい	イヌ
7	はい	いいえ	はい	ネコ
8	いいえ	いいえ	いいえ	ネコ
9	はい	はい	はい	イヌ
10	いいえ	はい	いいえ	イヌ

pというのは、probability（確率）のことで、括弧の中に書かれた事象が起きる確率を表します。同様に、個体Xがイヌであるという確率は次のように表すことにします。

$$p(\text{イヌ} \mid \text{個体X})$$

なお、これらの表現は「条件付き確率」と呼ばれるものです。つまり、個体Xに着目したという条件下で、ネコであるか、イヌであるかという確率を示しているということです。

条件付き確率と同時確率

条件付き確率について、もう少し詳しく説明しておきます。

ある地方で、100日のうち10日雨が降ったとします。そうすると、雨が降る確率は、

$$p(\text{雨が降る}) = \frac{10}{100} = 0.1$$

です。そして、雨が降った10日のうち、5日については虹が出たとします。雨が降ったときに虹が出る確率は雨が降った日の半分ですので、

$$p（虹が出る | 雨が降る） = \frac{5}{10} = 0.5$$

と表すことができます。こうした、特定の条件（今回の例では「雨が降った日」）に着目し、その条件でさらに他の事象（今回の例では「虹が出た日」）が起こる確率のことを「条件付き確率」と呼ぶのです。なお、「雨が降り、かつ、虹が出る」といったように両方同時に起こる確率のことについては「同時確率」と言い、次のように書きます。

$$p（雨が降る , 虹が出る） = \frac{5}{100} = 0.05$$

雨と虹が同時に起こった日の数は5日ですので、それを全体の日数の100で割って計算しています。

なお、条件付き確率と、同時確率には以下の関係があります。

$$p (A|B) = \frac{p(A,B)}{p(B)}$$

この式は、次のように計算してみると上の条件付き確率の値と一致するので、正しいことがわかります。

$$p（虹が出る | 雨が降る）= \frac{p（虹が出る , 雨が降る）}{p（雨が降る）} = \frac{0.05}{0.1} = 0.5$$

この関係性をベン図で表すと、次のページの図12のようになります。

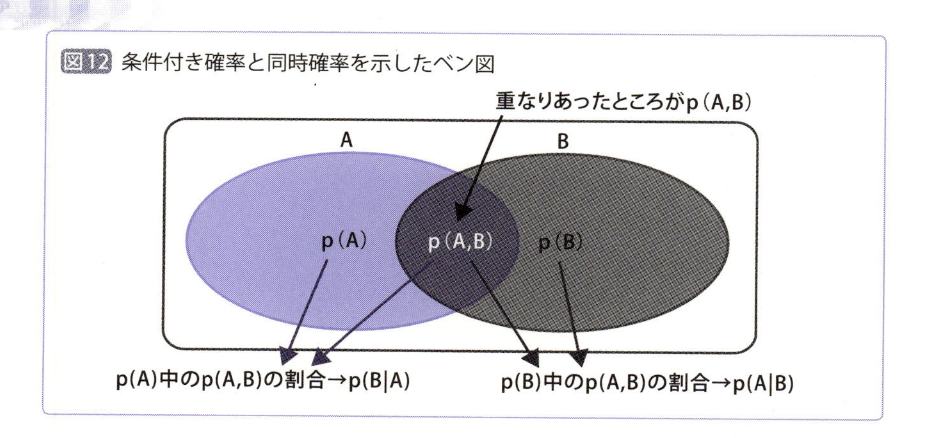

図12 条件付き確率と同時確率を示したベン図

ベイズの定理：確率を表す式を操作する

条件付き確率に関して有名な定理に「ベイズの定理」というものがあります。単純ベイズ分類器では、その名の通りにベイズの定理を用いていますので、ここでこの定理についても説明しておきましょう。

この定理は、条件付き確率の前後を入れ替えることができるという便利な定理で、式で表すと次のようなものになります。

$$p(A|B) = \frac{p(B|A) \times p(A)}{p(B)}$$

左の項にp (A|B) があり、右の項にp (B|A) があるので、AとBの順番が入れ替わっていることがわかります。式だけ見てもよくわからないので、この式がどのように導かれたのかを見てみましょう。

まず、条件付き確率の定義から次のことが言えます。

$$p(A|B) = \frac{p(A,B)}{p(B)}$$

$$p(B|A) = \frac{p(B,A)}{p(A)}$$

次に、ひとつ目の式の両辺にp (B) をかけ、2つ目の式の両辺にもそれぞれp (A) をかけます。

$$p(A|B) \times p(B) = p(A,B)$$
$$p(B|A) \times p(A) = p(B,A)$$

「p (A, B)」はAとBが同時に起こる確率のことでしたので、AとBの順番を入れ替えても同じはずです。よって、

$$p(A|B) \times p(B) = p(B|A) \times p(A)$$

となります。最後に、両辺をp (B) で割れば、ベイズの定理の式となります。

$$p(A|B) = \frac{p(B|A) \times p(A)}{p(B)}$$

◇単純ベイズ分類器を用いた分類

さて、単純ベイズ分類器の仕組みに戻りましょう。単純ベイズ分類器の仕組みは、学習データ（ここでは10匹のネコとイヌの事例）を基に得られる確率からベイズの定理を用い、各カテゴリの確率、すなわち今回の例では、p (ネコ | 個体X) とp (イヌ | 個体X) を求め、それらの値の大小を比較して分類するものです。

まず、p (ネコ | 個体X) を計算することにします。早速、ベイズの定理で書き換えてみましょう。

$$p(\text{ネコ}|\text{個体X}) = \frac{p(\text{個体X}|\text{ネコ}) \times p(\text{ネコ})}{p(\text{個体X})}$$

同様に、p(イヌ | 個体X)をベイズの定理で書き換えると次のようになります。

$$p(\text{イヌ} \mid \text{個体X}) = \frac{p(\text{個体X} \mid \text{イヌ}) \times p(\text{イヌ})}{p(\text{個体X})}$$

2つの式を見比べると、どちらの分母も同じ「p(個体X)」です。今回は「確率の大小」の比較をしたいため、とりあえず同じ分母は無視してよいでしょう。

よって、分子である次の2つについて、その値を計算していきます。

・p(個体X | ネコ)×p(ネコ)
・p(個体X | イヌ)×p(イヌ)

まず、「p(個体X | ネコ) × p(ネコ)」を計算しましょう。p(ネコ)は簡単に求められます。これはすなわちネコがいる確率なので、学習データにおけるネコの割合を計算すればよいのです。今回の例でネコの数は10匹中4匹なので、「$\frac{4}{10}=0.4$」です。

p(個体X | ネコ)ですが、これはネコに着目したときに、「学習データに個体Xがいる」確率です。理論上は、ネコだけを集めてきて個体Xと同じものがいくついるかを数えることで計算できるわけですが、これは現実的に考えてみると無理があります。なぜかと言うと、人間の誰もが少しずつ違うように、ネコのそれぞれも少しずつ違います。学習データ中に個体Xと全く同じ個体はいないのです。

そこで、個体Xと考えるのではなく、「大きくて、人に懐かず、散歩が嫌い」な個体と考えることにしましょう。すなわち、

p(大きいか=はい, 人に懐くか=いいえ, 散歩がすきか=いいえ | ネコ)

という確率を考えることにするわけです。この確率を得るには、学習データにおけるネコの中で、「大きいか=はい, 人に懐くか=いいえ, 散歩がすきか=いいえ」であるネコの数を数えればよいことになります。しかし

今回、残念なことに学習データ中に、この条件に合致するネコがいません。

このような場合、確率を0にしてしまってもよいのですが、たまたまそのようなネコがいなかっただけかもしれないので、いたずらに0にするのではなく、何とか確率を求める方法を考えましょう。

学習データに参考となるものがない場合

そのためには、「独立性の仮定」というものを使います。これは、「たまたま関係のないものが同時に起こっていることにする」というアイデアです。

例えば、「Aさんがある日に買い物に行く確率が10%」、「Bさんがある日に買い物に行く確率が5%」だとします。その上で、AさんとBさんは赤の他人で全く関係がない（こうした関係性を「2つの事象は独立」と言います）としましょう。全然関係のないものが同時に起こる確率は、それぞれが起こる確率を掛け合わせたものと等しくなります。したがって、AさんとBさんが、ある日同時に買い物に行く確率は、

$$0.1 \times 0.05 = 0.005$$

と計算できます（図13）。

図13　独立性の仮定

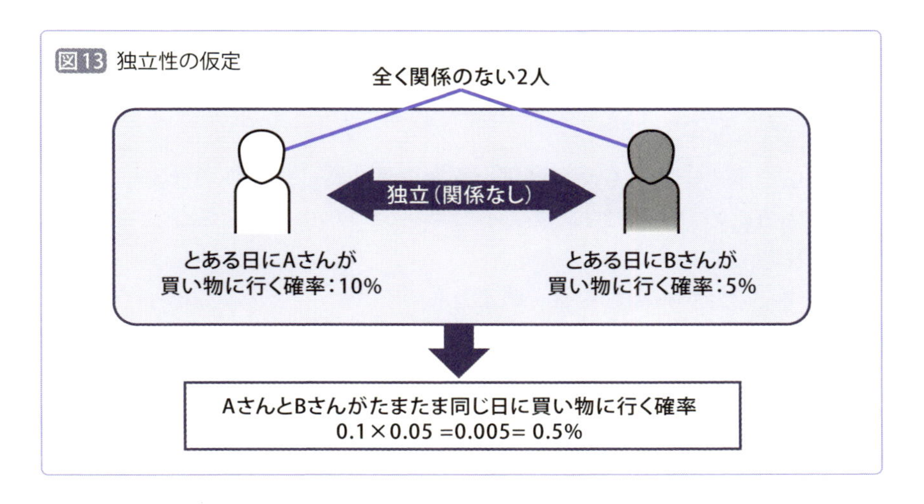

このことを参考に「ネコが大きいこと」、「ネコが人に懐くこと」、「ネコが散歩が好きであること」をそれぞれ独立しているものだと考えることにしましょう。もちろん、大きいネコよりも小さいネコの方が人間に懐きやすかったり、人によく懐くようなネコは散歩が好きだったりするかもしれません。しかしそれはひとまず無視して、これらの事象が、今回たまたま一緒に起こってしまっただけと考えるのです。このように考えると、

p（大きいか＝はい, 人に懐くか＝いいえ, 散歩が好きか＝いいえ | ネコ）

は次の式で計算できます。

p（大きいか＝はい | ネコ）× p（人に懐くか＝いいえ | ネコ）
× p（散歩が好きか＝いいえ | ネコ）

今回の例の場合、学習データの中に「大きいか＝はい」であるネコは2匹います。また、「人に懐くか＝いいえ」であるネコは3匹います。「散歩が好きか＝いいえ」であるネコは2匹います。

ネコは全部で4匹いるので、それぞれの確率は、0.5、0.75、0.5です。これらを掛け合わせることで、

p（大きいか＝はい, 人に懐くか＝いいえ, 散歩がすきか＝いいえ | ネコ）

の近似値を求めます。もう一度言っておきますが、独立性の仮定は計算しやすくするための方便です。あくまでも近似であって、正確な値ではないことに注意してください。

これまでの計算の流れをまとめましょう。

①p（ネコ | 個体X）をベイズの定理で書き換えて、

$$p(\text{ネコ} \mid \text{個体X}) = \frac{p(\text{個体X} \mid \text{ネコ}) \times p(\text{ネコ})}{p(\text{個体X})}$$

にする
②分母は確率の大小比較には関係ないため、分子の「p（個体X|ネコ）×p（ネコ）」のみに着目する
③個体Xの性質を要素に分解して、

p（大きいか＝はい,
　人に懐くか＝いいえ,
　散歩が好きか＝いいえ | ネコ）× p（ネコ）

にする
④「独立性の仮定」を使い、

p（大きいか＝はい | ネコ）×
p（人に懐くか＝いいえ | ネコ）×
p（散歩が好きか＝いいえ | ネコ）×
p（ネコ）

にする

実際に計算してみると、p（ネコ | 個体X）に対する値は、

$$0.5 \times 0.75 \times 0.5 \times 0.4 = 0.075$$

となります。つまり、個体Xがネコであることを示す値は0.075 だということです。これは確率の値ではないことに注意してください。なぜなら、①の式は確率を表していますが、その後、p(個体X) を取り払った値で計算を進めているため、④で得られる値はもう確率を表していないからです。

p（イヌ | 個体X）についても同様に計算してみましょう。これは「p（大きいか＝はい | イヌ）× p（人に懐くか＝いいえ | イヌ）× p（散歩が好きか＝いいえ | イヌ）× p（イヌ）」を計算すればよいことになります。学習デー

タでは、イヌで大きいものは4匹、人に懐かないものは1匹、散歩が嫌いなものは1匹です。また、イヌは全部で6匹です。よって、

$$p（大きいか＝はい | イヌ）= \frac{4}{6}$$

$$p（人に懐くか＝いいえ | イヌ）= \frac{1}{6}$$

$$p（散歩が好きか＝いいえ | イヌ）= \frac{1}{6}$$

$$p（イヌ）= \frac{6}{10}$$

です。これらをそれぞれ掛け合わせると0.0111...となります。つまり、個体Xがイヌであることを示す値は0.0111であるということです。ネコである場合の値と、イヌである場合の値を比較すると、

ネコである場合の値 = 0.075 ＞イヌである場合の値 = 0.0111...

なので、個体Xはネコに分類することができます。

◇仮定ではあるが高精度

ここまで本項で紹介した単純ベイズ分類器における計算はいたってシンプルですが、ある程度の数の学習データがあれば、かなりの精度が期待できることが知られています。

必要となる計算も、微分や反復計算などは特に必要ありません。確率を簡単に掛け合わせていくだけなので実装も簡単で、よく用いられるポピュラーな手法です。なお、スパムフィルタに適用する例については6章を参照してください。

〔5-1-6〕
散らかりを整理していく決定木学習の仕組み

◇「散らかり具合」に着目する

次に紹介する学習の形態は、「決定木学習」です。

決定木学習で着目するものは「散らかり具合」です。散らかり具合は、「エントロピー」とも呼ばれます。一般に学習を始める段階では、分類したいものが色々と混じっていてエントロピーが高い状態です。これを少しずつ整理整頓していってエントロピーを下げていく、その際の整理整頓の仕方を学習する手法が決定木学習です。

具体的には、まず現状の散らかり具合を計算します。そして、学習データをどの条件で分割したときに、全体として散らかり具合が最も改善するかを計算し、その条件を見つけ、実際に整理します。そして、整理した結果に、再度同じ処理を繰り返し適用していきます（図14）。

図14 決定木学習の流れ

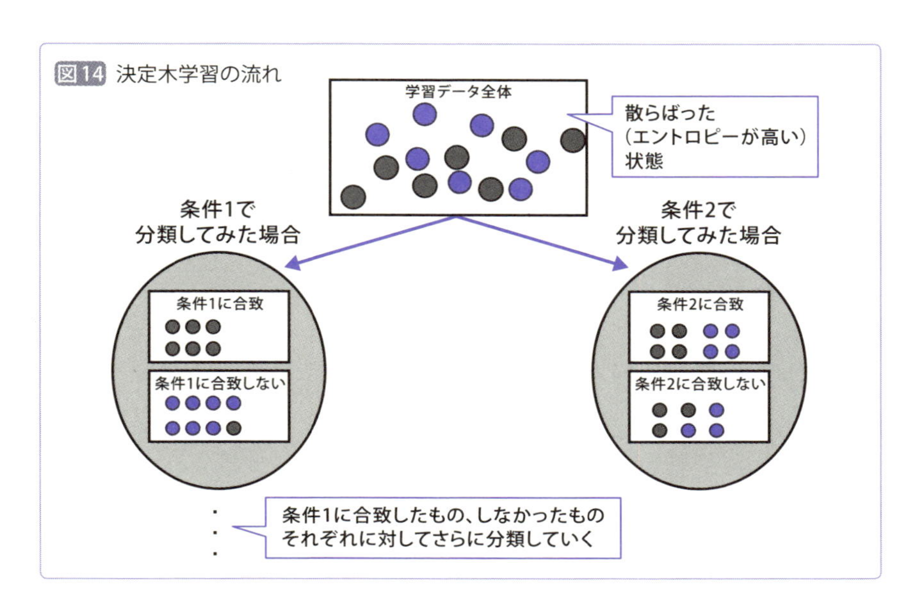

複数の事象（事象1から事象N）があるとき、その散らかり具合を表すエントロピーは次の式で表すことができます。

エントロピー＝－p（事象1）×log（p（事象1））
－p（事象2）×log（p（事象2））
…
－p（事象N）×log（p（事象N））

例えば、確率0.1で10個の事象が起きている場合のエントロピーは、

－0.1 × log（0.1）
－0.1 × log（0.1）
…
－0.1 × log（0.1）
= 3.3219280948873626

となります。ここで、対数の底には2を用いています。

これよりも散らかっていないと思われる場合、例えば確率0.25で4個の事象が起きている場合、

－0.25 × log（0.25）
…
－0.25 × log（0.25）
= 2

となります。さらに散らかっていないと思われる場合、例えば、確率0.5で2個の事象が起きている場合、エントロピーは

－0.5 × log（0.5）－ 0.5 × log（0.5）= 1

となります。ここからわかる通り、エントロピーは小さな確率でたくさん物事が起こっている場合に大きく、そうでない場合に小さい値になるため、散らかり具合を表すのにちょうどよいものです。

◇決定木学習の詳しい仕組み

さて、エントロピーの定義について学んだので、いよいよ決定木学習の仕組みを見ていきましょう。ここでは、先ほどの単純ベイズ分類器と同じ問題（ネコとイヌの分類）を用います。まず、現在のエントロピーを計算します。現在、ネコは10匹中4匹、イヌは10匹中6匹います。言い換えれば、ネコという事象が0.4、イヌという事象が0.6 という確率で起こっている状態です。

これをエントロピーの式に入れてみると、次の値が得られます。logの底は何でもよいのですが、とりあえず2としましょう。

$$\text{エントロピー} = -0.4 \times \log(0.4) - 0.6 \times \log(0.6)$$
$$= 0.529 + 0.442 = 0.971$$

現状のエントロピーは 0.971 であることがわかりました。では次に、現状をどのように整理すれば散らばり具合が最も改善する（整理される）かを考えます。

整理の仕方は3つが考えられます。「大きいかどうか」で整理する場合、「人に懐くかどうか」で整理する場合、「散歩が好きかどうか」で整理する場合です。

①「大きいかどうか」で整理した場合

「大きいかどうか」で整理すると、10匹のネコとイヌは次のページのように分かれます。片方は「大きいか」が「はい」であるもの、もう一方は「いいえ」であるものです（表9、表10）。

表9「大きいか→はい」で整理したもの

個体	大きいか	人に懐くか	散歩が好きか	ネコ/イヌ
1	はい	はい	はい	イヌ
2	はい	はい	いいえ	ネコ
4	はい	はい	はい	イヌ
6	はい	いいえ	はい	イヌ
7	はい	いいえ	はい	ネコ
9	はい	はい	はい	イヌ

表10「大きいか→いいえ」で整理したもの

個体	大きいか	人に懐くか	散歩が好きか	ネコ/イヌ
3	いいえ	はい	はい	イヌ
5	いいえ	いいえ	はい	ネコ
8	いいえ	いいえ	いいえ	ネコ
10	いいえ	はい	いいえ	イヌ

では、それぞれの表についてエントロピーを計算してみましょう。「大きいかどうか」が「はい」の場合は6匹中、ネコが2匹、犬が4匹です。よって、ネコである事象が$\frac{2}{6}=0.333$、イヌである事象が$\frac{4}{6}=0.667$です。

$$\text{「はい」のエントロピー} = -0.333 \times \log(0.333) - 0.667 \times \log(0.667)$$
$$= 0.528 + 0.390 = 0.918$$

もう一方の「大きいかどうか」が「いいえ」の場合はネコとイヌが2匹ずつですので、それぞれの事象の確率は0.5ずつです。

$$\text{「いいえ」のエントロピー} = -0.5 \times \log(0.5) - 0.5 \times \log(0.5)$$
$$= 0.5 + 0.5$$
$$= 1$$

最初の表には10匹中6匹割り当てられており、そのエントロピーは0.918でした。2つ目の表には、10匹中4匹割り当てられており、そのエントロピーは1です。つまり、10匹のうち60%については0.918、40%については 1です。よって、全体としてのエントロピーを示す、エントロピーの期待値は、

$$0.6 \times 0.918 + 0.4 \times 1 = 0.951$$

です。

初期状態のエントロピーは 0.971だったので、「大きいかどうか」に対する回答の「はい」と「いいえ」で分けると、エントロピーが

$$0.971 - 0.951 = 0.02$$

改善するということがわかります。

②「人に懐くか」で整理した場合

「人に懐くか」で整理すると、10匹のネコとイヌは次のように分かれます。片方は「人に懐くか」が「はい」であるもの、もう一方は「いいえ」であるものです（表11、表12）。

表11「人に懐くか？→ はい」で整理したもの

個体	大きいか	人に懐くか	散歩が好きか	ネコ/イヌ
1	はい	はい	はい	イヌ
2	はい	はい	いいえ	ネコ
3	いいえ	はい	はい	イヌ
4	はい	はい	はい	イヌ
9	はい	はい	はい	イヌ
10	いいえ	はい	いいえ	イヌ

表12「人に懐くか?→いいえ」で整理したもの

個体	大きいか	人に懐くか	散歩が好きか	ネコ/イヌ
5	いいえ	いいえ	はい	ネコ
6	はい	いいえ	はい	イヌ
7	はい	いいえ	はい	ネコ
8	いいえ	いいえ	いいえ	ネコ

「はい」のエントロピー $= -0.167 \times \log(0.167) - 0.833 \times \log(0.833)$
$= 0.431 + 0.219$
$= 0.650$

「いいえ」のエントロピー $= -0.75 \times \log(0.75) - 0.25 \times \log(0.25)$
$= 0.311 + 0.5 = 0.811$

※0.833の対数は0.220だが、この0.833は丸めた値であり、実際の値は0.83333…であることから、対数は0.219となっている

60%については、0.650で、40%については0.811ですから、エントロピーの期待値は、

$$0.6 \times 0.650 + 0.4 \times 0.811 = 0.714$$

となります。

初期状態のエントロピーは0.971でしたので、エントロピーが、

$$0.971 - 0.714 = 0.257$$

改善するということがわかります。

先ほどは0.02しか改善が見られませんでしたが、今回はかなり改善されるようです。表を見ても、表11にはネコが1匹しか入っていませんし、表12には犬が1匹しかいません。かなり整頓された状態だと言えます。

③「散歩が好きか」で整理した場合

「散歩が好きか」で整理すると、10匹のネコとイヌは次のように分かれます。片方は「散歩が好きか」が「はい」であるもの、もう一方は「いいえ」であるものです（表13、表14）。

表13「散歩が好きか → はい」で整理したもの

個体	大きいか	人に懐くか	散歩が好きか	ネコ/イヌ
1	はい	はい	はい	イヌ
3	いいえ	はい	はい	イヌ
4	はい	はい	はい	イヌ
5	いいえ	いいえ	はい	ネコ
6	はい	いいえ	はい	イヌ
7	はい	いいえ	はい	ネコ
9	はい	はい	はい	イヌ

表14「散歩が好きか → いいえ」で整理したもの

個体	大きいか	人に懐くか	散歩が好きか	ネコ/イヌ
2	はい	はい	いいえ	ネコ
8	いいえ	いいえ	いいえ	ネコ
10	いいえ	はい	いいえ	イヌ

「はい」のエントロピー $= -0.286 \times \log(0.286) - 0.714 \times \log(0.714)$
$= 0.516 + 0.347 = 0.863$

「いいえ」のエントロピー $= -0.667 \times \log(0.667) - 0.333 \times \log(0.333)$
$= 0.390 + 0.528 = 0.918$

エントロピーの期待値は、

$$0.7 \times 0.863 + 0.3 \times 0.918 = 0.880$$

です。

初期状態のエントロピーは0.971でしたので、エントロピーが、

$$0.971 - 0.880 = 0.091$$

改善するということがわかります。

◇観点に沿って分類していく

ここまで3通りの分け方を見てきましたが、「人に懐くか」で整理した場合に最もエントロピーが改善します。よって、まずは「人に懐くか」で分類すればよいということがわかります。

この後ですが、ここまでに説明したものと同じ処理を2つに分けた表のそれぞれについてさらに行っていきます。そして、表の中にネコもしくはイヌしかいなくなったり、分類する観点を使い果たしたら終了します。

図15は最終的に得られる決定木です。ネコ／イヌと書いてあるところがありますが、分類する観点を使い果たした結果、どうしても分けきれなかったところです。

分けきれない場合には表の中の多数派を分類結果とするのですが、今回は分けきれなかった表には1匹ずつネコと犬がいましたので、「ネコとイヌのどちらか」という判定を行います。

この決定木を使って個体Xを分類してみましょう。「大きくて、人に懐かず、散歩が嫌い」という特徴がありますので、決定木の一番上の分岐は「いいえ」に進みます。次に大きいかどうかですが、「はい」に進みます。そして、散歩が好きかについては「いいえ」に進むと「ネコ／イヌ」になってしまいました。

決定木によれば、どちらか判定できない微妙な個体という結果です。今回は判定が難しかったですが、学習データが増えてくれば、分類の観点を使い果たしても多数決が可能になってきますので、分類できるようになっていたことでしょう。

図15 最終的に得られる決定木

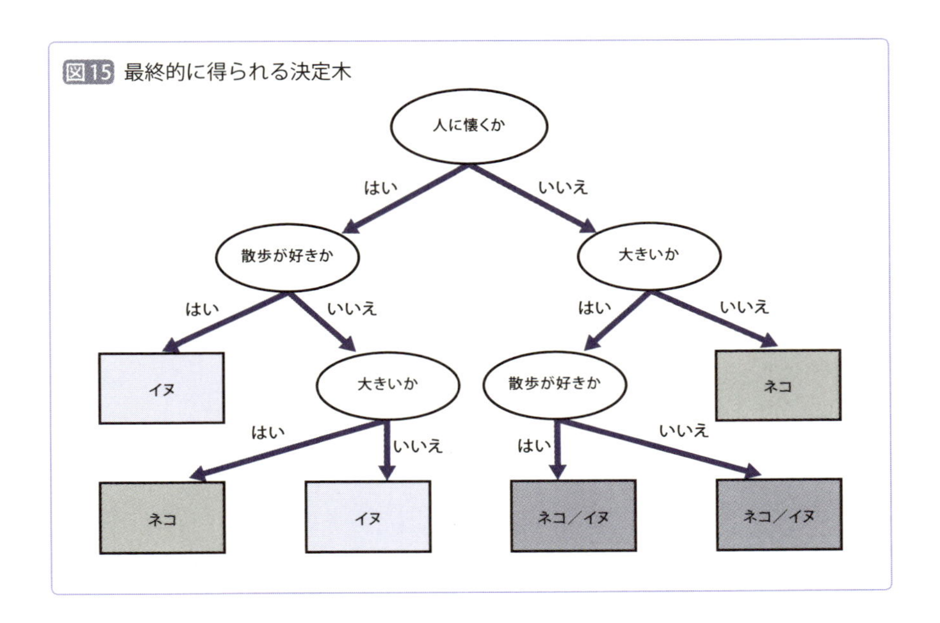

◇決定木学習のメリット

決定木学習のよいところは、ルールの形で分類の仕方が学習されるので、学習の結果得られた判断基準が人間にとってわかりやすいことです。機械学習の手法は、性能はよくても、どうしてそのような結果になったのかがわからないことが多くあります。特にビジネスにおいてはブラックボックスな点から敬遠される場面もあります。

決定木学習はそうした問題が起きにくいことがポイントです。

[5-1-7] ディープラーニングの仕組みを学ぼう

◇仕組みは意外に単純

ここまで最小二乗法による分類、単純ベイズ分類器、決定木学習を見てきました。本項では、いよいよ第3次ブームの中心とも言えるディープラーニングについて説明したいと思います。ディープラーニングという響きはいかにもすごそうに聞こえますが、実はやっていることは単純です。

ディープラーニングでは、次のような式を用いることになります。

$$
\begin{aligned}
z_1 &= ax + by + c \\
X &= \sigma(z_1) \\
z_2 &= dx + ey + f \\
Y &= \sigma(z_2) \\
z &= gX + hY + i
\end{aligned}
$$

この式を説明すると、入力であるx、yが$ax+by+c$に入りz_1が得られます。この値は、シグモイド関数（σ）によってXに変換されます。シグモイド関数とは、入力された値を0から1の間の値に変換するものです（図16）。また、同じ入力は$dx+ey+f$に入りz_2が得られます。

図16 シグモイド関数

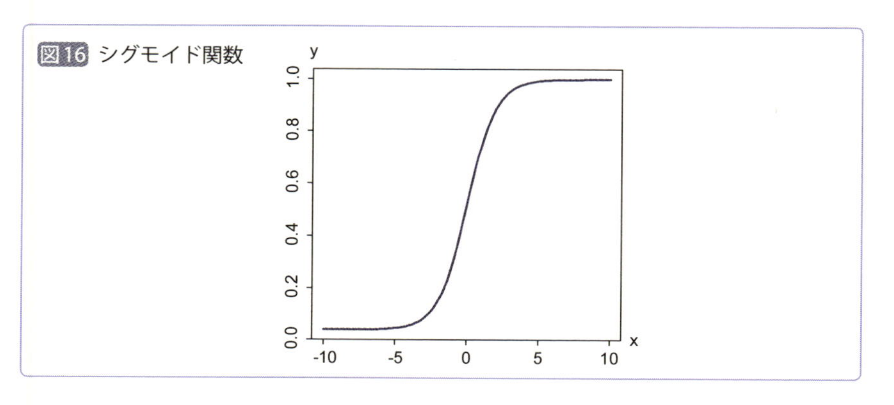

そして、この値は、シグモイド関数によってYに変換されます。最後に、これらの値がgX＋hY＋iに入り、zが得られます。

最小二乗法のときに使った式「ax＋by＋c」よりは複雑に見えますが、この式と同じ形の式がσを挟んで組み合わさっているだけということがわかります。

これが基本的な「ニューラルネットワーク」の形です。この様子は次のような図として表すことができます（図17）。

図17 ニューラルネットワーク（その1）

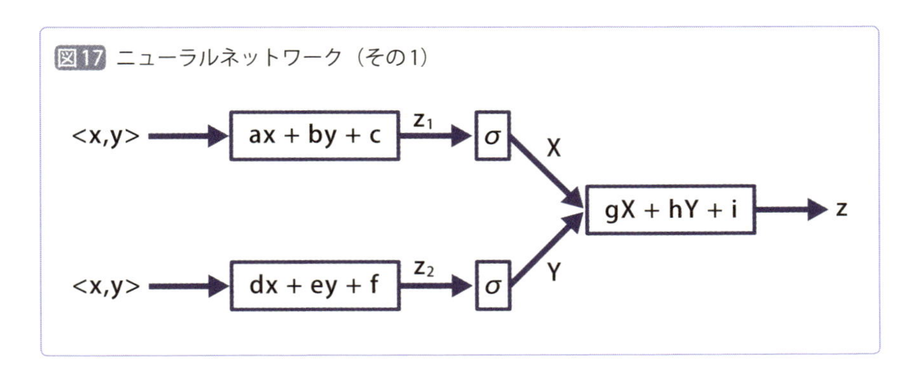

さらに別の形で表すと次の図のように表現できます（図18）。

こちらの方が、よりニューラルネットワークらしい図と感じるかもしれません。入力xと入力yは矢印を通って2つのノードに入っていきます。

図18 ニューラルネットワーク（その2）

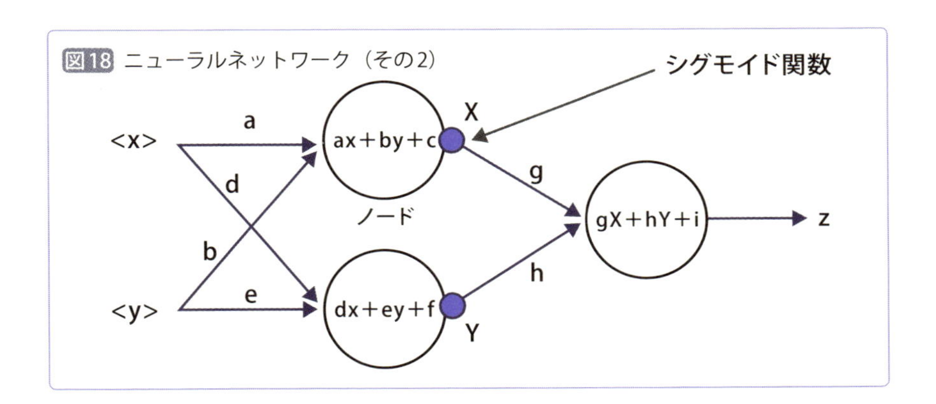

◇人間のニューロンを模した仕組み

ニューラルネットワークというのは、その名の通り、人間の脳におけるニューロンのつながりをコンピュータ上に模したものです。ニューロンについては、28ページで紹介しましたね。前のページの図18におけるノードがニューロンに対応しています。

また、シグモイド関数はニューロンの特性を反映しています。実際のニューロンは、ある閾値を超える入力が入ってくるとゲートを開いて、次のニューロンに信号を送りますが、シグモイド関数はある閾値を超える入力については急に出力を大きくさせるような関数です。それがニューロンの挙動を反映しているというわけです。シグモイド関数以外にも似たような挙動を持つ関数がいくつかあり、これらは総称して「活性化関数」と呼ばれます。

◇ディープラーニングによる学習例

ここで示したニューラルネットワークは3つのノード(ニューロン)しかありませんが、このようなノードをいくつも積み重ねていったものが「ディープニューラルネットワーク」と呼ばれるものです。そして、このディープニューラルネットワークを用いて学習することを「ディープラーニング」と言います。

では、ディープラーニングではどのように学習するのでしょうか。実は、難しいことはなく、これまでと同様、最小二乗法を用いればよいのです(他の方法を用いる場合もあります)。ここでも問題を解きながら仕組みを学んでいきましょう。

今、部品Aから部品Fまであるとしましょう。それぞれの部品について、横幅と縦幅、そして、それぞれの部品を使って製品を作ったとき、製造に成功したか失敗したかという情報が、学習データとして得られているとします。ここで横幅は12、縦幅は13の部品Gを使って製品を作ったときに、成功するかどうかを予測してみることにします。

なお、この場合に望ましい値は成功のときに+1、失敗のときに−1としています(表15、図19)。

表15 部品AからFまでのデータ

部品	横幅	縦幅	成功/失敗	望ましい値
A	5	10	失敗	－1
B	7	18	失敗	－1
C	10	8	成功	＋1
D	15	15	成功	＋1
E	20	3	失敗	－1
F	23	12	失敗	－1

図19 部品Aから部品Fのプロット

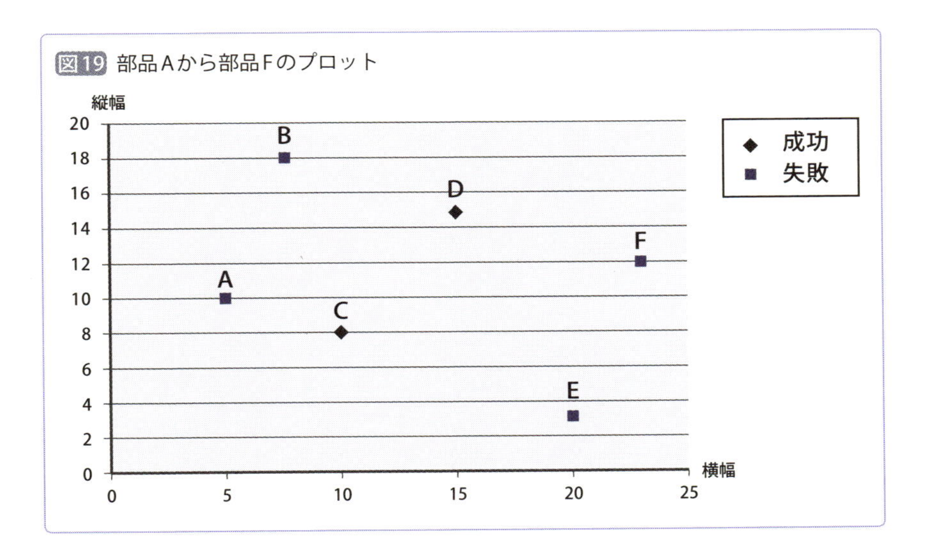

図19は部品Aから部品Fをプロットしたものです。これを見てわかる通り、一本の直線を引いただけでは上手に分類できそうにありません。すなわち、線形分離ができないような問題になっています。

しかし、ディープラーニングであれば、このように直線で分類できないときであっても、複数の式をシグモイド関数などの曲線を表す関数とともに組み合わせているために分類が可能なのです。

まず、部品Aについての誤差を計算してみましょう。最初に予測値を計算します。

$$z_1 = a \times 5 + b \times 10 + c$$
$$X = \sigma(z_1)$$
$$z_2 = d \times 5 + e \times 10 + f$$
$$Y = \sigma(z_2)$$
$$z = gX + hY + i$$

つまり、次の式で表されます。

$$z = g \times \sigma(a \times 5 + b \times 10 + c) + h \times \sigma(d \times 5 + e \times 10 + f) + i$$

部品Aの望ましい値は「－１」なので、$z+1$が誤差になり、$(z+1)^2$が二乗誤差です。つまり、部品Aの二乗誤差は次の式で表すことができます。

$$\left\{g \times \sigma(a \times 5 + b \times 10 + c) + h \times \sigma(d \times 5 + e \times 10 + f) + i + 1\right\}^2$$

続いて部品BからFについても同様に二乗誤差を計算し、その総和が最小になるようになるようなa、b、c、d、e、f、g、h、iをそれぞれ求めればよいということになります。

計算を簡略化する「誤差逆伝播法」

ただし、誤差の式にはシグモイド関数が入っており、ややこしい形をしています。そのため、ひとつずつ微分を求めていくのは大変です。これを簡単にする方法が「誤差逆伝播法」です。あるいは「バックプロパゲーション」とも呼ばれ、この方法が発明されたことによって、比較的時間をかけずに値を求めることができるようになりました。

では、あるデータについての誤差をaで微分したものから考えていきましょう。チェーンルールから次のことが言えることを思い出してください。

$$\frac{\partial 誤差}{\partial a} = \frac{\partial 誤差}{\partial z_1} \times \frac{\partial z_1}{\partial a}$$

「$z_1 = ax + by + c$」であることから、

$$\frac{\partial z_1}{\partial a} = x$$

なので、

$$\frac{\partial 誤差}{\partial a} = \frac{\partial 誤差}{\partial z_1} \times x$$

となります。誤差をbで微分したものは次のようになります。

$$\frac{\partial 誤差}{\partial b} = \frac{\partial 誤差}{\partial z_1} \times y$$

誤差をcで微分したものは、

$$\frac{\partial z_1}{\partial c} = 1$$

なので、

$$\frac{\partial 誤差}{\partial c} = \frac{\partial 誤差}{\partial z_1} \times 1 = \frac{\partial 誤差}{\partial z_1}$$

となります。なお、d、e、fについても同様です。dについては次のページのようになります。

$$\frac{\partial 誤差}{\partial d} = \frac{\partial 誤差}{\partial z_2} \times x$$

eについては次のようになります。

$$\frac{\partial 誤差}{\partial e} = \frac{\partial 誤差}{\partial z_2} \times y$$

fについては、

$$\frac{\partial z_2}{\partial f} = 1$$

なので、

$$\frac{\partial 誤差}{\partial f} = \frac{\partial 誤差}{\partial z_2} \times 1 = \frac{\partial 誤差}{\partial z_2}$$

となります。

g、h、iについても同様に、次のように計算できます。

$$\frac{\partial 誤差}{\partial g} = \frac{\partial 誤差}{\partial z} \times \frac{\partial z}{\partial g} = \frac{\partial 誤差}{\partial z} \times X$$

$$\frac{\partial 誤差}{\partial h} = \frac{\partial 誤差}{\partial z} \times \frac{\partial z}{\partial h} = \frac{\partial 誤差}{\partial z} \times Y$$

$$\frac{\partial 誤差}{\partial i} = \frac{\partial 誤差}{\partial z} \times \frac{\partial z}{\partial i} = \frac{\partial 誤差}{\partial z} \times 1 = \frac{\partial 誤差}{\partial z}$$

さて、ここからがバックプロパゲーションの重要なところになります。まず、誤差をz_1で微分したものについて考えます。

z_1はシグモイド関数を介してXに紐付いており、Xは「$z = gX + hY + i$」の式でzに紐付いていますので、チェーンルールによって次のように書くことができます。

$$\frac{\partial 誤差}{\partial z_1} = \frac{\partial 誤差}{\partial z} \times \frac{\partial z}{\partial X} \times \frac{\partial X}{\partial z_1}$$

ここで、

$$\frac{\partial z}{\partial X} = g$$

$$\frac{\partial X}{\partial z_1} = \sigma(z_1)\ (1 - \sigma(z_1))$$

となることから、

$$\frac{\partial 誤差}{\partial z_1} = \frac{\partial 誤差}{\partial z} \times g \times \sigma(z_1)\ (1 - \sigma(z_1))$$

と表すことができます。なお、ここでは、次のシグモイド関数の微分の公式を使っています。

$$\sigma(x) の微分 = \sigma(x)\ (1 - \sigma(x))$$

さて、誤差をz_2で微分したものについても考えてみましょう。チェーンルールから、

$$\frac{\partial 誤差}{\partial z_2} = \frac{\partial 誤差}{\partial z} \times \frac{\partial z}{\partial Y} \times \frac{\partial Y}{\partial z_2}$$

ここで、

$$\frac{\partial z}{\partial Y} = h$$

$$\frac{\partial Y}{\partial z_2} = \sigma(z_2)\ (1 - \sigma(z_2))$$

となることから、

$$\frac{\partial 誤差}{\partial z_2} = \frac{\partial 誤差}{\partial z} \times h \times \sigma(z_2)\ (1 - \sigma(z_2))$$

となることがわかります。

これまで見てきた通り、誤差をz_1で微分したもの、誤差をz_2で微分したもの、誤差をzで微分したものの間には関係が見られます。

具体的には、「$\frac{\partial 誤差}{\partial z}$」の値がわかれば、その値を使って、「$\frac{\partial 誤差}{\partial z_1}$」や「$\frac{\partial 誤差}{\partial z_2}$」を導くことができるということがわかります。つまり、誤差の微分はzについて一度行えば、他のところについてはその値を使い回すことができるというわけです。

バックプロパゲーションのまとめ

ここまでをまとめると、バックプロパゲーションを用いる際の手続きは次の通りです。

なお、誤差の総和の微分は、学習データそれぞれの誤差の微分を足したものになることも思い出してみてください。

①誤差の総和をzで微分したものを求める
②誤差の総和をzで微分したものから、誤差の総和をg、h、i で微分した値を得る
③誤差の総和をzで微分したものから、誤差の総和をz_1で微分したものを求める
④誤差の総和をz_1で微分したものから誤差の総和をa、b、c で微分した値を得る
⑤誤差の総和をzで微分したものから、誤差の総和をz_2で微分したものを求める
⑥誤差の総和をz_2で微分したものから、誤差の総和をd, e, f で微分した値を得る
⑦a、b、c、d、e、f、g、h、iの値をそれぞれで誤差の総和を微分した値を用いて更新する

この手続きは、ニューラルネットワークが何層になっても同じです。後ろの方の層の出力で誤差を微分したものを用いて、ひとつ手前の層の出力で誤差を微分したものを求めるということを繰り返していくため、誤差が後ろから逆向きに伝わっていきます。このため、「誤差逆伝播法」と呼ばれるのです。

なお、①における誤差をzで微分したものについてですが、望ましい値をZとすると、二乗誤差は$(z-Z)^2$と書くことができます。これをzで微分すると、$2 \times (z-Z)$です。つまり、二乗誤差をzで微分したものは予測値から望ましい値を引いて、2を掛け合わせたものになります。

Pythonを用いた計算

ここまで実際の計算の仕組みを説明しましたが、いちいち手動で計算を行うのは大変なので、プログラムを書いて実行してみた結果も紹介します。実際のプログラムを載せておくので参考にしてください。なお、ここではプログラム言語に「Python」を用いています。

学習においてよくあることですが、aからiについては、値の初期値によって学習の進み方が変わってしまいます。そのため、ランダムで初期値を設定して、塩梅がよさそうな値を見つけることが必要です。

```
#!/usr/bin/python
import math
import random

a = random.uniform(-1,1)
b = random.uniform(-1,1)
c = random.uniform(-1,1)
d = random.uniform(-1,1)
e = random.uniform(-1,1)
f = random.uniform(-1,1)
g = random.uniform(-1,1)
h = random.uniform(-1,1)
i = random.uniform(-1,1)

eta = 0.0001

def sigmoid(x):
  return 1.0 / (1.0 + math.exp(-x))

data = [(5, 10),(7, 18),(10, 8),(15, 15),(20, 3),(23, 12)]
labels = [-1, -1, +1, +1, -1, -1]

for counter in range(1000):
  da = db = dc = dd = de = df = dg = dh = di = 0.0
  for idx in range(len(data)):
    x = float(data[idx][0])
    y = float(data[idx][1])
    z1 = a * x + b * y + c
    X = sigmoid(z1)
    z2 = d * x + e * y + f
    Y = sigmoid(z2)
    z = g * X + h * Y + i
    Z = labels[idx]
    dz = 2 * (z - Z)
    dz1 = dz * g * sigmoid(z1) * (1.0 - sigmoid(z1))
    dz2 = dz * h * sigmoid(z2) * (1.0 - sigmoid(z2))
    da += dz1 * x
    db += dz1 * y
    dc += dz1
    dd += dz2 * x
    de += dz2 * y
    df += dz2
    dg += dz * X
    dh += dz * Y
    di += dz
  a = a - eta * da
  b = b - eta * db
  c = c - eta * dc
  d = d - eta * dd
  e = e - eta * de
  f = f - eta * df
  g = h - eta * dg
  h = h - eta * dh
  i = i - eta * di

print("a=%lf, b=%lf, c=%lf, d=%lf, e=%lf, f=%lf, g=%lf, h=%lf, i=%lf" % (a, b, c, d, e, f, g, h, i))
```

筆者の手元で上記のプログラムを実行し、得られたaからiの値は次の通りでした。

a = − 0.416006、b = 0.522376、c = 2.136476、d = 0.720486、e = − 0.501963、f = 0.277609、
g = 1.942421、h = 1.950185、i = − 2.911094

こうして求められた値を使って、各部品に対する予測値を求めてみると次のようになりました（表16）。実際に成功したものだけが0よりも大きい値になっており、正しく求められたことが確認できます。

表16 ディープラーニングで求められた数値

部品	横幅	縦幅	成功/失敗	望ましい値	予測値
A	5	10	失敗	−1	−0.506
B	7	18	失敗	−1	−0.923
C	10	8	成功	＋1	0.721
D	15	15	成功	＋1	0.882
E	20	3	失敗	−1	−0.942
F	23	12	失敗	−1	−0.498

では横幅12、縦幅13を持つ部品Gについてはどのような予測値になるでしょうか？ 実際に計算してみると、値は 0.782 となります。0より大きい値なので、部品Gは「成功」すると予測できます。

今回学習したニューラルネットワークがどのような場合にプラスの値を出力し、どのような場合にマイナスの値を出力するかを可視化したものを次のページの図20に示します。

これを見ると、図の中央近辺のデータを成功とみなし、左上や右下にあるデータを失敗とみなしていることがわかります。

このように、ニューラルネットワークを用いることで、直線だけでは的確に分類できないものも分類できるようになるのです。

計算式などをより複雑な構造にすることで、今回の例で扱った問題よりもさらに難しいものも分類できるようになります。ディープラーニングに見られる高い性能はこのようなニューラルネットワークの性質によるものです。

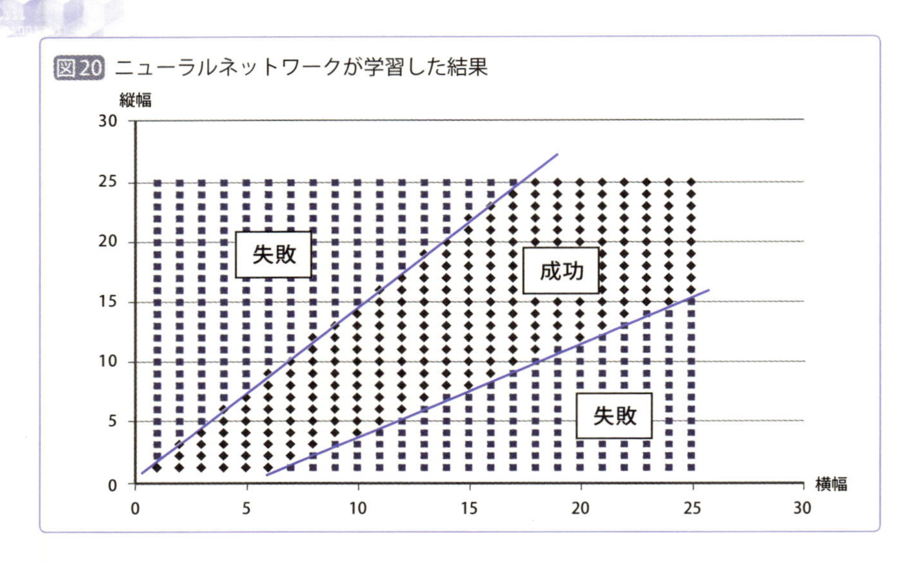

図20 ニューラルネットワークが学習した結果

◇ニューラルネットワークの様々な種類

なお、ニューラルネットワークにはいくつかの種類があり、それぞれ特性が異なります。本節の最後に、いくつかの種類を紹介しておきます。

どのようなニューラルネットワークにせよ、誤差を逆伝播して学習しているのは共通する仕組みだということを覚えておいてください。

リカレントニューラルネットワーク（RNN）

ひとつ前の時点での出力を、次の時点での入力に用いるニューラルネットワークのことです。「リカレント」というのは「再帰型」という意味で、直前の出力が次に影響を及ぼすような問題を解くために用いられます。

時系列データや自然言語の文（単語がつながったもの）に対する学習に相性がよいタイプのニューラルネットワークです。

Long short-term memory（LSTM）

リカレントニューラルネットワークの改良版とも言えるニューラルネットワークです。リカレントネットワークでは、ひとつ前の時点での出力を次の入力に使用しましたが、そもそも直前の出力の全てを次の時点での入力に用いてよいかは、ケースによって異なります。意味のないものを次の入力にしてしまうと、変な学習が起こってしまうかもしれません。

こうしたことを防ぐために、ネットワークの途中に情報をせき止めたりするためのいくつかのゲートを導入したものがLSTMです。

Gated Recurrent Unit（GRU）

LSTMをさらに改良したものです。LSTMよりも少ないパラメータを用いることで、学習にかかる時間を効率化できるように工夫したニューラルネットワークです。

畳み込みニューラルネットワーク（CNN）

CNNとは「Convolutional Neural Network」の略で、複数の隣接するデータをまとめあげる機構を搭載したニューラルネットワークです。この、まとめあげることを「畳み込み」と呼びます。

CNNは、画像処理の場合、各区画についての情報を畳み込んでいき、細かな差異に左右されないロバストな画像の分類などを実現しています。

「自動的な特徴の抽出」が最大の特徴

ディープラーニングの重要なメリットを、最後に述べておきます。

それは「特徴抽出が『自動』で行われる」という点です。ここまで紹介した単純ベイズ分類器や決定木学習では、「大きいか」、「人に懐くか」、「散歩が好きか」といった観点を基に学習の処理を行っていました。こうした、予測や分類に用いる観点のことを「特徴」と言います。

万が一にも用いる特徴の選択を誤ってしまうと、学習処理が適切に行われなくなってしまうこともあるため、特徴の抽出は機械学習にとってかなり大きなウェイトを占める部分です。

従来は、この特徴抽出を人間が頑張って行っていました。しかしディープラーニングの登場によって、この特徴抽出を「自動で」行うことができます。具体的には、ニューラルネットワークが多層になってくると、入力に近いところの層は自動的に前処理を行うようになり、後段の処理が前処理の結果を受けた高次の処理をするようになります。前処理は、言い換えれば「後の処理に必要な情報を抽出する」ということなので、これはすなわち特徴抽出です。ディープラーニングのこの性質により、ともすれば職人技であった人手による特徴抽出が不要となって、誰でも高精度な回帰・分類が実現できるようになってきたのです。

〔5-2〕人工知能がゲームに上達していく様子を見てみよう

どんなことでも、誰でも最初から完璧にできるものはなかなかありません。何度も試行錯誤を行い、徐々に上達していくはずです。
これは、人工知能（コンピュータ）でも同じです。
では、人工知能の試行錯誤を動画で見てみましょう。

Step1 ▷コンピュータが上達する様子を見てみよう

コンピュータがブロック崩しやブランコ、鉄棒を上達していく様子を見てみましょう。
ブロック崩しでは、最初は同じところにとどまってしまい、ほとんどブロックを崩せずにゲームオーバーとなってしまっていますが、時間を経るごとに徐々に上達している様子がよくわかります。
最終的には、かなりピンポイントに崩すことに成功しており、その成長ぶりは目を見張るほどです。
ブランコや鉄棒に関しても、同様に試行錯誤を繰り返しながら上達しています。

●ブロック崩しに上達していく様子

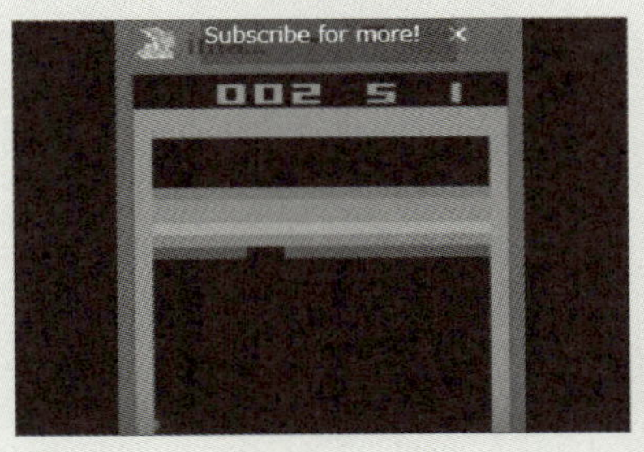

URL
→https://www.youtube.com/watch?v=V1eYniJ0Rnk

●ブランコと鉄棒に上達していく様子

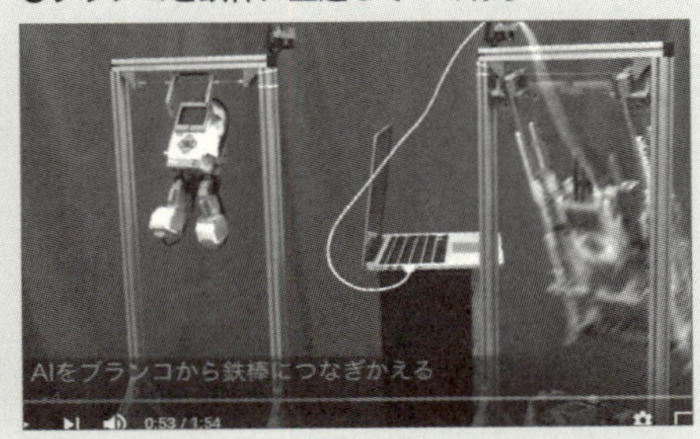

URL
→https://www.youtube.com/watch?v=uimyyGFwv2M

本節では、このような上達を実現している機械学習のひとつである「強化学習」について学習していきましょう。

[5-2-1] 上達を促す強化学習の仕組み

◇上達するってどういうこと？

本節では、物事の上達を促す、人工知能の「強化学習」という仕組みについて学んでいきますが、そもそも「上達する」というのはどういうことなのでしょうか。上達に関する定義はいくつかあると思いますが、数ある定義のひとつとして、「状況に応じて、適切な行動をとれるようになる」ということが挙げられると思います。

ここまで本章で紹介してきた教師あり学習の仕組みでも、状況に応じて適切な行動をとれるようになることは、もちろん可能です。しかし、それは「全ての状況において適切な行動を正解として与えることができる」ような場合です。しかしながら実世界では、行動の全てのタイミングについて、正解を与えるといったことは不可能です。

例えば、テニスでは相手のボールを打ち返すまでに様々な過程があります。「相手の動きを見て」、「軌道を読んで」、「ボールを追って」、「ラケットを振りかぶって」、「打ち返し」ます。また、「振りかぶって」というひとつの動作に見えることだけに注目してみても、適切な角度で行っていかなくてはなりませんし、突き詰めるとキリがありません。

いかに優れたテニスのコーチでも、小さな動きの全てについてまで正解を提示することは難しいでしょう。

上達＝試行錯誤？

では、私たち人間はどうやって物事を上達させているのでしょうか。基本的には、「試行錯誤の結果、うまくいった」という経験を使って学習しています。

先ほどのテニスの例で言えば、相手に勝ったとき、もしくは、先生がほめてくれたときに「先ほどの自分の動きはよかったんだ」と考えて、同じ動きを今後もできるようにするのです。逆に、試合に負けたとき、もしくはは、先生に怒られたときは、そのような動きをしないようにしますね。

これにより、適切な動きができるようになっていきます。これが上達の仕組みです（図21）。

図21　上達する仕組み

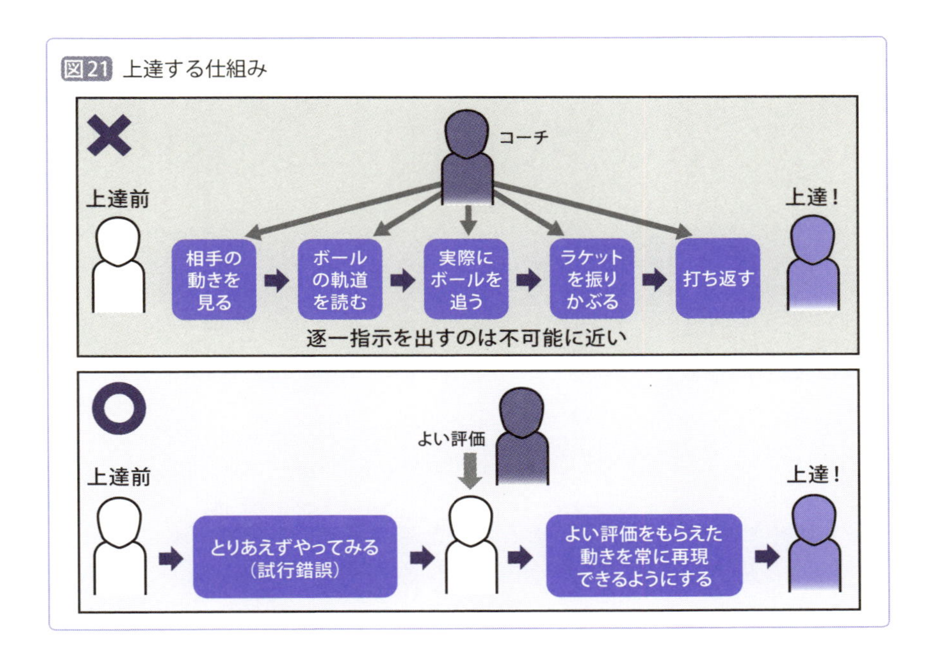

この上達のメカニズムを人工知能でも再現するために活用されているのが「強化学習」です。強化学習では、コンピュータが試行錯誤を行い、その行動で得られる結果により行動の仕方を覚えていきます。

なお、強化学習では、結果のよさのことを「報酬」と呼びます。また、ある状況のことを「状態」と呼び、その状態における行動のよさのことを「行動価値」と呼びます。

◇強化学習のアルゴリズム：Q学習

強化学習のアルゴリズムにはいくつかの種類がありますが、中でも最も有名な「Q学習」をここでは紹介したいと思います。

Q学習では、2つのテーブル（表）を用います。ひとつは、「Q値」についてのテーブルです。Q値というのは、先ほど紹介した「行動価値」のことを指します。どの状況でどの行動をしたら将来的にどのくらい報酬がもらえるか、ということを覚えておくためのテーブルで、初期値は全てゼロになっています。

もうひとつは、「報酬」についてのテーブルです。これは、どの状況でどの行動をしたらすぐにどのくらいの報酬がもらえるかが書かれたものです。なお、このテーブルの中身はあらかじめわかっているものとします。

最後に、Q学習の流れです。Q学習では、「s」という状態（state）で、「a」という行動（action）を行い、次の状態である「s'」に移動するごとに、次の式によってQ値のテーブルが更新されていきます。なお、より厳密な式はもう少し複雑なのですが、ここでは少し簡略化した式を用いています。

Q（s,a）＝R（s,a）＋γ × max[Q（s',s'で取れる行動）]

Q（s,a）は、状態sで、行動aをとったときに得られるQ値です。R（s, a）は、sで、aをとったときにすぐに得られる報酬です。max[Q（s',s'で取れる行動）]は、s'から行うことが可能である行動全てについてQ値を参照し、最も大きなものを得る処理です。

つまりこの式は、「ある状態に遷移したとき、その移動の良し悪しは、その状態に移動したことから得られる報酬と、移動した先から得られうる最大の報酬を足すことで計算できる」ということを表しています。移動した先では、最も大きな報酬が得られるように移動するでしょうから、このように見積もることは自然です。

なお、「γ（ガンマ）」は割引率と呼ばれ、移動した先のことをどれくらい考慮するかを表す値です。

Q学習を用いた学習

ロボットに、両手をおろした状態から右手を挙げて、その後に左手を挙げる、という動作のパターンを学習させたいとしましょう。

このとき、右手を挙げた後に左手を挙げると報酬として100が与えられるとします。それ以外に報酬は与えられません。

本課題での状態を図にすると次のようになります（図22）。両手が挙がったら、一度課題は終了し、また初期状態から課題を行うことにします。

図22 ロボットに両手を挙げさせる課題

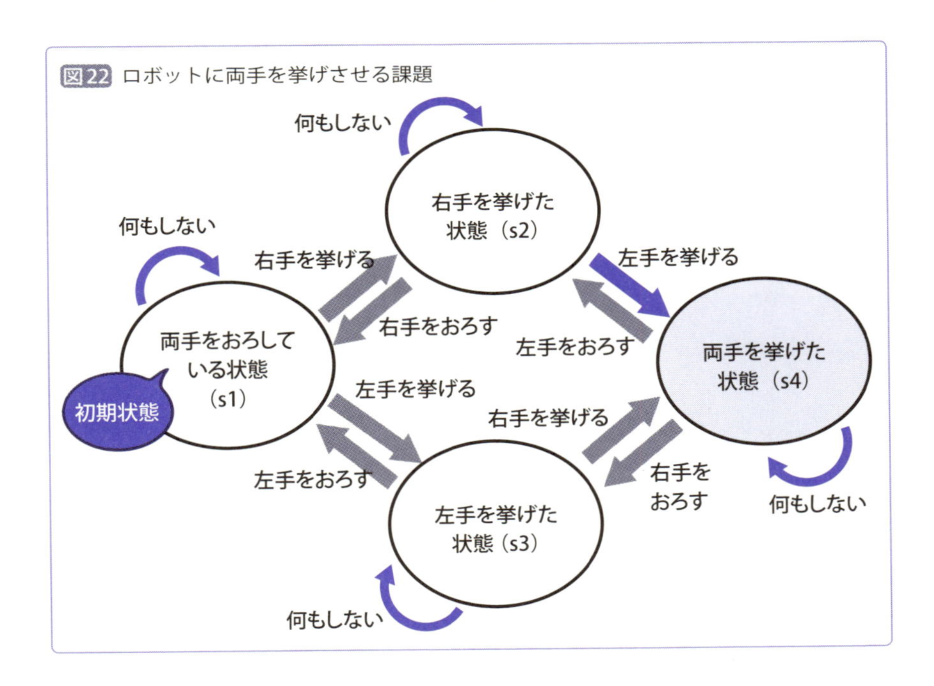

初期状態では、Q値のテーブルは表17のようになっています。また、報酬テーブルは、右手を挙げた状態で、左手を挙げる行動について、100が書かれており、それ以外は0となっています（表18）。行動として不可能なところはNA（該当なし）で埋めてあります。

このとき、どのようにロボットが動きを学習していくか見ていきましょう。

s1（初期状態）にいるときに、サイコロを転がして、右手を挙げる行動を実行したとしましょう。その結果、s2に移動しますね。このとき、Q値はどう変わるでしょうか。

表17 初期状態におけるQ値のテーブル

	右手を挙げる (a1)	右手をおろす (a2)	左手を挙げる (a3)	左手をおろす (a4)	何もしない (a5)
両手をおろしている状態 (s1)	0	0	0	0	0
右手を挙げた状態 (s2)	0	0	0	0	0
左手を挙げた状態 (s3)	0	0	0	0	0
両手を挙げた状態 (s4)	0	0	0	0	0

表18 初期状態における報酬テーブル

	右手を挙げる (a1)	右手をおろす (a2)	左手を挙げる (a3)	左手をおろす (a4)	何もしない (a5)
両手をおろしている状態 (s1)	0	NA	0	NA	0
右手を挙げた状態 (s2)	NA	0	100	NA	0
左手を挙げた状態 (s3)	0	NA	NA	0	0
両手を挙げた状態 (s4)	NA	0	NA	0	0

Q (s1,a1) = R (s1,a1) + 0.5 × max[Q (s2, s2で取れる行動)]

でQ値を決定できます。γはとりあえず0.5としています。R (s1,a1) は0です。s2から可能な行動には「a2(右手をおろす)」、「a3(左手を挙げる)」、「a5 (何もしない)」がありますが、Q (s2,a2)、Q (s2,a3)、Q (s2,a5) はいずれも0なので、

Q (s1,a1) = 0 + 0.5 × 0

となって、Q (s1,a1) には0が入ります。何も変わりません。

次に、s2 からサイコロを振って、a3 (左手を挙げる) を選択したとします。そうすると、s4に移動します。このとき、Q値はどう変わるでしょうか。

Q (s2,a3) = R (s2,a3) + 0.5 × max[Q (s4,s4で取れる行動)]

R (s2,a3) は100です。s4からは、a2、a4、a5 の行動が可能ですが、いずれもQ値は0なので、次のようにQ値が変わります。

Q (s2,a3) = 100 + 0.5 × 0 = 100

よって、Q (s2,a3) の値が100になります。

現在ロボットがいるところはs4で、これは両手が挙がった状態なので、ここで一旦終了し、s1に戻ってまた課題を行います。

s1 でサイコロを振って次の行動を決めたところ、また、a1 (右手を挙げる) が出たとします。そして、s2に移動します。このときのQ値は、次の式で変わります。

Q (s1,a1) = R (s1,a1) + 0.5 × max[Q (s2,s2で取れる行動)]

R (s1,a1) は0です。s2 からは、a2、a3、a5の行動が可能です。Q値を確認すると、Q (s2,a2)、Q (s2,a3)、Q (s2,a5) はそれぞれ、0、100、0 です。よって、最大値は100です。つまり、Q値の更新は次のように行われます。

Q (s1,a1) = 0 + 0.5 × 100 = 50

このようにして、Q値を更新していきます。現在のQ値のテーブルを見てわかる通り、s1では、a1 に行動価値がついています。また、s2には、a3に行動価値がついています。すなわち、s1から、s2に行って、s4に行くという一連の流れが、今回の学習によって得られています。

このような「試行」(「エピソード」とも呼びます) を何度も何度も繰り返していくと、Q値が適切な値になっていくのです (表19)。

表19 試行錯誤を経たQ値のテーブル

	右手を挙げる (a1)	右手をおろす (a2)	左手を挙げる (a3)	左手をおろす (a4)	何もしない (a5)
両手をおろしている状態 (s1)	②50	0	0	0	0
右手を挙げた状態 (s2)	0	0	①100	0	0
左手を挙げた状態 (s3)	0	0	0	0	0
両手を挙げた状態 (s4)	0	0	0	0	0

なお、説明では、試行錯誤のためにサイコロを振って次の行動を決めていましたが、「できるだけ高い報酬が得られそうなところに重点的に移動していく」という戦略を採用することがあります。ただし、この場合は偏った場所にしか移動しなくなってしまい、試行錯誤が不十分で、学習が不完全なものになってしまう可能性もあります。そのため、通例、一定程度は行ったことのない場所にも移動するようにしておくのが基本です。

機械学習は万能か？

さて、本章では機械学習について説明してきました。基本的な機械学習の分類から教師あり学習、そしてディープラーニングを実現するニューラルネットワークまで、機械学習の仕組みは大方ご理解いただけたのではないかと思います。

しかし、注意しなくてはならないのは、機械学習では、その学習の基となる学習データがないと、基本的に何もできないということです。もちろんこの課題を克服するために、教師なし学習や、転移学習、ゼロショット学習などの方法論は研究されてはいますが、いまのところ、正解がわかっているとき (教師あり学習) ほどの性能は出ません。このことから、人工知能の研究分野では「データほど重要なものはない」とよく言われます。

このため、様々な企業や組織が、とにかくデータを集めているというのが現状ですが、どういうデータにどのような正解を付与すると実社会に本当に役に立つのかは、実はまだわかっていません。また、正解がわかりやすい問題には機械学習を適用できますが、そうでない問題には効果が出づらいという問題もあります。

機械学習が有効な場合

機械学習が効果的に機能するのはおおむね次のような場合です。

①教師データが大量にある場合

データが自動的に収集できて、さらに、正解が付与される状態が理想的とされる。例えば、Facebookなどで顔写真に名前をタグ付けすることがあるが、これは見方を変えれば、ユーザによって画像処理の正解を与えられているとも考えられる。つまり、Facebookは自動的に良質な学習データが溜まっていく仕組みになっている

②正解が明確な場合

判断に主観が絡むような問題については、現状の機械学習では対応しきれない。特に、対話システムなどが会話をする場合、次の発言を決定する必要があるが、どういう発言がよいかという判断は非常に主観的で、学習は一般に困難とされる

このことから、正解が明確な学習データを生み出すエコシステムを持った組織が現在は勝ち組になっている状況だと言えるでしょう。

しかし、機械学習が効果的に機能しない領域では、まだまだやることはたくさんあります。今後は、そのような領域の開拓が進んでくるとともに、学習データが少なくても学習する方法や強化学習が重視されていき、大企業でなくともどんどんと人工知能の活用が進められていくと考えられます。

第5章のまとめ

- 「機械学習」には、「教師あり学習」、「教師なし学習」、「強化学習」の３種類がある。また、「教師あり学習」の種類として、「半教師あり学習」、「転移学習」、「ゼロショット学習」がある
- 機械学習の手法としては、回帰分析、重回帰分析、単純ベイズ分類器、決定木学習、ディープラーニングなどがある
- 機械学習では、最小二乗法を用いて誤差を最小化する手法がよく用いられる。また、誤差を最小化する際には微分を用いる
- 単純ベイズ分類器では、ベイズの定理と独立性の仮定を用いて、確率の計算を行う
- 決定木学習は、学習の結果がブラックボックス化せず、人間にとってわかりやすいという利点がある
- ディープラーニングでは、バックプロパゲーションを用いることで、微分の計算を効率化できる

練習問題

Q1 機械学習において、適当に設定した初期値から、だんだん正解に近付けていく方法を何というでしょうか？

Q2 決定木学習では、散らかり具合に基づいて学習を行いますが、その際に計算するものは何でしょうか？

A 微分　B 報酬
C エントロピー　D 誤差

Q3 次のうち、強化学習のアルゴリズムはどれでしょうか？

A P学習　B Q学習
C R学習　D S学習

Q1. 反復法　Q2. C　Q3. B

Chapter

06

人工知能に言語処理をさせてみよう

～人間の言葉を扱う仕組み～

本章では、言語処理について学びます。人工知能に言葉を教えるにはどうすればよいでしょうか？ここでは特に、文字列処理、形態素解析、構文解析の基本的な仕組みを紹介し、また、言語処理のアプリケーションとして、検索エンジンとスパムフィルタについて説明します。コンピュータが言葉を扱うとはどういうことかを理解しましょう。

やってみよう！

(6-1)

「言葉を処理する」とはどういうことかを考えてみよう

作文をしたり、レポートを書いたり、外国語を話したりするような、言葉を使った知的な処理をコンピュータによって行うことを「言語処理」と言います。最近では、機械翻訳の性能が実用レベルに近付いたり、AI記者が登場したりするなど、人工知能分野においてますます重要性を増しているのが、この言語処理分野です。
本章では、この言語処理について詳しく学んでいきます。
まずは、数多く存在する言語処理のアプリケーションについて、見てみましょう。

Step1 ▷言語処理のアプリケーションを思い浮かべてみよう

世の中には多くの言語処理のアプリケーションがありますが、どのようなものが思いつきますか？できるだけ多く思い浮かべて、書き出してみてください。

解答（一部） かな文字変換、文書検索、文書分類

Step2 ▷言語処理のアプリケーションを使ってみよう

Step1で思い浮かべたように、世の中には言語処理のアプリケーションがあふれています。例えば、かな漢字変換は最も初期に誕生した言語処理のアプリケーションです。ひらがな列やローマ字を打つと、瞬時に漢字が出てくると思います。これはユーザ入力について、どの漢字が相応しいかをコンピュータが判断しています。文書検索は、ユーザの検索クエリを入力として、関連する文書を検索するものです。Web検索はみなさんも毎日使っているのではないかと思います。文書分類は、多数の文書を振り分けるもので、「スパムフィルタ」が代表的なアプリケーションです。機械翻訳は、ある言語のテキストを違う言語のテキストに変換します。Google翻訳を使っている人も多いでしょう。自動要約は、長い文書を短くまとめるという処理です。Web検索結果のURLの下に出てくる概要テキストは、自動要約の身近な例です。それ以外にも、新聞記事における文章の短縮や、議事録の作成などに用いられています。

では、Step2として、これらのアプリケーションを実際に使ってみましょう。

【6-1-1】

文字列を検索する仕組み①基本的な方法

基本的な文字列検索の仕組み

言葉は、文字が連なってできているものです。そこで、本章でここから言語処理を学んでいくための前段として、まずは言語処理分野における基礎中の基礎である文字列の扱いから見ていきましょう。

本項ではその中でも特に、「文字列検索」の仕組みについて見ていきます。文字列検索とはその名の通り、テキスト中に所定の文字列がどこにあるか、を検索する方法です。コンピュータ上のアプリケーションで、Windowsであれば［Ctrl］キーと［F］キーを同時押しすることで、文字列の検索を行うことができます。これくらいなら使ったことのある人も多いのではないでしょうか。

最も単純な文字列検索の方法は、前方から1文字ずつずらしながら照合していくやり方です。この方法で「さいきんはじんこうちのうがにんきだ」から「じんこうちのう」という文字列がどこにあるかを検索する場合、1文字ずつずらしながら照合します。この場合、6回目の照合で「じんこうちのう」を見つけることができます（図1）。

しかし、このやり方は明らかに非効率です。例えば、今の例では対象の文字列が17文字しかなかったため、比較的に少ない手数で照合が終わりましたが、これが100万文字からなる文書となると、最悪の場合には100万回程度の照合をしないといけません。

検索を効率的に行う「Boyer-Moore法」

そこで、考え出された方法が「Boyer-Moore（ボイヤー・ムーア）法」です。この方法は、文字列の「おしり」に着目して照合を行います。

図1 最も単純な文字列検索

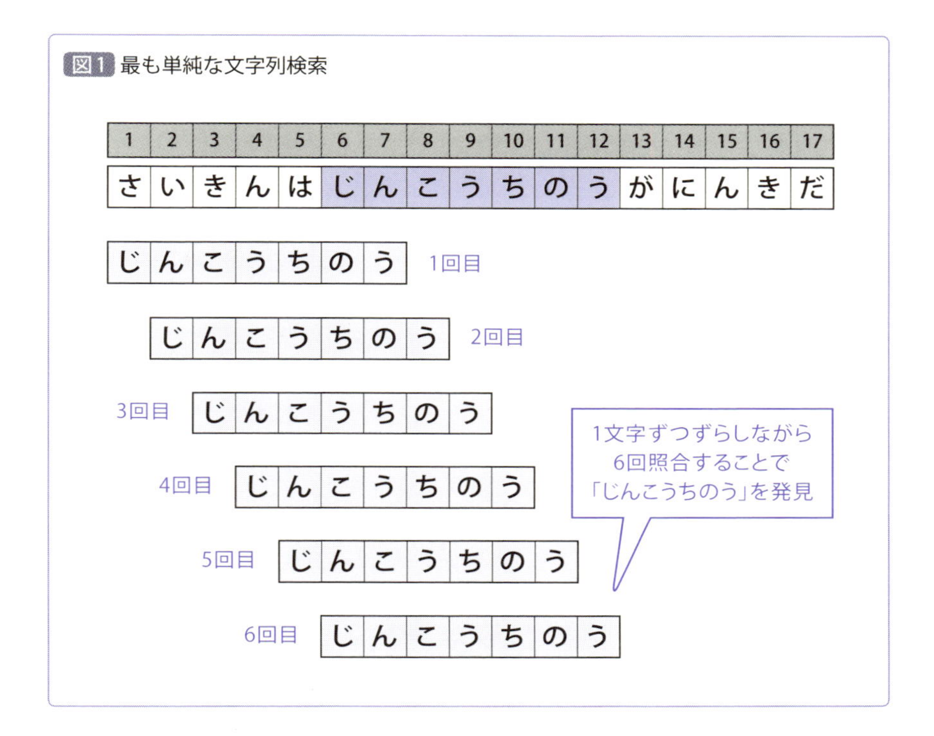

具体的な動作を、次ページの図2で示します。右下にあるものは「ジャンプテーブル」と呼ばれるものです。「う」のところに0、「の」のところに1、「ち」のところに2などと書かれています。

このテーブルは、文字列のおしりの文字を照合したときに、照合先の文字がこのテーブルに書かれた文字だったら何文字右にジャンプするかが書かれています。今、「じんこうちのう」のおしりの文字である「う」と上の文字列とを見比べてみてください。

検索対象の文字列では「ん」となっています。次に、ジャンプテーブルの「ん」のところを見ます。そうすると、5と書いてありますので、5文字分、右にジャンプします。右に5文字ジャンプすると、ちょうど「じんこうちのう」という文字列が見つかり、たった2回の照合で「じんこうちのう」という文字列にたどり着くことができました。

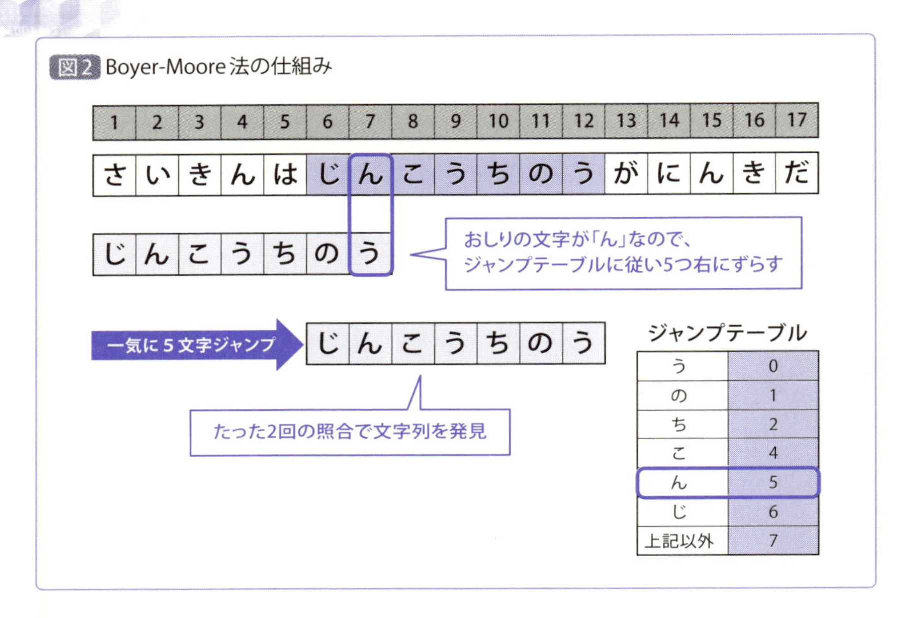

ジャンプテーブルはどうやって作成する？

Boyer-Moore法の鍵は、当然ジャンプテーブルです。ジャンプテーブルには、何文字ずらせば文字列がマッチする可能性があるかということが書かれています。

では、ジャンプテーブルはどのように作成すればよいのでしょうか。実は、とても簡単です。おしりの文字の上の文字が、検索文字列自身に含まれていれば、その文字までジャンプ、それ以外の場合には、文字列全体の長さジャンプするように作るだけです（図3）。

先ほどの例に戻って考えてみましょう。おしりの文字のところに「ん」がある場合、何文字右にずらせば文字列がマッチする可能性があるでしょうか？ それは5文字です。なぜかと言うと、5文字ずらせば、おしりの文字の上にある「ん」と「じんこうちのう」の中にある「ん」を合わせることができるからです。そのため、ジャンプテーブルの「ん」のところには5と書いてあるのです。

同様に、検索文字列のおしりの文字の上の文字が「ち」の場合、「じんこうちのう」の中には「ち」という文字が入っており、2 文字ずらせば、「ち」と「ち」を合わせることができますので、ジャンプテーブルの「ち」のところに 2 と書かれています。

図3 ジャンプテーブルの作成方法

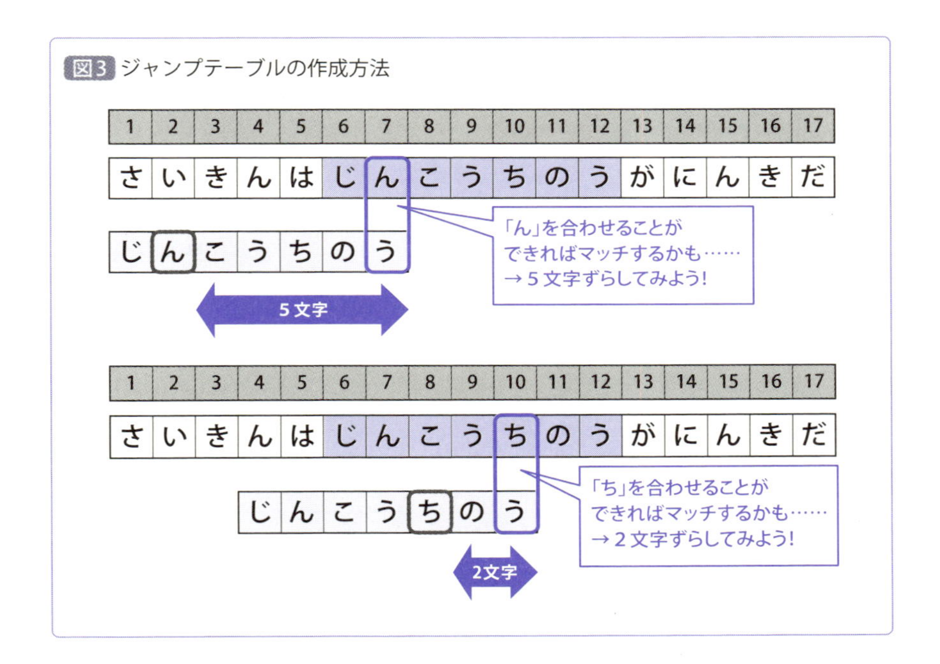

ジャンプテーブルは２つ作成する

なお、Boyer-Moore 法ではもうひとつのジャンプテーブルが必要です。なぜかと言うと、先ほどのジャンプテーブルだけでは最後の文字がマッチしてしまった場合にどうするかがわからないからです。したがって、そのようなときのためのジャンプテーブルを別に用意する必要があります。

次のページの図4を見てください。ここでは、最後の文字「う」が一致していますが、その前の文字である「の」の上の文字は「こ」で一致していません。このような場合にもうひとつのジャンプテーブルを参照します。

このときに使うジャンプテーブル中の「！」は「○○以外」を表す記号です。つまり「！の」であれば、「『の』以外」を表していることになります。例えば、「『！の』う」は、おしりの「う」は一致したけれども、その左の文字が「の以外」という状況を示します。

図4の状況では、おしりの「う」は一致していますが、その左の文字は「の以外」という状況です。右下のジャンプテーブルを見ると、3と書いてあるので、3文字右にジャンプすればよいことになります。

このジャンプテーブルの作成方法ですが、ひとつ目のジャンプテーブルと同様の方法で作成します。具体的には、「『！の』う」という文字列が検索文字列自身にあれば、そこまでジャンプするようにします。「じんこうちのう」だと「こう」の部分がまさに「『の』以外」の後に「う」がある部分になるので、この部分までジャンプすればマッチする可能性があると考えられます。よって、「『！の』う」の部分を合わせられるよう、3文字ずらすようにジャンプテーブルを作っておけばよいのです。

図4 おしりの文字がマッチしたとき用のジャンプテーブル

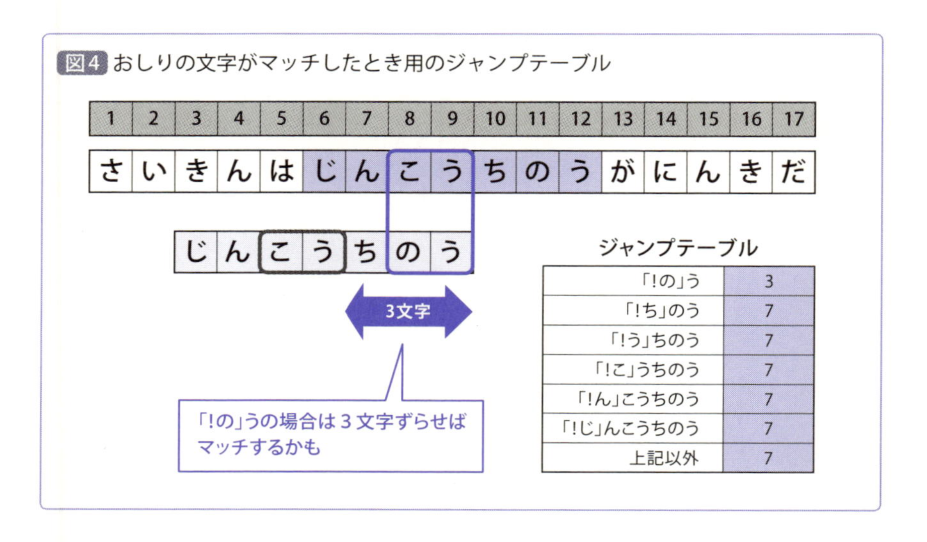

ジャンプテーブル	
「!の」う	3
「!ち」のう	7
「!う」ちのう	7
「!こ」うちのう	7
「!ん」こうちのう	7
「!じ」んこうちのう	7
上記以外	7

[6-1-2]

文字列を検索する仕組み②辞書引き

言語処理の根幹を成す仕組み

前項では基本的な文字列検索の仕組みを紹介しました。本項では、前項の仕組みに似た処理である「辞書引き」について紹介します。

辞書引きは、検索文字列が辞書のどこにあるかを探す処理のことです（図5）。この辞書引きは、言語処理のあらゆるところで必要になります。みなさんが知らない単語を見つけたときにその意味を調べるために辞書を引くのと同様、コンピュータも様々な処理の過程で単語の情報を取得する必要があるからです。

ちなみに「辞書」というのは、見出し語がたくさん並んだもののことです。紙の辞書を思い浮かべてみてください。そして、その辞書からある見出し語を探すことを考えてみてください。この処理を効率的に行うにはどうすればよいでしょうか。

図5 辞書引きのイメージ

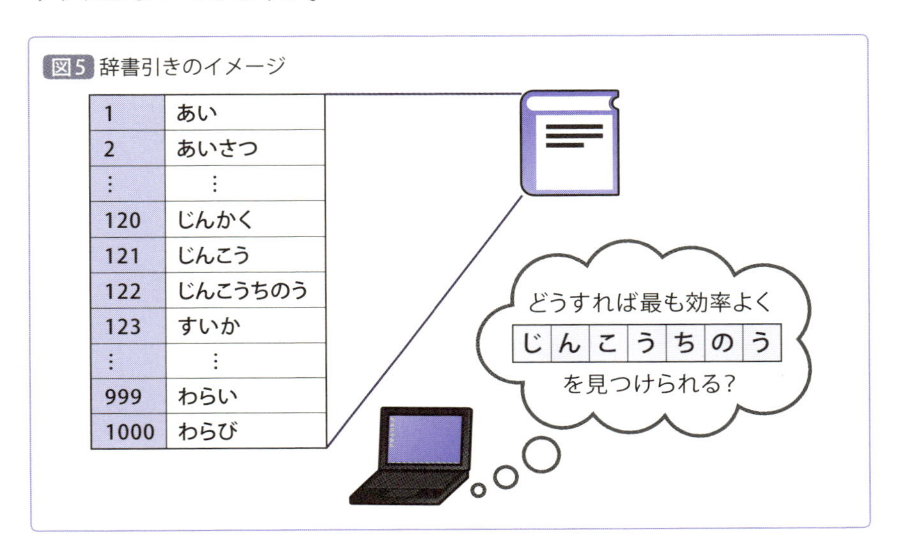

◇辞書引きの方法には何がある？

辞書のどこに検索したい文字列があるかを探す最も簡単な方法は、上から順番にひとつずつ照合していくことです。

しかし、辞書には膨大な見出し語が含まれているため、ひとつずつ照合していくことは非現実的です。1000万の見出し語を持つ辞書であれば、最悪のケースだと1000万回も照合しなくてはいけません。Wikipedia日本語版であれば見出し語は100万を超えており、英語版は500万を超えています。こうした現状を考えると、辞書引きの高速化は言語処理において重要な課題となります。そこで、課題を克服するために編み出された「バイナリサーチ」と「トライ木」の2つの方法を見てみましょう。

範囲を半分ずつ狭めていくバイナリサーチ

「バイナリサーチ」は「二分探索」とも呼ばれ、探索する辞書の範囲を半分ずつ狭めていくという方法です。なお、バイナリサーチを行う前提として、辞書は「あいうえお順」にソートされている必要があります。

バイナリサーチでは、まず検索文字列が辞書の中心より前か後かを判定し、検索範囲を前半（か後半）に絞り込みます。そして、絞り込んだ範囲に対して、再度、同様に検索範囲を絞り込んでいきます。

例えば、「じんこうちのう」を辞書から探したい場合には、辞書の真ん中にある単語をまず求めます。その単語が「はむ」だとすると、あいうえお順で「じんこうちのう」は「はむ」よりも前にあるので、その次の段階では前半だけに着目して調べればよいということになります。

次に、前半部分の最初の単語は「あい」で最後の単語は「はむ」、そして中央の単語は「たうえ」だとします。そこで、「じんこうちのう」と「たうえ」を比較すると、「じんこうちのう」は「たうえ」よりも前にあることがわかります。よって、前半部分のさらに前半部分に着目して調べればよいということがわかります（図6）。

このように探索範囲を半分半分にしていくことで高速に検索する手法がバイナリサーチです。1000単語の辞書であれば、最大で10回検索することで単語が見つかります。100万単語であっても、最大で20回検索することで見つかります。逐一探していき、100万回検索することを考えれば相当な効率化を実現できることがわかるでしょう。

図6 バイナリサーチによる検索範囲の絞り込み

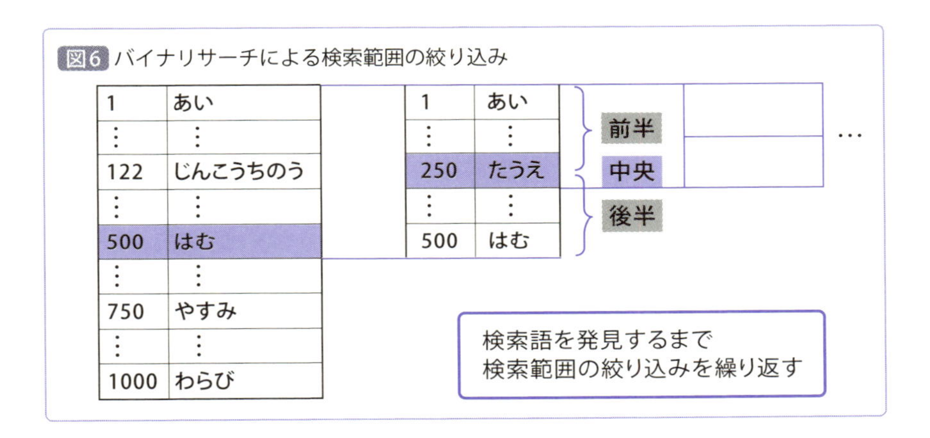

辞書引きを一度で済ませるトライ木

このように、バイナリサーチはかなり高速な辞書引き手法ですが、さらに高速な手法にトライ木を用いたものがあります。

トライ木とは、辞書を木構造に展開したような構造です（図7）。

図7 トライ木の構造

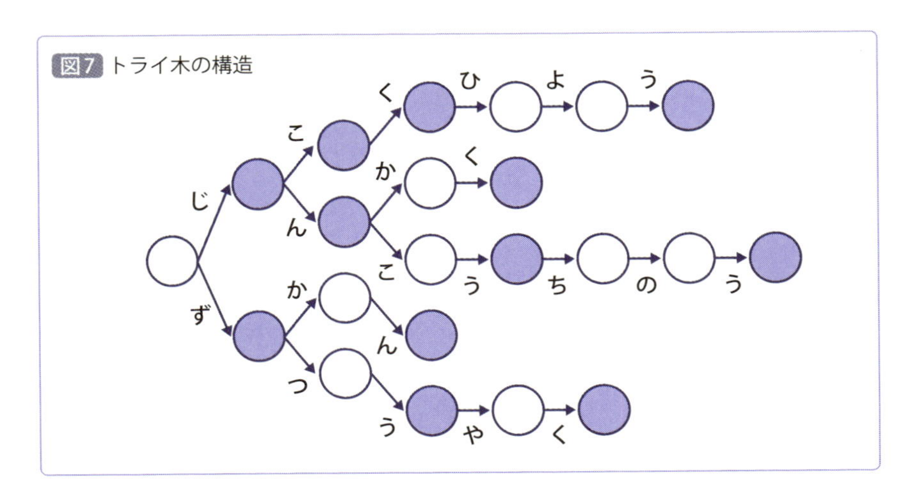

トライ木において、色のついているところは辞書において単語（見出し語）が割り当てられているところで、「単語ノード」と呼びます。単語ノードにはその単語についての情報が紐付けられています。反対に、色のついていないところは単語が割り当てられていないノードです。

左端のノードが始点です。そこから、矢印が出ていて、その上に文字が載っています。「じ」の方をたどってみましょう。そうすると、色のついた単語ノードにたどり着きます。これは、「じ」という単語が辞書の見出し語に存在していることを示しています。

次に、「ん」の矢印をたどってみましょう。また単語ノードにたどり着きました。これは「じん」という単語が辞書の見出し語に存在していることを示しています。

次に「こ」の矢印をたどってみましょう。初めて色のついていないノードにたどり着きました。よって、「じんこ」という単語は辞書の見出し語にないことがわかります。「う」まで矢印をたどると、単語ノードにたどり着きました。よって、「じんこう」という単語が辞書の見出し語に存在していることがわかります。

このように、ノードと文字の載った矢印を用いて辞書を表現したものがトライ木という構造です。

トライ木を用いた検索は非常に高速です。なぜなら、検索が1回で済むからです。「じんこうちのう」という単語が辞書にあるかを調べるためには、それぞれの文字を順番にたどればよいだけなのです。矢印をたどっていけば、単語ノードにたどり着きます。そうすれば、「じんこうちのう」という単語が辞書にあることがすぐにわかりますし、単語に紐付いた情報も取得できます。

〔6-1-3〕
品詞の判別を行う形態素解析の仕組み

◇単語レベルの言語処理

ここまでは文字レベルの検索処理について見てきましたが、ここからはひとつ単位を大きくして、単語レベルの処理について見ていきましょう。

そもそもコンピュータが文を理解するためには、まず単語を把握し、その次に単語の品詞（名詞、動詞など）の判定を行う必要があります。

この単語の把握と品詞の判定を担っているのが本項で紹介する「形態素解析」です。「形態素」とは、「意味的にこれ以上分割できない単位」のことを指します。基本的には単語のことを指すと考えて問題ありません。

形態素解析には、「文を単語に分割する処理」、「品詞を付与する処理」と２つの処理がありますが、まずは英語を例にして、形態素解析の処理について見てみましょう。

英語では、最初から文が単語単位に分かれているので、形態素解析に関する処理は品詞の付与のみです。例えば、

Mary likes black cats.

という文を形態素解析する場合、

Mary/N likes/V black/ADJ cats/N

のように品詞を判定していきます。ここで、「N」、「V」、「ADJ」はそれぞれ「名詞（noun）」、「動詞（verb）」、「形容詞（adjective）」を指します。

なお、この品詞の判定にもいくつかの方法があり、そのうち最も単純なものは、各単語の品詞をひとつに決め打ちしてしまうものです。

例えば、「『black』という単語の品詞は『ADJ』だ」と決めてしまって、

「black」という単語が来たら全て「ADJ」だと判定する方法です。しかし、少し考えればわかりますが、これでは適切な判定ができません。「black」であれば、「黒い」という形容詞としてだけではなく、色の「黒」という名詞として使われることもあるからです。「I like black.」という文があったとすると、このblackは名詞だと判断できるので、Nに判定されるべきです。

このように複数の品詞を取り得る単語は多く存在するので、決め打ちによる方法では色々と問題が出てしまいます。このような単語に対処するために、品詞の判定は「文脈」(周りの単語)を考慮して判定する必要が出てきます。この対処のためには、例えば、「『a』や『the』が直前にあれば『N』である」とか、「直前に『ADJ』があれば『N』である」といった規則を書くことで、ある程度文脈を考慮できるかもしれません。しかし、実際にこうした規則を書き出してみると例外も多く、なかなか大変です。

このため、近年では「統計的な手法」を用いて品詞の判定を行うケースが増えています。

「もっともらしさ」を推定する:統計的な手法

統計的な手法とは、「どのくらいもっともらしいか(見かけたことがあるか)」をデータから推定して処理に用いるやり方のことです。

例えば、「black cats」という単語列について、「① black/ADJ-cats/N」という場合と「② black/N-cats/N」という場合で前者の方を多く見かけたことがあったら、「① black/ADJ-cats/N」の方がよりもっともらしいと考えるようにするということです。

このもっともらしさの計算の際には、「コーパス」と呼ばれるものを使います。コーパスとは、データを集積したもののことです。なお、データにはテキストデータ以外にも音声データであったりマルチメディアデータであったりと様々なものがありますが、ここでのコーパスはテキストデータのコーパスを指すことにします。

コーパスの中身は、生のテキストデータのこともありますし、何らかの付加情報(品詞の情報など)が付与されている場合もあります。テキストデータに品詞情報が付与された代表的なコーパスには次のものがあります。

- **ブラウンコーパス：アメリカのブラウン大学で作成されたコーパス。様々な分野のテキストをバランスよく集めた100万語以上のテキストデータ**

- **Penn Treebank：アメリカのペンシルバニア大で作成されたコーパス。初版はウォールストリートジャーナルなどを含む450万語以上のテキストデータが含まれる。品詞情報だけでなく構文情報など多くの付加情報が付与されている。英語での言語処理で最もよく使われるコーパス**

- **京都大学テキストコーパス：京都大学が作成した、毎日新聞の記事に形態素情報や構文情報などを付与したもの。約4万文のテキストデータが含まれる。通称「京大コーパス」**

図8は、「Penn Treebank」に含まれる文章と付加情報の例です。[] は名詞のまとまり（名詞句）を表しています。

図8 Penn Treebankのデータ例

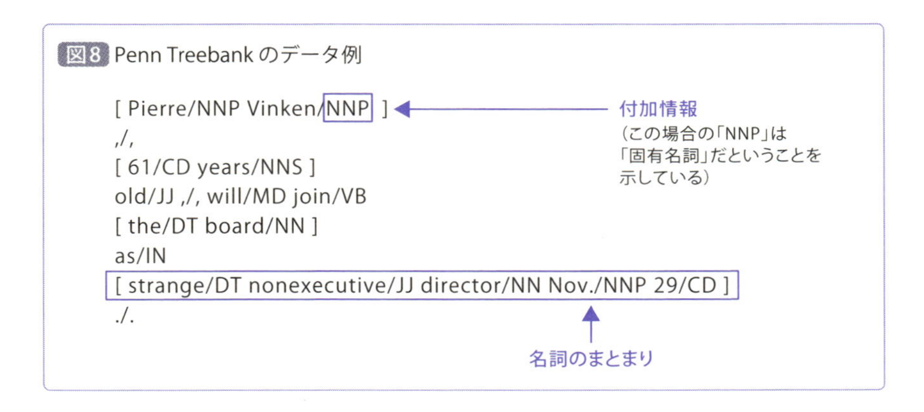

図8中の「Pierre Vinken」というのは人名ですが、それぞれの単語に固有名詞を表す品詞のNNPが付与されています。

京大コーパスも見ておきましょう（図9）。

図9 京都大学テキストコーパスのデータ例

```
# S-ID:950101003-001 KNP:96/10/27 MOD:2005/03/08
 * 0 26D
村山 むらやま * 名詞 人名 * *
富市 とみいち * 名詞 人名 * *
首相 しゅしょう * 名詞 普通名詞 * *
は は * 助詞 副助詞 * *
 * 1 2D
年頭 ねんとう * 名詞 普通名詞 * *
に に * 助詞 格助詞 * *
 * 2 6D
あたり あたり あたる 動詞 * 子音動詞ラ行 基本連用形
```

京大コーパスは、毎日新聞の95年の1月の記事を用いています。当時の首相として村山富市氏が登場していますが、「村山」、「富市」、ともに「名詞 人名」という品詞が付与されていることがわかります。また、日本語の文章は文節構造（名詞などの「自立語」と助詞などの「付属語」からなるまとまりのことを文節と言います）を持っていますが、この文節構造が「*」で示されています。例えば、「村山首相は」や「年頭に」はそれぞれ文節ですので、これらの区切りに*があります。

このようなコーパスが十分にあると、「black/ADJ cats/N」という場合と「black/N cats/N」という場合の頻度を比較して、前者の方が数が多いので、よりもっともらしいなどと考えることができるようになります。

統計的な手法の仕組み

統計的な手法というのは、字面としてはやや堅苦しいですが、結局のところ、コーパスの中で頻度を数えて、多い方を選ぶということです。ではここから、先ほどの「black cats」の例で、実際にその仕組みについて見ていきましょう。

まず、「black cats」の品詞を判定したいとして、品詞列がADJ,Nである場合の確率を、

p (ADJ, N | black cats)

と表すことにします。これは「条件つき確率」の書き方です。つまり、「black cats という単語列が与えられたとき」に、「その品詞列が ADJ,Nである確率」という意味です。同様に、品詞列が N,N である場合の確率は、

p (N, N | black cats)

と表します。

そして、テキストコーパス中に black cats という単語列が 100 回出ていたとしましょう。その中で、品詞列がADJ,N だったケースが90回あり、N,N だったケースが 10 回ありました。そうすると、それぞれの確率は次のようになります。

p (ADJ, N | black cats) ＝ 90 ／ 100 ＝ 0.9
p (N, N | black cats) ＝ 10 ／ 100 ＝ 0.1

つまり、「p (ADJ,N|black cats)」の方が「p (N,N|black cats)」よりも大きいので、black cats の品詞の組み合わせとしては「ADJ,N」の方がもっともらしいと判断することができ、black と cats に対して、それぞれ ADJ と N、という品詞を付与することができます。

ただし、いつもこのように簡単に確率が計算できるとよいのですが、そんなことばかりではありません。black cats という単語列はコーパスに何度も出てくるような「よくある単語列」ですが、もっと長い単語列だったり、珍しい単語が入っていたりしたら確率はちゃんと計算できるでしょうか。

試しに「black cats」という検索キーワードを用いて、Google を大きなコーパスと見立てて，Google でフレーズ検索（検索キーワードをダブルクオートで囲った検索）してみると、約 65 万件のヒットがあります。ここに「beautiful」を加えて、検索キーワードを「black beautiful cats」

にすると約 17 万件のヒットになりました。さらに、「strange」を加え、「black beautiful strange cats」とすると、ヒットが 0 件になってしまいました。このように、少し珍しい単語を検索キーワードに足していくだけで、すぐにヒットが 0 件になってしまいます。これを「ゼロ頻度問題」と言います（図10）。

図10 ヒットが0件になる様子

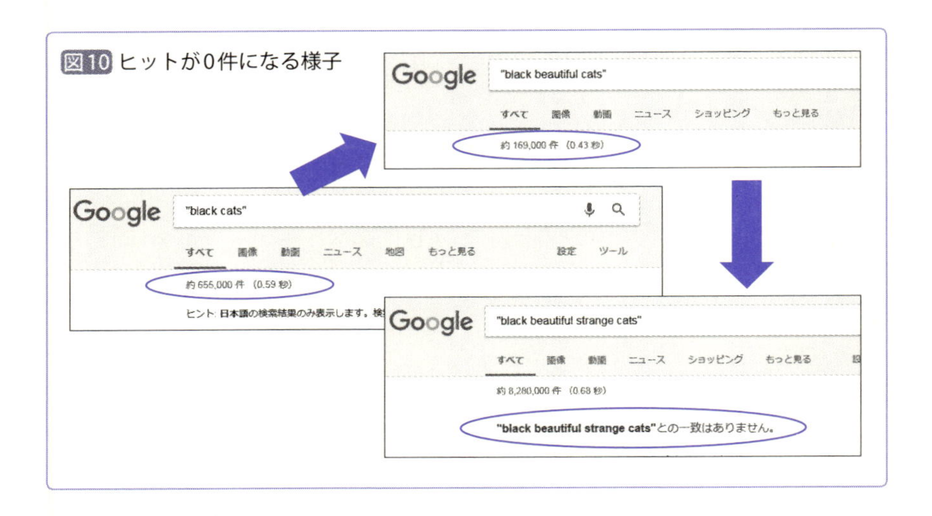

◇ゼロ頻度問題への対応

ゼロ頻度問題が何を意味しているかと言うと、長い文章や珍しい単語が入った単語列については、コーパス中の頻度が 0 になってしまい、確率がまともに計算できないということです。こういった場合、品詞を適切に判定できません。したがって、統計的な品詞判定が適切に機能するには、ゼロ頻度問題への対処が必要です。

では「black beautiful strange cats」の品詞列を求めることを通して、ゼロ頻度問題に対処した、統計的な品詞付与の方法を見ていきましょう。

まず、「black beautiful strange cats」に対して、品詞列が C1、C2、C3、C4 だった場合の確率は、次の式で表すことができます。

$$p\,(C1,C2,C3,C4 \mid \text{black beautiful strange cats})$$

この際、C1 から C4 に特定の品詞を入れたときに確率が最大になるとしましょう。そのような品詞列が我々の求めたいものです。なぜなら、「確率が最大になる＝最ももっともらしい品詞列」だからです。

結局、「統計的な品詞付与」とは、上記の条件つき確率を最大にする品詞列を求めることです。

具体的な計算においては、5 章でも紹介した「ベイズの定理」と「独立性の仮定」を用います。すでに忘れてしまった方は、200 ページに戻って復習してみてください。

ベイズの定理を用いると、先ほどの式は次のように書き換えることができます。

$$\frac{p\,(\text{black beautiful strange cats} \mid C1,C2,C3,C4) \times p\,(C1,C2,C3,C4)}{p\,(\text{black beautiful strange cats})}$$

この式を基に、C1 から C4 にどの品詞が入ったときに確率が最大になるかを求めていくわけですが、これはつまり「C1 から C4 の中身を色々と入れ替えてみた場合の確率の大小を比較する」ということです。

このとき、分母は black beautiful strange cats という文字列が出現する確率で、常に同じ値になります。つまり、大小比較には関係ありません。よって、分母は無視しても構いません。ここでは次の値だけを考えればよいことになります。

$$p\,(\text{black beautiful strange cats} \mid C1,C2,C3,C4) \times p\,(C1,C2,C3,C4)$$

p（C1,C2,C3,C4）から見ていきましょう。これは、品詞列 C1、C2、C3、C4 が出現する確率を示しています。そのような確率は、C1、C2、C3、C4 という品詞列がコーパスに出現する数から求められそうですが、先ほど見たように品詞列が長くなってくると、コーパスに見つからず、ゼロ頻度問題が起きてしまいます。

そこで、「独立性の仮定」を置いて近似的に計算できるようにします。具体的には、C1 の後に C2 という品詞が出現すること、C2 の後に C3 という品詞が出現すること、C3 の後に C4 という品詞が出現することは独立だと考えます。つまり、C1 の後に C2 という品詞があるという状況で、たまたま C2 の後に C3 という品詞があっただけだというように考えます（図11）。

これなら、独立した事象がたまたま一緒に起きているだけなので、全体の確率はそれぞれの事象の確率を掛け合わせれば求められることになります。

C1 の後に C2 という品詞が出現する確率は次のように表すことにします。

$$p\,(C2 \mid C1)$$

これは、「直前に C1 がある」という条件で、「品詞が C2 である」とい

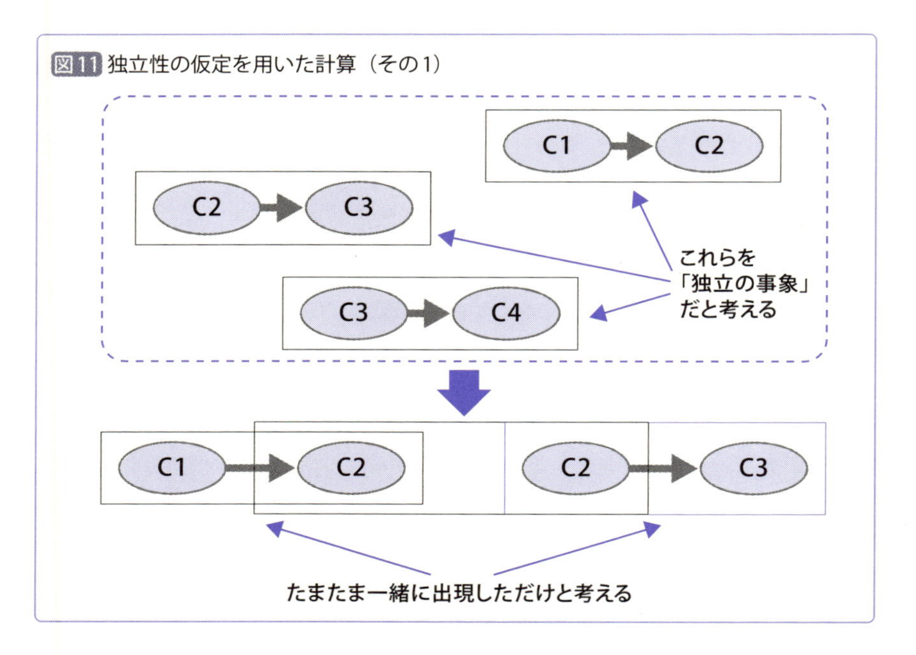

図11 独立性の仮定を用いた計算（その1）

う意味です。C2の後にC3という品詞が出現すること、またC3の後にC4という品詞が出現することも同様に、

$$p(C3 \mid C2)$$
$$p(C4 \mid C3)$$

と表すことができます。よって、p(C1,C2,C3,C4) は、

$$p(C2 \mid C1) \times p(C3 \mid C2) \times p(C4 \mid C3)$$

と表すことができます。なお、この式だと、「品詞列の先頭がC1である」という重要な情報が落ちてしまうので、品詞列の最初に架空の文頭記号があるとして、

$$p(C1 \mid \text{文頭}) \times p(C2 \mid C1) \times p(C3 \mid C2) \times p(C4 \mid C3)$$

と表すことにします。各項に関しては、2つの品詞が連続している確率ですから、コーパスから簡単に計算することができます。例えば、p(N|V) は、

$$p(N \mid V) = \frac{\text{品詞 V の後の品詞 N の出現回数}}{\text{品詞 V の出現回数}}$$

により計算できます。

p (black beautiful strange cats|C1,C2,C3,C4) についても独立性の仮定を用いて計算します。

この式は、「品詞列C1、C2、C3、C4があるとき」、「その単語列がblack beautiful strange catsである」という確率を表していますが、「C1の単語がblackであること」、「C2の単語がbeautifulであること」、「C3の単語がstrangeであること」、「C4の単語がcatsであること」、のそれぞれを独立であると仮定し、それらが、たまたま一緒に出現しているだけ

と考えます（図12）。

図12 独立性の仮定を用いた計算（その2）

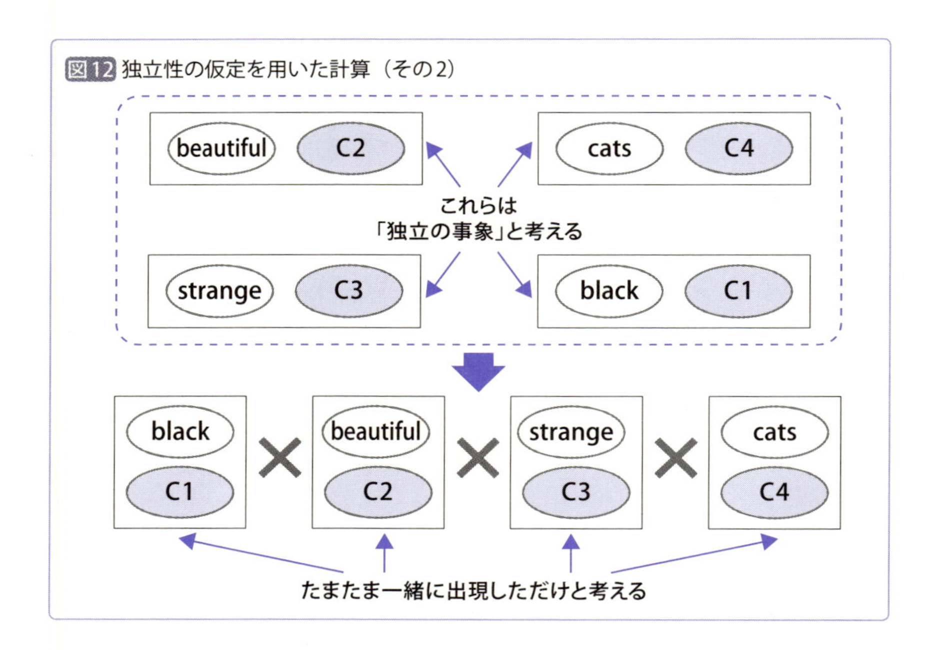

例えば、C1という品詞があってその単語はblackなのだけれど、たまたま同時に全く関係のないC2という品詞のbeautifulという単語があっただけ、と考えます。

「C1という品詞があってその単語がblackである」ということを、

$$p(\text{black} \mid \text{C1})$$

と表すことにします。

同様に、「C2の単語がbeautifulであること」、「C3の単語がstrangeであること」、「C4の単語がcatsであること」も、それぞれ次のように書くことができます。

$$p(\text{beautiful} \mid C2)$$
$$p(\text{strange} \mid C3)$$
$$p(\text{cats} \mid C4)$$

したがって、$p(\text{black beautiful strange cats} \mid C1,C2,C3,C4)$ は、

$$p(\text{black} \mid C1) \times p(\text{beautiful} \mid C2) \times p(\text{strange} \mid C3) \times p(\text{cats} \mid C4)$$

と書き換えることができます。

なお、「C1 という品詞に対応する単語が black である確率」は、C1 という品詞の単語のうち、単語が black だったものの数を数えることでコーパスから簡単に計算することができます。例えば、$p(\text{black} \mid N)$ は、

$$p(\text{black} \mid N) = \frac{\text{品詞 N が付与された単語 black の出現回数}}{\text{品詞 N の出現回数}}$$

で計算できます。ここまでのことから、

$$p(\text{black beautiful strange cats} \mid C1,C2,C3,C4) \times p(C1,C2,C3,C4)$$

という式は、

$$p(\text{black} \mid C1) \times p(\text{beautiful} \mid C2) \times p(\text{strange} \mid C3) \times p(\text{cats} \mid C4)$$
$$\times p(C1 \mid \text{文頭}) \times p(C2 \mid C1) \times p(C3 \mid C2) \times p(C4 \mid C3)$$

と書き換えられることがわかりました。

最後のステップとして、この式の値を最大にする C1、C2、C3、C4 を具体的に求めます。

実は、これが結構大変です。英語の場合、「Penn Treebank」を参照すると、使われている品詞の種類は全部で 36 あります。つまり、C1、C2、

C3、C4 に入り得る品詞の組み合わせを全て考え、どの場合に値が最大になるかを調べようとすると、36 × 36 × 36 × 36 = 1679616 回も計算しなくてはなりません。これではコストがかかりすぎます。

さらに、単語が 4 つの場合は、約 168 万回の計算で済みますが、単語がひとつ増えるごとに、計算量は 36 倍ずつ膨れ上がっていくことになります。たった 1 文を処理するごとに何百万回、何千万回も計算するわけにはいきません。

そこで、ビタビアルゴリズムを用います（ビタビアルゴリズムについては 93 ページ参照）。具体的には、図13のような構造を考え、この中で、値が最大になる経路を探索します。例えば、一番上の経路は、「black」、「beautiful」、「strange」、「cats」の品詞が全て N だった場合に相当します。

図13 ビタビアルゴリズムの利用

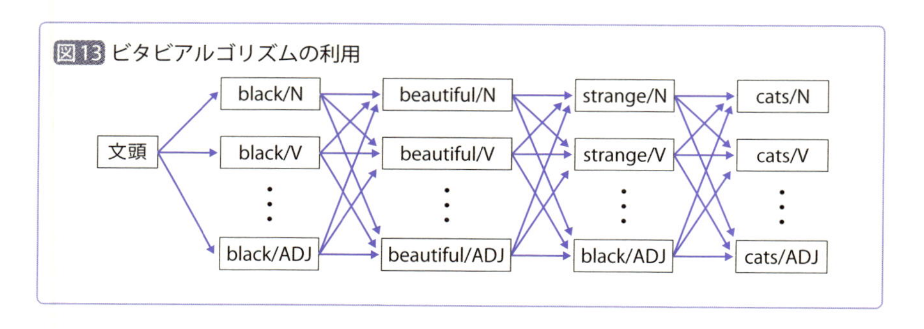

探索の問題では、地点間の距離を設定しておく必要がありました。そこで今回の例では、「単語 1/ 品詞 1」と「単語 2/ 品詞 2」の地点間に、

$$p(\text{品詞2} \mid \text{品詞1}) \times p(\text{単語2} \mid \text{品詞2})$$

という値を割り当てることにします。このようにしておくと、経路上の値を掛け合わせたものが、各単語がそれぞれの品詞をとった場合の値と一致します。

このことを、それぞれの単語が、C1、C2、C3、C4 という品詞になる場合で確認してみましょう（図14）。

図14 各地点間の距離に値を当てはめる

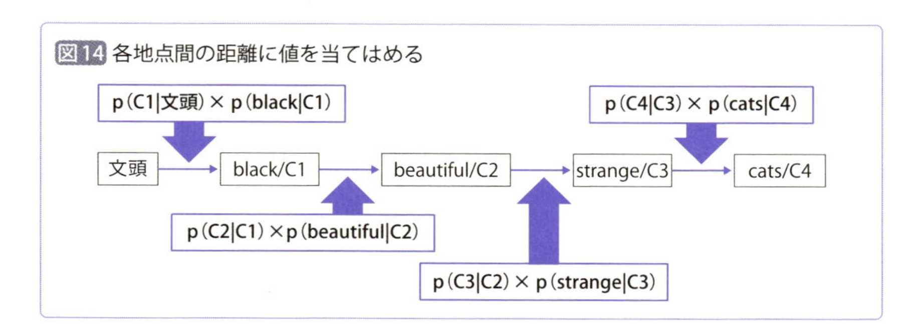

まず、各地点間の値は次のようになります。

- 「文頭」から「black/C1」までの値
  →p (C1 | 文頭) × p (black | C1)
- 「black/C1」から「beautiful/C2」までの値
  →p (C2 | C1) × p (beautiful | C2)
- 「beautiful/C2」から「strange/C3」までの値
  →p (C3 | C2) × p (strange | C3)
- 「strange/C3」から「cats/C4」までの値
  →p (C4 | C3) × p (cats | C4)

これらの値を全て掛け合わせたものは、

p (black | C1) ×p (beautiful | C2) ×p (strange | C3) ×p (cats | C4) ×p (C1 | 文頭) ×p (C2 | C1) ×p (C3 | C2) ×p (C4 | C3)

となり、

p (C1,C2,C3,C4 | black beautiful strange cats)

を書き換えたものと一致します。つまり、ひとつの経路はそれぞれの単語がそれぞれの品詞になった場合を表すので、この構造の上で、値が最大になる経路を求めることで、一番もっともらしい品詞列が求まるというわけです。

3章でも紹介した通り、ビタビアルゴリズムは非常に効率的な方法です。Nを単語数、Mを品詞数とした場合、全ての経路を計算すると、MのN乗の経路を計算する必要があります。しかし、前の地点から次の地点までの組み合わせのみを計算していくビタビアルゴリズムでは、N×（Mの2乗）の計算だけで済むことになります。これは大幅な計算量の削減です。

単語数が10個、品詞数は5個、という比較的小さな数の場合でも、大体4万倍は処理が高速になる計算です。品詞の数が36あるような英語の場合であれば、効果はさらに顕著です。

◇日本語の形態素解析はどうやるの？

ここまでは主に英文の形態素解析について触れてきましたが、日本語の形態素解析では、品詞付与を行う前にまず形態素（単語）ごとに文を区切る必要があります。これは、日本語の単語境界が明らかでないためです。同様に韓国語も中国語も単語境界が明らかでないため、これらの言語において言語処理を行いたい場合には、まず単語に区切ることが必要です。そこで、前項で紹介した「辞書引き」のテクニックを使います。

具体的には、形態素解析の対象である文について、辞書中に含まれている全ての単語を列挙します。例えば、「さいきんはじんこうちのうがにんきだ」という文について考えましょう。ここにどんな単語が隠れていると思いますか？列挙してみてください。

「さい」、「きん」、「さいきん」、「は」、「はじ」、「じん」、「じんこう」「こうち」、「ちのう」、「のう」、「にんき」、「き」などの単語が発見できるのではないかと思います。日本語の形態素解析では、まず、このように文内に隠れている全ての単語を列挙します。このようにして、単語区切りの可能性を見逃さないようにします。

具体的に列挙してみた例を図15に示します。

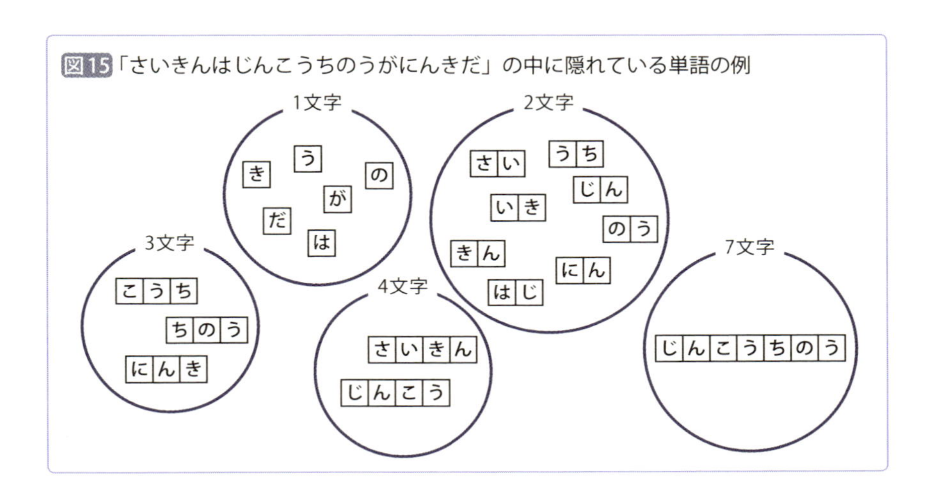

図15「さいきんはじんこうちのうがにんきだ」の中に隠れている単語の例

このように列挙した後、始端と終端が同じ位置にある単語を接続します。そうすると、図16のようになります。

こうすると、探索問題のときと同じようなネットワーク構造になりました。

日本語を中心とした、単語と単語の境界があいまいな言語において形態素解析を行う際には、このように隠れている全ての単語を列挙した上で単語同士をつなぎます。さらにネットワーク構造を作って、英語と同様、確率が最大になる経路を選びます。なお、統計的な手法を用いない場合には、単語が最も少なくなる経路や文節数が最も少なくなる経路を選ぶというやり方もあります。

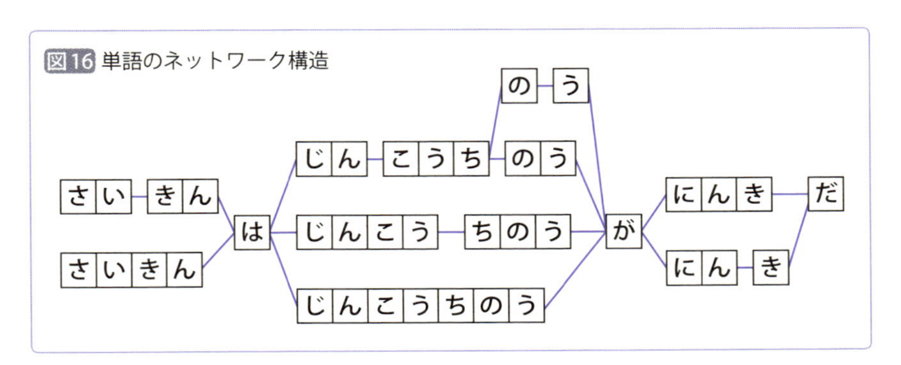

図16 単語のネットワーク構造

単語列挙の負担を解消する方法

ところで、「全ての単語を列挙する」と説明しましたが、これにものすごく時間がかかるのではないかと思いませんでしたか？ 実際に、潜んでいる単語をひとつずつ探していくと相当な時間がかかります。しかし、これまでに紹介したある方法を使うことでほとんど一瞬でこの処理を行うことができます。それは「トライ木」です。

トライ木では、1文字1文字をたどっていき、単語ノードとそうでないノードを通過していきます。このことを利用し、文を1文字目からトライ木に入れて、行けるところまで行きます。この際に通過した単語ノードが、その文に含まれている単語だとわかります。次に、2文字目から同じようにトライ木でたどります。同様に最後の文字までたどると、文の中に入っている単語全てを高速に列挙できます（図17）。

図17 トライ木による単語の列挙

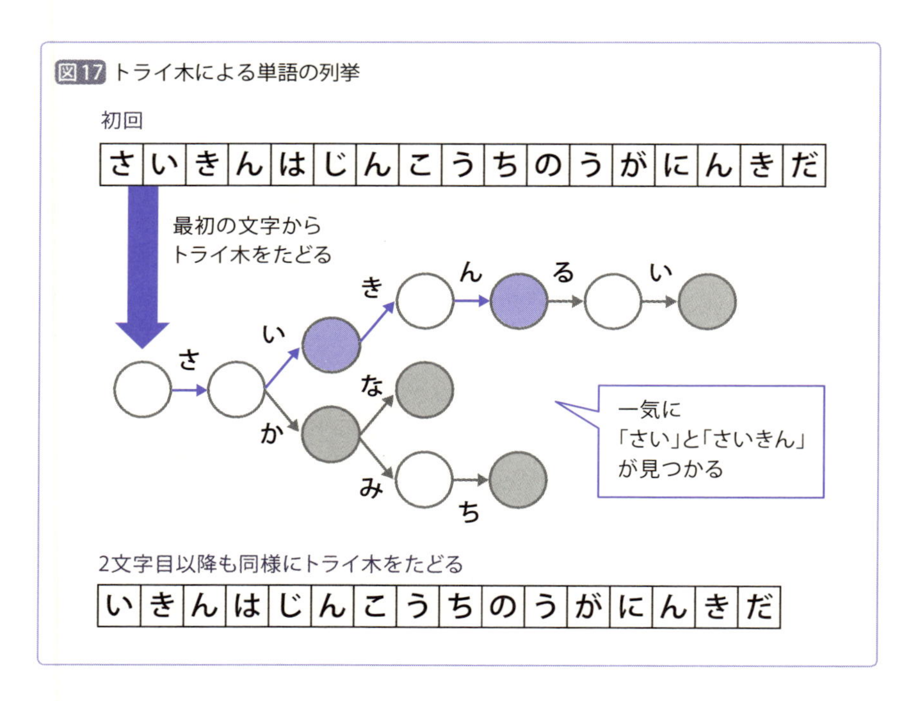

〔6-1-4〕文の構造を推定する構文解析の仕組み

◇文章には様々な構造が存在する

「文字」単位、「単語」単位での処理の次は「構文（文法）」単位で行う処理について見ていきましょう。文には構造があります。例えば、日本語であれば「依存構造（係り受け構造）」があります。

「メアリーは店に入った」という文であれば、「メアリーは」、「店に」、「入った」という文節に分けられます。

係り受けの構造は、これらの文節の間に存在します。例えば、「メアリーは」は「入った」に係っています。「店に」も「入った」に係っています。基本的には、文節は述語のある文節に係ります（図18）。

図18 日本語の依存（係り受け）構造

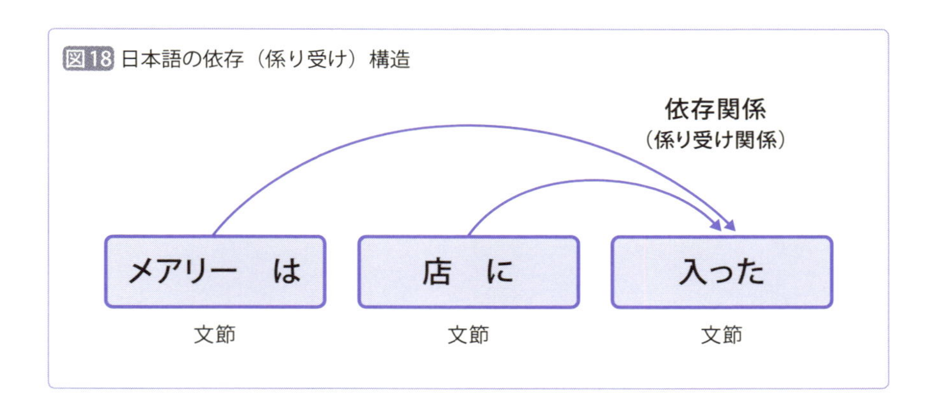

また、英語であれば、係り受け構造に加えて「句構造」もあります（図19内「句構造」）。「Mary walked into the store.」という文では、「Mary」という主語に対応する名詞句（NP = Noun Phrase）と、述語に対応する「walked into the store」という動詞句（VP = Verb Phrase）からなり、動詞句の中に、「into the store」という前置詞句（PP = Propositional Phrase）

が入っている、という構造です。ちなみに「句」とは、「単語」よりも大きいひとまとまりのことを指し、全体として名詞、動詞、前置詞であるひとまとまりのことをそれぞれ名詞句、動詞句、前置詞句と呼びます。

図19の右に示しているのは、英語の依存構造です。英語の依存構造では、単語同士が依存関係を持っています。英語は動詞を中心とする言語なので、動詞が中心にあり、それに対して、主語や前置詞が係っている構造になります。

文章に対してこのような構造を推定することを「構文解析」と呼びます。中でも依存構造を推定する場合には「依存構造解析」と言います。言語処理において「何がどうした」という情報を抽出することは非常に重要ですが、構文解析はこの抽出に必須と言える技術です。構文解析の結果は木のような形をしているため、「構文木（parse tree）」と呼びます。

図19 英語の句構造や依存構造

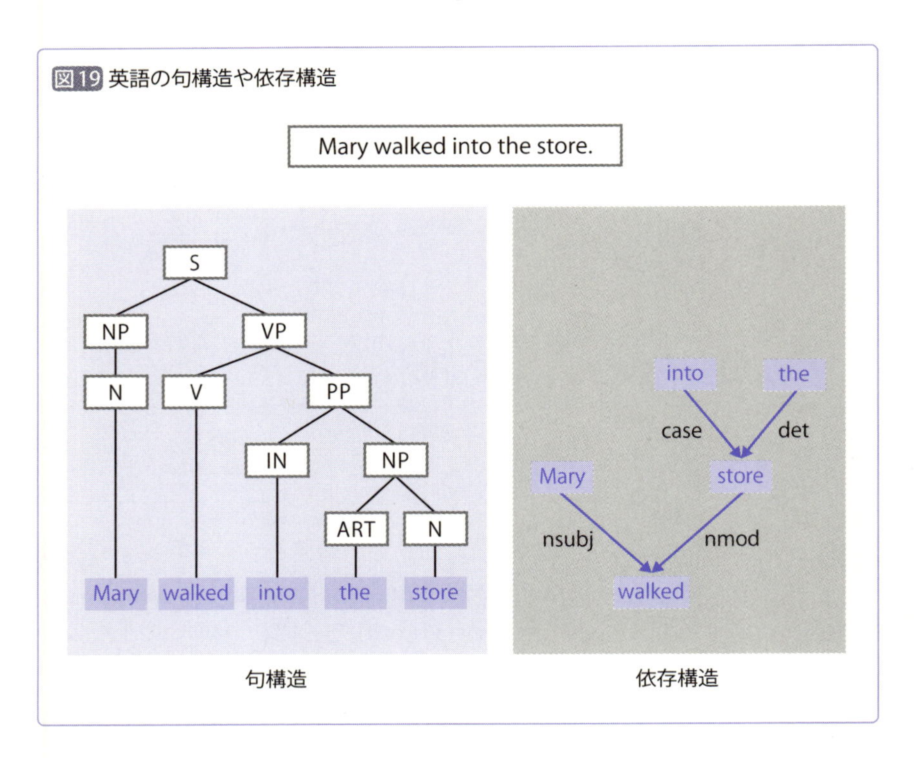

◇生成文法って何？

実際に構文解析の仕組みについて触れる前に、「生成文法」について紹介しておく必要があります。

生成文法とは、言語学者のノーム・チョムスキーが提唱したもので、「世の中の言葉は全て一定の規則にしたがって生成されたものである」という考え方です。すなわち、「文の種」というものがあるとして、これを何度も一定の規則にしたがって書き換えていくと、我々が話している言葉になるという考え方です。書き換えを繰り返すため、「変形生成文法」と呼ばれることもあります。

例えば、「かぶを引っ張るおじいさんを引っ張るおばあさんを引っ張る孫を引っ張るイヌ」という文があるとしましょう。これは、文の種であるS（開始記号）に、所定の書き換え規則（ここでは私が作った規則を用いています）を適用していくことで生成することができます（図20）。

まず、Sを「S → NP」の書き換え規則を用いて、NP に書き換えます。

図20 書き換え規則とその適用

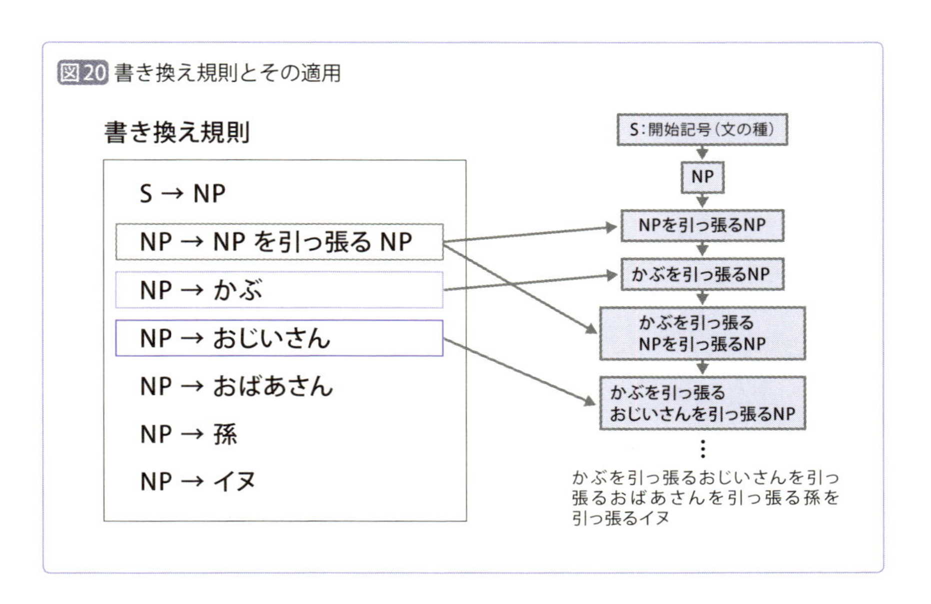

次に、NPを「NP → NPを引っ張るNP」によって書き換えます。最初のNPを「NP →かぶ」によって書き換えます。次に、後ろのNPを「NP → NPを引っ張るNP」によって書き換えます。さらに、ひとつ目のNPを、「NP →おじいさん」によって書き換えます。

このような書き換えを繰り返していくことで、最終的に「かぶを引っ張るおじいさんを引っ張るおばあさんを引っ張る孫を引っ張るイヌ」という文が生成できます。

我々の話している言葉がこうやって書き換えによって産み出されているのではないかと考えたのがチョムスキーのすごいところです。

なお、書き換え規則（「文法」とも呼びます）はその制約の大きさ（どのくらいの書き換えを許容するか）によって、4種類に大別されます（表1）。

4種類の書き換え規則

表1 書き換え規則（文法）の種類

分類	制約
0型文法	なし
1型文法（文脈依存文法）	左辺にひとつ以上の記号が存在する
2型文法（文脈自由文法）	A → B（左辺は必ずひとつの非終端記号、右辺はひとつ以上の非終端記号か終端記号）
3型文法（正規文法）	A → αB、または、A → α（左辺はひとつの非終端記号、右辺は必ず終端記号から始まる）

4種類の文法はそれぞれ、「0型文法」、「1型文法」、「2型文法」、「3型文法」と呼ばれます。

0型文法は、言ってしまえば「何でもあり」の文法です。

1型文法は、別名「文脈依存文法」と言います。書き換え規則において、左辺にひとつ以上の記号があれば何でもよいというものです。左辺に2つ以上の記号を許容しているため、「AB → C」や「DB → E」といった書き換え規則が可能になります。このときBをどう書き換えるかは、その前にAがあるのか、Dがあるのかで異なります。このように、文脈に依存して書き換え方が変わるので、文脈依存文法と呼ばれます。
　2型文法は、別名「文脈自由文法」と言います。左辺は必ずひとつの非終端記号、右辺はひとつ以上の非終端記号か終端記号であるという制約がある文法です。非終端記号とは、書き換え可能な記号のことです。終端記号というのは、それ以上書き換えられない記号のことです。図20の例だと、「NP」は非終端記号ですが「かぶ」や「おじいさん」は終端記号です。
　文脈自由文法では、左辺の記号がひとつだけです。よって、文脈に応じた書き換えができません。文脈に依存しないのが、「文脈自由文法」と呼ばれるゆえんです。
　3型文法は、別名「正規文法」と言います。かなり制約の強い文法で、左辺はひとつの非終端記号、右辺は必ず終端記号から始まる必要があります。プログラム言語などでは「正規表現」という記法を用いることがありますが、正規表現と正規文法は基本的に同じものです。

◇文脈自由文法を用いた解析

　言語処理の分野では、2型文法、つまり文脈自由文法が主に用いられます。文脈自由文法は大体の言語現象を扱えますし、文脈を気にしなくても済むことから、コンピュータで扱う上で、計算量も少なくて済むからです。
　では、ここからは文脈自由文法を用いた構文解析手法のひとつである「単純なトップダウンパーザー」を紹介します。
　単純なトップダウンパーザーとは、Sを文法に則って書き換えていき、解析対象の入力文と同じになるまで繰り返すというシンプルな構文解析器です。
　次のページにある図21は、単純なトップダウンパーザーの考え方を示しています。「かぶを引っ張るおじいさん」という文を解析するときに、図の左のように書き換えていくと、入力文と一致しないので解析失敗、右のように、入力文と一致する文を生成できたら解析成功です。

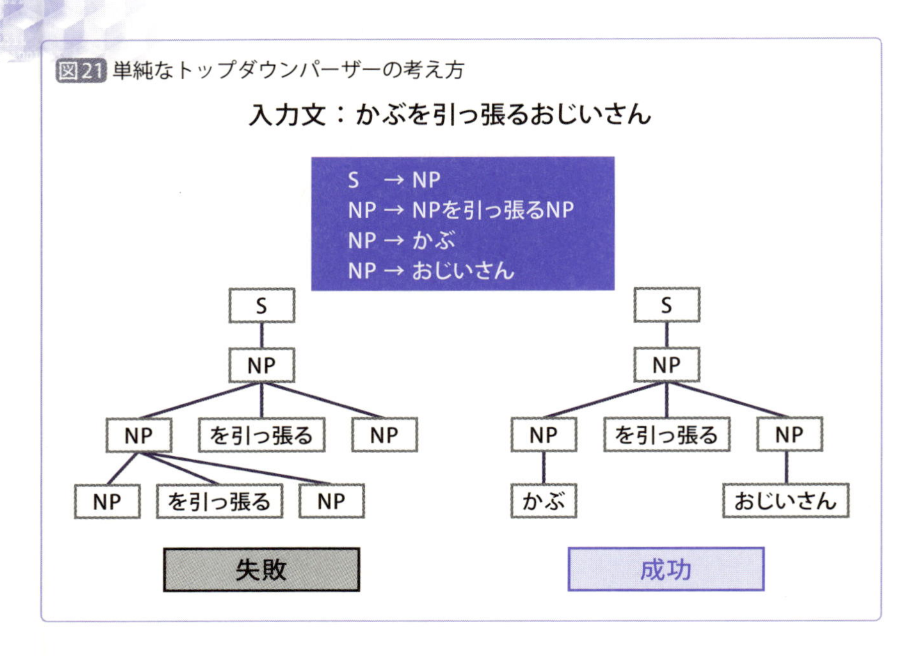

図21 単純なトップダウンパーザーの考え方

では、「The black cat runs.」という文を解析してみましょう。用いる文法は図22に示す通りです。

図22 解析例で用いる文法規則

1. S → NP VP
2. NP → ART N
3. NP → ART ADJ N
4. VP → V
5. VP → V NP
6. V → runs
7. N → cat
8. N → black
9. ADJ → black
10. ART→the

非終端記号のうち、単語にしか書き換えることができない記号のことを単語シンボルと呼びます。規則において、「V」、「N」、「ADJ」、「ART（＝article、冠詞の意味）」はそれぞれ単語にしか書き換えることができませんので、単語シンボルです。「S」、「NP」、「VP」については単語に書き換えられませんので、単語シンボルではありません。

N と ADJ の両方が black に書き換わるという規則が見てとれると思いますが、black は名詞と形容詞とのいずれかの可能性があるため、ここでは、このような規則となっています。

単純なトップダウンパーザーでは「可能性リスト」という構造を用います。可能性リストの先頭を「C（＝ current state）」と呼び、残りを「backup state」と呼びます。単純なトップダウンパーザーのアルゴリズムは以下の通りです。

①可能性リストが（S）1 のみの状態から開始
②Cを取り出す
③Cが空で、全ての単語が処理済なら成功
④Cの初めの記号が単語シンボルで、対象ポジションの単語に書き換え可能なら、その記号を対象ポジションの単語に書き換えた上で取り除き、ポジションをひとつ進める
⑤Cの始めの記号が単語シンボルではないなら、その記号を書き換え規則に従い展開し、可能性リストの先頭に追加する

では、アルゴリズムにしたがって解析していきましょう。最初は可能性リストに（S）1 が入っているところから始めます。

1 という数字は、現在、入力文のどこを処理しているかということを表しており、「ポジション」と呼びます。入力文にポジションを振ると以下のようになります。

1 the 2 black 3 cat 4 runs 5

解析の最初の時点では、まだどの単語も処理していませんので、1にいるというわけです。では、解析の過程をステップバイステップで示します（図23）。

①Cを取り出す。Cは空ではないので、Cの先頭の要素が単語シンボルか確認する。Sは単語シンボルではないので、取り出したSを書き換え規則にしたがって書き換える。書き換え規則「S→NP VP」を適用して書き換えた結果をリストの先頭に戻す

②Cを取り出す。Cは空ではないので、Cの先頭の要素が単語シンボルか確認する。NPは単語シンボルではないので、取り出したNPを書き換え規則にしたがって書き換える。適用可能な書き換え規則の「NP → ART N」と「NP → ART ADJ N」を用いてNPを書き換え、書き換えた結果を可能性リストに戻す

③Cを取り出す。Cは(ART N VP) 1で、先頭の要素ARTは単語シンボルであることがわかる。現在のポジションは1で、その場所の単語はthe のため、ARTから書き換え可能なので、ARTをtheに書き換える。1単語を処理できたので、ポジションを2にし、先頭の要素は(N VP) 2になった。なお、ARTは書き換えにより消えていることに注意する

図23 単純なトップダウンパーザによる解析（その1）

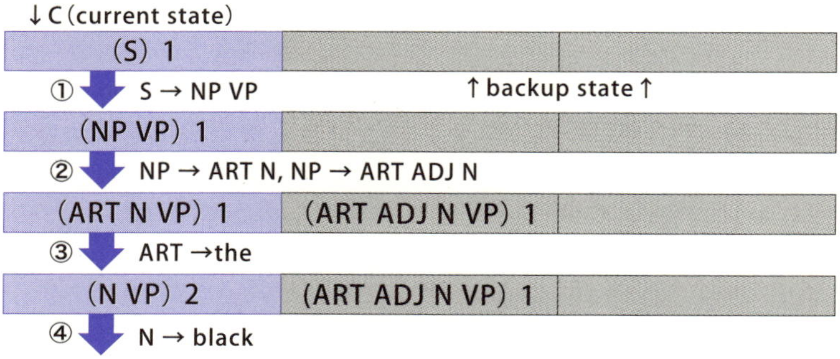

↓C（current state）

C	↑backup state↑	
（S）1		
① S → NP VP		
（NP VP）1		
② NP → ART N, NP → ART ADJ N		
（ART N VP）1	（ART ADJ N VP）1	
③ ART →the		
（N VP）2	（ART ADJ N VP）1	
④ N → black		

④Cを取り出して先頭の要素を確認すると、Nだとわかる。現在のポジションは2で、その場所の単語はblack なので、Nから書き換えできるため、Nをblackに書き換える。1単語処理できたので、ポジションを3にする。先頭の要素は(VP) 3になる

⑤Cを取り出して先頭の要素を確認すると、VPで、単語シンボルではない。そのため、規則にしたがって書き換える。適用可能な書き換え規則は「VP → V」と「VP → V NP」の2つがあるため、それぞれで書き換えて可能性リストに戻す

⑥Cを取り出して先頭の要素を確認すると、Vなので単語シンボルだとわかる。現在のポジションは3で、その場所の単語はcat なのでVから書き換えはできない。よって、書き換えが失敗する。書き換えが失敗すると、その要素は取り除かれ、backup state から解析対象をスライドして持ってくる必要がある。この場合は、(V NP) 3を持ってくるが、また書き換えが失敗してしまうので、結局、(ART ADJ N VP) 1がスライドして先頭に来る

⑦Cを取り出して先頭の要素を確認すると、ARTなので単語シンボルだとわかる。現在のポジションは1で、その単語はthe であり、ARTから書き換えが可能なので、ARTをtheに書き換える。1単語処理できたので、ポジションを2にする

⑧ADJ、N、V についても、上記①～⑦と同様に処理していくと、最後に「() 5」となる。これは、もう処理する要素がなく、ポジションが5、すなわち、入力の最後まで行ったということなので、解析成功となる

最初、black を N だと思って進めてしまったために、解析できなくなり、ADJ だと思って進める方に切り替えて処理を進めていることがわかると思います。backup state を使うことによって、このような切り替えが実

現されています。（図24）

図24 単純なトップダウンパーザによる解析（その2）

この過程から得られる構文木は図25の通りです。

図25「The black cat runs.」の構文木

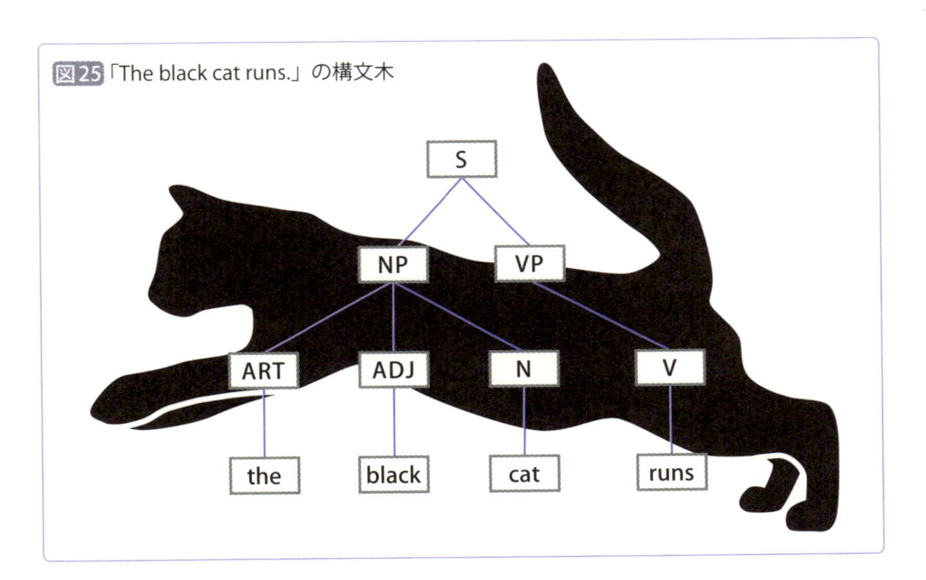

単純なトップダウンパーザー以外の構文解析

単純なトップダウンパーザーは、名前通りにSからトップダウンで書き換えていきますが、反対に、単語から構文木を組み立てていく方法もあります。これは「ボトムアップパーザー」と呼びます。さらに、トップダウンパーザーとボトムアップパーザーを組み合わせた構文解析手法もあります。

また、構文解析では複数の構文木の可能性が得られることもあります。例えば、「I saw a girl with a telescope.」という文では、「望遠鏡を持った女の子を見た」のか、「望遠鏡で女の子を見た」のかがわからず、構文的な曖昧性が存在します。このような場合には、よりもっともらしい構文木を得られるように、統計的な手法を用いて判断を行います。

【6-2】Web検索をしてみよう

今やWeb検索は私たちの日常に欠かせないものになりました。
もちろん、このWeb検索にも言語処理の仕組みがふんだんに活用されています。
そこで、改めてWeb検索をしてみましょう。

Step1 ▷ Web検索をしてみよう

実際にWeb検索をしてみましょう。検索エンジンによっては、表示される形式や、サイトの種類が異なることがわかります。
なお、図はGoogleで「人工知能」と検索してみた結果です。
単にWebサイトだけでなく、関連するニュースも表示されています。

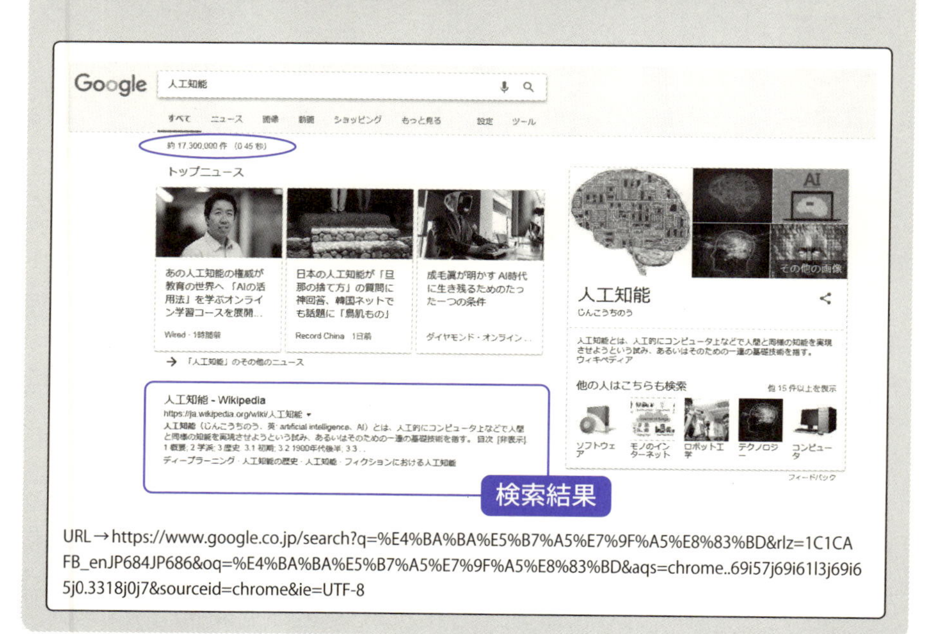

URL→https://www.google.co.jp/search?q=%E4%BA%BA%E5%B7%A5%E7%9F%A5%E8%83%BD&rlz=1C1CAFB_enJP684JP686&oq=%E4%BA%BA%E5%B7%A5%E7%9F%A5%E8%83%BD&aqs=chrome..69i57j69i61l3j69i65j0.3318j0j7&sourceid=chrome&ie=UTF-8

Step2 ▷ Web検索に用いられている言語処理の技術を考えてみよう

Step1でGoogleで検索した場合には、検索結果の左上にヒット件数と検索にかかった時間が出ていると思います。どのくらいの時間がかかっていましたか？
また、Web検索の結果の表示順位はそれなりに妥当であるように見えますが、この順番はどうやって決められているのでしょうか。インターネット上のWebページは数十億以上あると言われています。そのような大規模なものをどうやってそんなに高速に検索できているのでしょうか。
本書でここまで学んできた知識を基に、Web検索に用いられていそうな言語処理の技術を考えて、書き出してみてください。

本章では言語処理の基盤技術として、文字列検索、形態素解析、構文解析を説明してきました。ここからは、これらの基盤技術の上に構築される言語処理アプリケーションについてその仕組みを説明します。

[6-2-1] 文書検索の仕組みを見てみよう

◇文書を見つけ、ランク付けする

文書検索とは、文書の集合があるとき、ユーザからの検索キーワードに基づいて、関連文書を見つける仕組みのことです。

1990年代まではそれほど活発な分野ではありませんでしたが、インターネットの普及に伴い、しだいに大規模なテキストを検索するニーズが高まりました。今や、Google検索を使ったことがない人はいないでしょう。

この文書検索を行うプログラムのことを「文書検索エンジン」と言います。文書検索エンジンの仕事は次の2つです。

①大量の文書集合から検索キーワードを含む文書を高速で見つける
②見つかった文書を適切にランキングする

①の「大量の文書集合から検索キーワードを含む文書を高速で見つける」については、「転置インデックス」（もしくは、単に「インデックス」）と呼ばれるものを使います。一見すると難しそうですが、いわゆる「索引」のことです。

よく、本の末尾などに用語とその用語が出ているページが載っていますよね。それと同じものを文書集合について作っておくことで、文書を高速に検索する、という原理です。②の「見つかった文書を適切にランキングする」については、TF-IDFと呼ばれる文書のスコアリング方式が有名です。それでは、まず転置インデックスから見ていきましょう。

転置インデックスの作成方法

転置インデックスの作成を具体例で見てみましょう。今回は、簡単にするために次の3つの文書からなる文書集合を考えます（図26）。

文書1: 人工知能が今ブームになっている。
文書2: 今日の講義は人工知能についてらしい。
文書3: 知能は人工的に作れるのだろうか。

転置インデックスを作るには、対象の文書を形態素解析して、単語に分割します。

図26 文書を形態素解析した結果

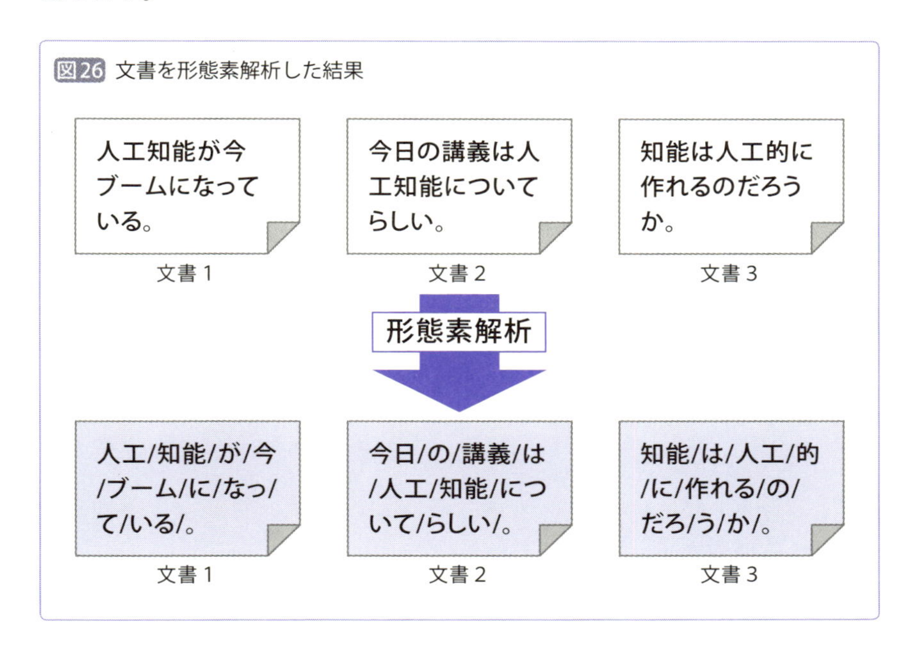

そして、単語から文書番号を引けるようにした索引を作ります。これが転置インデックスです。

転置インデックスを作っておくと、検索キーワードが「ブーム」であれば、文書1 にあるということがすぐにわかります。また、「知能」と「ブーム」という2つの検索キーワードであれば、まず、「知能」が入っている文書1、2、3と「ブーム」が入っている文書1の共通部分（アンド）を見ることで、2つのキーワードが入っている文書1をすぐに見つけることができます。

今回の例のようなものではない、単語が多いような場合には転置インデックスのサイズが大きくなりますが、転置インデックスは大きな辞書のようなものなので、辞書引きのときのバイナリサーチのようなテクニックを用いることで高速に検索することができます。また、転置インデックスを分割し、並列して検索することで、さらに高速化することもでき、非常に使い勝手のよいデータ構造です（図27）。

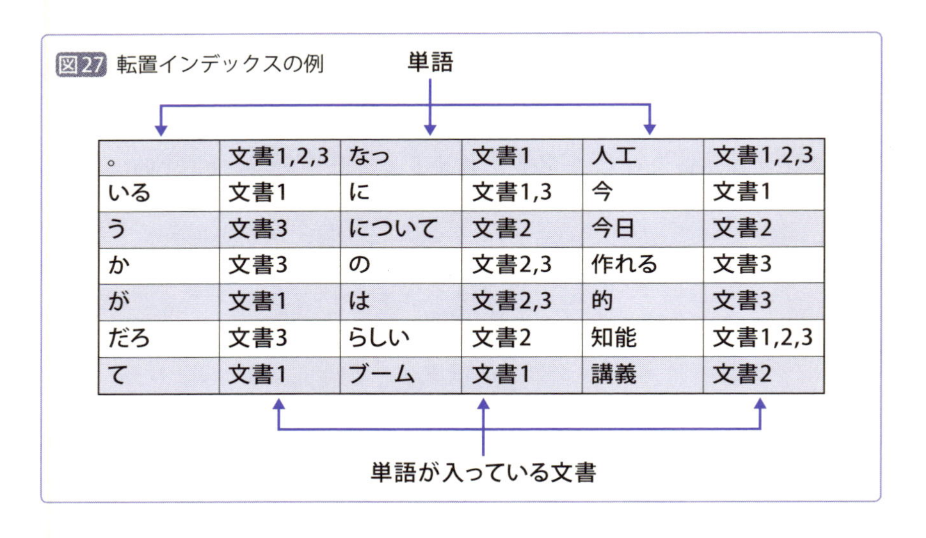

。	文書1,2,3	なっ	文書1	人工	文書1,2,3
いる	文書1	に	文書1,3	今	文書1
う	文書3	について	文書2	今日	文書2
か	文書3	の	文書2,3	作れる	文書3
が	文書1	は	文書2,3	的	文書3
だろ	文書3	らしい	文書2	知能	文書1,2,3
て	文書1	ブーム	文書1	講義	文書2

図27 転置インデックスの例

フレーズ検索を実現する方法

転置インデックスの拡張として、単語の位置に注目する方法があります。具体的には図28のような転置インデックスを作ります。図27の転置インデックスでは文書番号しか書かれていませんでしたが、今回は文書番号に加え、単語位置が書かれています。

このような転置インデックスを作っておくと、「フレーズ検索」が実現できます。通常「人工知能の応用」と検索すると「人工／知能／の／応用」と形態素解析し、この3つの要素の順番を考慮せずに検索してしまいます。フレーズ検索なら、「人工知能の応用」という表記そのままで検索することが可能です。

この転置インデックスを参考に、「人工」と「知能」が連続している文書だけを検索してみましょう。転置インデックスを検索すると次の検索結果が得られます。

人工：文書１（１単語目）、文書２（５単語目）、文書３（３単語目）
知能：文書１（２単語目）、文書２（６単語目）、文書３（１単語目）

そして、同じ文書について、単語位置が連続しているかどうかを確認します。文書1については、1単語目→2単語目となっていて連続しています。文書2についても、5単語目→6単語目となっていて連続しています。しかし、文書3については、3単語目→1単語目となっており、単語が連続していないことがわかります。よって、「人工」と「知能」が連続している文書は、文書1、2のみであるとわかります。

図28 「単語位置」にも注目した転置インデックス

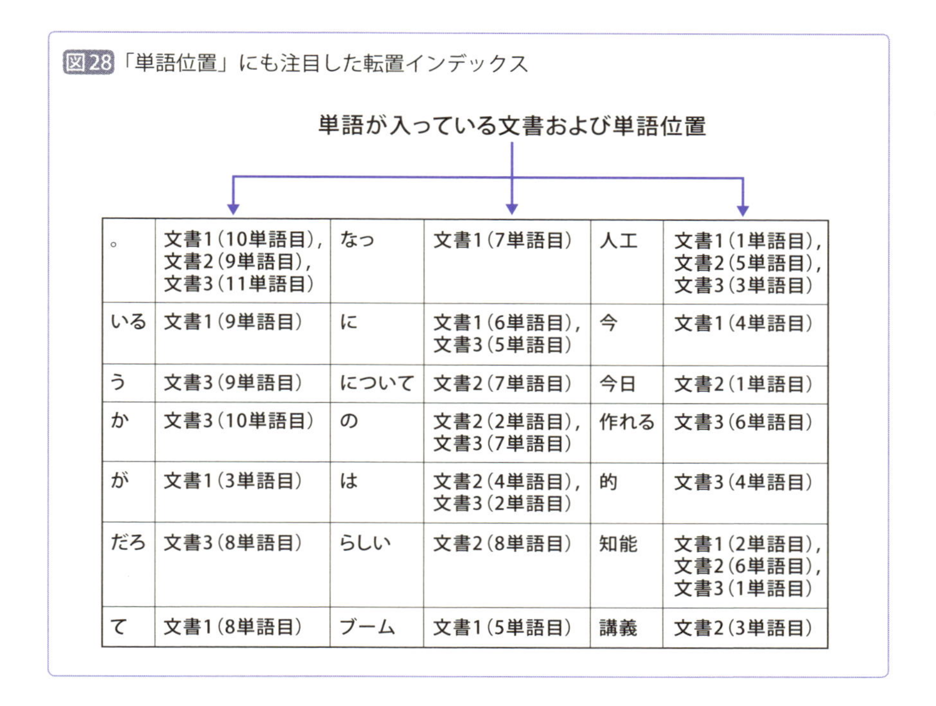

。	文書1(10単語目), 文書2(9単語目), 文書3(11単語目)	なっ	文書1(7単語目)	人工	文書1(1単語目), 文書2(5単語目), 文書3(3単語目)
いる	文書1(9単語目)	に	文書1(6単語目), 文書3(5単語目)	今	文書1(4単語目)
う	文書3(9単語目)	について	文書2(7単語目)	今日	文書2(1単語目)
か	文書3(10単語目)	の	文書2(2単語目), 文書3(7単語目)	作れる	文書3(6単語目)
が	文書1(3単語目)	は	文書2(4単語目), 文書3(2単語目)	的	文書3(4単語目)
だろ	文書3(8単語目)	らしい	文書2(8単語目)	知能	文書1(2単語目), 文書2(6単語目), 文書3(1単語目)
て	文書1(8単語目)	ブーム	文書1(5単語目)	講義	文書2(3単語目)

◇文書をランク付けするTF-IDFの仕組み

検索キーワードが含まれる文書が大量に見つかった場合、文書のランク付けが非常に重要となります。このランク付けの手法として、よく利用されるのが「TF-IDF」と呼ばれる手法です。

さて、ここでクイズです。「知能」という検索キーワードで、次の2つの文書が見つかったとき、どちらを上位にランキングすればよいでしょうか。

文書1：知能とは一体何だろう。知能を定義することは難しい。
文書2：今回の講義は知能についてだった。面白かった。

TF-IDFに基づく手法では、文書1を上位にランキングします。なぜなら、検索キーワード（この場合は「知能」）が、より多く出現しているからです。

文書1は「知能」が2回出ていて、文書2は「知能」が1回なので、文書1が優先されます。

もうひとつクイズです。「探索」と「ビタビ」という2つのキーワードで検索したところ、次の2つの文書が見つかったとします。どちらを上位にランキングすればよいでしょうか。

文書1：探索の講義でビタビアルゴリズムを学んだ。探索は奥が深い。
文書2：ビタビアルゴリズムはビタビという人が考案した探索手法だ。

TF-IDFに基づく手法では、文書2をランキング上位にします。なぜなら、重要な検索キーワードがより多く出現しているからです。

「探索」と「ビタビ」という2つのキーワードですが、比べてみると、「探索」の方がより一般的な単語です。それに比べて「ビタビ」は、比較的マニアックな単語です。よって、ビタビの方が珍しく、重視すべき単語だと考えられます。

文書1では、「探索」が2回、「ビタビ」が1回出現しています。文書2では、

「探索」が1回、「ビタビ」が2回出現しています。文書2では、より重要なビタビが2回出現していますので、こちらが上位にランキングされます。

TF-IDFの計算方法

2つのクイズで示した考え方がTF-IDFの「こころ」です。TFとは「Term Frequency（検索キーワードの頻度）」のことで、IDFというのは、「Inverse Document Frequency（文書頻度の逆数）」を意味します。単語のIDFの値は次の式で計算されます。

$$\mathrm{IDF}（単語）=\log\left(\frac{文書数}{単語が出現している文書数}\right)$$

IDFは、単語が出現している文書数が小さければ小さいほど、すなわち、珍しければ珍しいほど、大きくなる数値です。式の中で対数をとっているのは、値があまりに大きくならないようにするためです。

TF-IDFに基づく手法は、検索キーワードのそれぞれについて、文書におけるTFとIDFを掛け合わせて足したものを文書のスコアとして、ランキングします。スコアは、次の式で計算されます。

TF-IDFスコア＝検索キーワード1のTF×検索キーワード1のIDF
＋検索キーワード2のTF×検索キーワード2のIDF
⋮
＋検索キーワードNのTF×検索キーワードNのIDF

以上の式を参考に、2つ目のクイズを例にして実際にランク付けしてみましょう。

ここで「探索」という単語は1000文書中、100文書に出現していたとします。一方の「ビタビ」という単語は、1000文書中、5文書に出現していたとします。つまり、「探索」のIDFは、

$$\log\left(\frac{1000}{100}\right)=\log(10)=2.30$$

です。「ビタビ」のIDFは

$$\log\left(\frac{1000}{5}\right)=\log(200)=5.30$$

です。なお、ここでの対数には自然対数を用いています。

文書1では、探索が2回、ビタビが1回出現していますので、探索についてのTFは2、ビタビのTFは1です。IDFはそれぞれ、2.3と5.3なので、それぞれを掛け合わせて合計してTF-IDFのスコアを求めます。

$$2 \times 2.3 + 1 \times 5.3 = 9.9$$

文書2では、探索が1回、ビタビが2回出現していますので、探索についてのTFは1、ビタビのTFは2です。IDFはそれぞれ、2.3と5.3なので、それぞれを掛け合わせて合計すると、

$$1 \times 2.3 + 2 \times 5.3 = 12.9$$

となり、これが、文書2のTF-IDFのスコアです。

文書1と文書2のスコアを比較してみると、文書2の方が大きいので、TF-IDFに基づくと、文書2が上位にランキングされます。

TF-IDFに基づくランキング手法は強力ですが、商用の検索エンジンなどでは、さらにランキングの精度を高めるために様々な工夫を行っています。例えば、人気サイトを上位にランキングするようにしたり、ユーザの閲覧履歴やクリック履歴にしたがってランキングを変更したり、といったことを行っています。

〔6-2-2〕
文書分類の仕組みを見てみよう

◇スパムフィルタなどで活用される

文書分類とは、その名の通りに文書をいくつかのカテゴリに分類することです。

ここでは、文書分類の技術が実際に活用されているスパムフィルタを例にして、文書分類の仕組みを説明していきます。具体的には、単純ベイズ分類器に基づくスパムフィルタについて説明します。単純ベイズ分類器については197ページを参照してください。

メールアプリなどに実装されているようなスパムフィルタには、単純ベイズ分類器が適用されています。具体的には、メールAがあるとき、それがスパムである確率を求め、また同時に、それがスパムでない確率も求めます。そして、スパムである確率の方が大きければスパムであると判定します。この際の確率の計算に、ベイズの定理と独立性の仮定を用います。

スパムフィルタの仕組み

メールAがあるとき、それがスパムである確率は次のように表せます。

$$p(\mathrm{SPAM} \mid \text{メールA})$$

この式を、ベイズの定理を用いて書き換えると次のようになります。

$$p(\mathrm{SPAM} \mid \text{メール A}) = \frac{p(\text{メール A} \mid \mathrm{SPAM}) \times p(\mathrm{SPAM})}{p(\text{メール A})}$$

同様に、メールAがあるとき、それがスパムでない確率は次のページのように表せます。

p (NON_SPAM | メールA)

ベイズの定理を用いて書き換えると、次のようになります。

$$p\ (\text{NON\_SPAM} \mid \text{メール A}) = \frac{p\ (\text{メール A} \mid \text{NON\_SPAM}) \times p\ (\text{NON\_SPAM})}{p\ (\text{メール A})}$$

こうしてみると、どちらも分母が同じ「p (メールA)」なので、確率の大小比較には関係ないことがわかります。よって、

・p (メールA | SPAM) × p (SPAM)
・p (メールA | NON_SPAM) × p (NON_SPAM)

のみを計算し、これらの値を比較すればよいことになります。

まず、p (メールA|SPAM) × p (SPAM) について見てみましょう。p (SPAM) については、簡単に求めることができます。これはスパムが出現する確率です。よって、メールボックスを見て、スパムの割合を調べればよいことになります。例えば、メールボックスに100のメールがあり、20のスパムがあるとすると、p (SPAM) は$\frac{20}{100}=0.2$となります。

p (メールA|SPAM) については、少し工夫が必要です。まず、メールAを分解します。メールというのは複数の単語から成り立っているものですから、ここでは「$w_1, w_2, \cdots\cdots, w_n$」というn個の単語から成り立っていると考えましょう。そうすると、

$$p\ (\text{メール A} \mid \text{SPAM}) = p\ (w_1, w_2, \cdots, w_n \mid \text{SPAM})$$

と表すことができます。そして、スパムにw_1という単語が出現することと、スパムにw_2という単語が出現することは独立であるという仮定を置くと、この式は、次のように書き換えることができます。

$$p(w_1 | SPAM) \times p(w_2 | SPAM) \cdots \times p(w_n | SPAM)$$

つまり、「p（メールA|SPAM） × p（SPAM）」は、

$$p(w_1 | SPAM) \times p(w_2 | SPAM) \cdots \times p(w_n | SPAM) \times p(SPAM)$$

という式で求めることができます。$p(w_1|SPAM)$ というのは、これまでのスパムメールの中に単語w_1が出現している確率なので、次の式で簡単に計算できます。

$$p(w_1 | SPAM) = \frac{\text{スパムメールに含まれる } w_1 \text{ の数}}{\text{スパムメールに含まれる総単語数}}$$

「p（メールA|NON_SPAM） ×p（NON_SPAM）」についても、スパムの場合と同様に次の式に書き換えることができます。

$$p(w_1 | NON\_SPAM) \times p(w_2 | NON\_SPAM) \cdots \times p(w_n | NON\_SPAM) \times p(NON\_SPAM)$$

つまり、スパム判定には、次の値を比較すればよいことになります。

・スパムの場合

$$p(w_1 | SPAM) \times p(w_2 | SPAM) \cdots \times p(w_n | SPAM) \times p(SPAM)$$

・スパムでない場合

$$p(w_1 | NON\_SPAM) \times p(w_2 | NON\_SPAM) \cdots \times p(w_n | NON\_SPAM) \times p(NON\_SPAM)$$

対数を活用する方法

ところで、290ページでも紹介した通り、メールは一般に多くの単語から構成されています。確率のような1以下の値を何度も掛け算していくと非常に小さい値となり、コンピュータで計算できなくなることがあります。よって、確率をそのまま掛け合わせていくのではなく、確率の対数をとって「足して」いくことが普通です。

方程式や不等式において、対数をとると、掛け算を足し算にできるようになるという便利な性質があるので、それを用います。例えば、

$$0.001 \times 0.001 = 0.000001$$

という方程式は、対数をとって足し算にすると次のようになります。

$$\log(0.001) + \log(0.001) = \log(0.000001)$$

底が10だとすると、$(-3) + (-3) = -6$なので、関係性が保たれていることがわかります。

このことを参考に、スパムである場合とスパムでない場合の値は、対数をとるようにすると次の式になります。これらの大小比較を行えばよいということです。

・スパムの場合

$$\log(p(w_1 | SPAM)) + \log(p(w_2 | SPAM)) \\ \cdots + \log(p(w_n | SPAM)) + \log(p(SPAM))$$

・スパムでない場合

$$\log(p(w_1 | NON\_SPAM)) + \log(p(w_2 | NON\_SPAM)) \\ \cdots + \log(p(w_n | NON\_SPAM)) + \log(p(NON\_SPAM))$$

◇スパムフィルタの動作例

ここまでで根本の仕組みを理解できたら、スパムフィルタの動作例を具体的に見てみましょう。

今、過去に届いたメールは次の3通（メール1と3がスパム、メール2はスパムでない）とします。

このとき、新たに届いた4通目のメール（メール4）がスパムかどうかを単純ベイズ分類器で判定してみましょう（図29）。

図29 過去に届いたメールと新しく届いたメール

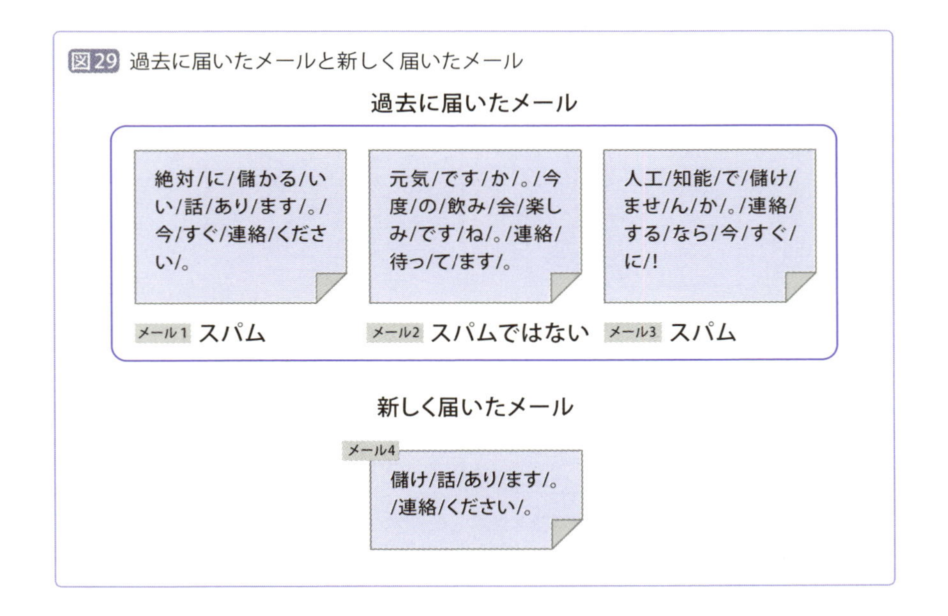

単純ベイズ分類器で判定する際には、「各単語がスパムに出現する確率」、「各単語がスパムではないメールに出現する確率」、「スパムの確率」、「スパムではないメールの確率」が必要です。これらの数値は、メール1から3におけるスパムの割合や、メール1から3を形態素解析して単語の数を数えることで計算できます。

次のページの表2から表4に、これらの確率を私の手元で計算した表を示します。確率値の対数も載せておくので参考にしてください。

表2 スパムメールに各単語が出現する確率

	確率	対数
p（。|SPAM）	0.11	-2.23
p（あり|SPAM）	0.04	-3.33
p（いい|SPAM）	0.04	-3.33
p（か|SPAM）	0.04	-3.33
p（ください|SPAM）	0.04	-3.33
p（すぐ|SPAM）	0.07	-2.64
p（する|SPAM）	0.04	-3.33
p（で|SPAM）	0.04	-3.33
p（なら|SPAM）	0.04	-3.33
p（に|SPAM）	0.07	-2.64
p（ます|SPAM）	0.04	-3.33
p（ませ|SPAM）	0.04	-3.33
p（ん|SPAM）	0.04	-3.33
p（人工|SPAM）	0.04	-3.33
p（今|SPAM）	0.07	-2.64
p（儲かる|SPAM）	0.04	-3.33
p（儲け|SPAM）	0.04	-3.33
p（知能|SPAM）	0.04	-3.33
p（絶対|SPAM）	0.04	-3.33
p（話|SPAM）	0.04	-3.33
p（連絡|SPAM）	0.07	-2.64
p（!|SPAM）	0.04	-3.33

表3 スパムではないメールに各単語が出現する確率

	確率	対数
p（。|NON_SPAM）	0.18	-1.73
p（か|NON_SPAM）	0.06	-2.83
p（て|NON_SPAM）	0.06	-2.83
p（です|NON_SPAM）	0.12	-2.14
p（ね|NON_SPAM）	0.06	-2.83
p（の|NON_SPAM）	0.06	-2.83
p（ます|NON_SPAM）	0.06	-2.83
p（今度|NON_SPAM）	0.06	-2.83
p（会|NON_SPAM）	0.06	-2.83
p（元気|NON_SPAM）	0.06	-2.83
p（待っ|NON_SPAM）	0.06	-2.83
p（楽しみ|NON_SPAM）	0.06	-2.83
p（連絡|NON_SPAM）	0.06	-2.83
p（飲み|NON_SPAM）	0.06	-2.83

表4 スパムメールおよびスパムでないメールの出現確率

	確率	対数
p（SPAM）	0.67	-0.41
p（NON_SPAM）	0.33	-1.1

→表2から4において、対数は自然対数を使用。関数電卓では[ln]を押すと計算できる。
なお、それぞれ四捨五入しているため、確率のところに書かれた値の対数をとっても
対数のところに書かれた値と一致しないので注意

判定したいメール4は、次のようなものです。

儲け／話／あり／ます／。／連絡／ください／。

このメール4の各単語についても、確率の対数をとったものを計算して、足し合わせていきます。

具体的には、各単語のSPAM/NON_SPAMにおける出現確率の対数を足していき、最後に、スパムの確率の対数、スパムではないメールの確率の対数も加えて、総和を求めます。

図30では、スパムの場合の値が−24.18、スパムではない場合の値が−28.66です。スパムの場合の値の方が大きいので、メール4はスパムだと判定できます。

なお、ここでは単純ベイズ分類器を用いた文書分類を説明しましたが、その他の分類アルゴリズムを用いることも可能です。最近ではディープラーニングを用いて文書分類を行う事例が増えてきています。

図30 スパム判定の計算

対数を縦に足していく

p(SPAM| メール 4)

	対数	累積
log(p(儲け |SPAM))	-3.33	-3.33
log(p(話 |SPAM))	-3.33	-6.66
log(p(あり |SPAM))	-3.33	-10
log(p(ます |SPAM))	-3.33	-13.33
log(p(。 |SPAM))	-2.23	-15.56
log(p(連絡 |SPAM))	-2.64	-18.2
log(p(ください |SPAM))	-3.33	-21.53
log(p(。 |SPAM))	-2.23	-23.77
log(p(SPAM))	-0.41	-24.18

p(NON_SPAM| メール 4)

	対数	累積
log(p(儲け |NON_SPAM))	-4.61	-4.61
log(p(話 |NON_SPAM))	-4.61	-9.21
log(p(あり |NON_SPAM))	-4.61	-13.82
log(p(ます |NON_SPAM))	-2.83	-16.65
log(p(。 |NON_SPAM))	-1.73	-18.38
log(p(連絡 |NON_SPAM))	-2.83	-21.22
log(p(ください |NON_SPAM))	-4.61	-25.82
log(p(。 |NON_SPAM))	-1.73	-27.56
log(p(NON_SPAM))	-1.1	-28.66

-24.18 > -28.66
なのでメール 4 はスパム

→データがなく、確率が不明なところは小さい値（0.01）で代替している。
なお、log(0.01) = -4.61

(6-2-3) 言語処理の分野の拡がり

◇「画像」も言語処理の対象に

本章では、言語処理に関するアプリケーションとして、文書検索と文書分類について触れました。これまでの章で説明してきた探索や機械学習のテクニックが多く使われていることに気付いたのではないかと思います。

言語処理は、人間の有する機能の中でも高次な処理だということもあり、人工知能においても様々な技術が組み合わさり用いられています。

本章の最後として、言語処理の分野の現状について見ておきましょう。以下はACL（言語処理分野において最も権威のある学会）の2017年のセッション一覧です。

情報抽出、意味論、機械翻訳、言語生成、質問応答、画像、文法・統語論、機械学習、ソーシャルメディア、センチメント分析、音声・対話、談話、マルチリンガル、音韻論、言語資源、要約

「情報抽出」、「機械学習」といった伝統的な分野がありつつ、その中でも注目すべきは「画像」に関するセッションがあることでしょう。

ディープラーニングの拡がりにより、様々なデータをニューラルネットワークに入れて統合的に処理する研究が増えてきました。特に、画像データとテキストデータを一緒に扱って質問応答を行ったり（「Visual QA」と呼ばれます）、画像と言語を紐付けたりする研究が盛んになってきています（図31）。今や言語処理は、「言語」だけの垣根を超えて、急速に他のメディアと結びつこうとしているのです。

図31 写真を見て質問に答える「Visual QA」の問題例

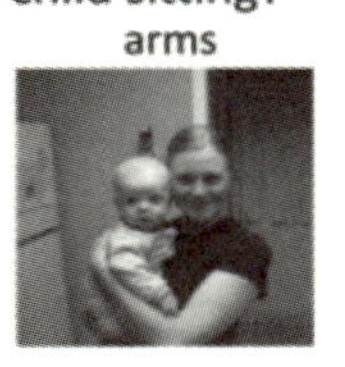

画像出典：Yash Goyalほかによる論文『Making the V in VQA Matter: Elevating the Role of Image Understanding in Visual Question Answering』
URL→http://openaccess.thecvf.com/content_cvpr_2017/papers/Goyal_Making_the_v_CVPR_2017_paper.pdf

CoffeeBreak　ユーザへピンポイントに応える質問応答システム

文書検索エンジンは文書のリストを返しますが、知りたい答えそのものを的確に教えてくれるわけではありません。結局のところ、答えそのものはユーザが文書を読んで自分で見つける必要があります。しかし、情報過多の時代に、ひとつずつ文書を読むことは輪をかけて大変になりつつあります。

そこで、これからの時代に期待されている技術が「質問応答システム」です。これは、ユーザの質問に対する的確な答えを文書から抽出するという技術です。質問応答システムとして代表的なものは、人間のクイズチャンピオンを破ったIBMのWatsonでしょう。日本国内でも、NTTドコモの提供する「しゃべってコンシェル」に質問応答機能があります。しゃべってコンシェルでは、定番の質問には事前に準備した回答を用いて高速に答える「データベース型質問応答」、一般的な質問にはインターネットから回答を検索する「検索型質問応答」を用い、旬の話題に関する質問には、「リアルタイム検索」を用い、答えをツイッターなどから見つけるといった工夫をしています。

第6章のまとめ

- 言語処理の基本的な処理として「文字列検索」、「辞書引き」、「形態素解析」、「構文解析」がある
- 文字列検索では、Boyer-Moore法を用いることで高速に検索できる。また、バイナリサーチやトライ木を用いることで、高速な辞書引きができる
- 形態素解析には、「文を単語に分割する処理」と「品詞を判定する処理」がある。また、品詞列のもっともらしさを判定するためには、コーパスから得られる統計情報を用いる
- 構文解析の手法として、トップダウンパーザとボトムアップパーザがある。また、構文解析の背後には、「世の中の言葉は全て一定の規則に従って生成されたものだ」という「生成文法」の考え方がある
- 言語処理の主なアプリケーションとして、文書検索や文書分類がある
- 文書検索では、転置インデックスやTF-IDFの仕組みによって、高速かつ、よい検索結果が出力できる。文書分類には、単純ベイズ分類器などの機械学習の手法が用いられる

練習問題

「Boyer-Moore法」は文字列のどこに着目して検索するでしょうか？

A あたま　B おしり
C 真ん中

統計的な言語処理を行うために必要とされるものは次のうちどれでしょうか？

A コーパス　B トライ木
C ジャンプテーブル　D 転置インデックス

文書検索で用いられる「IDF」は、単語の何を表していると言えるでしょうか？

A 面白さ　B 珍しさ
C 楽しさ　D 意味

Q1. B　Q2. A　Q3. B

Chapter 07

人工知能に対話させよう

～人間のように対話するには？～

最終章の本章では、対話システムについて学びます。人工知能の究極のゴールのひとつが対話システムです。ここでは、対話とは何か、対話システムの種類、対話システムが応答するための仕組みなどを説明していきます。SFの世界のように人工知能と自然に話せる未来は来るのでしょうか？

【7-1】
人工知能と対話をしてみよう

最終章となる本章では、前章の「言語処理」に続いて、人工知能における「対話」についてを学んでいきます。最近は、スマートフォンに音声エージェントサービスが搭載されたり、家の中でパーソナルロボットが使われ始めたり、さらには街中でロボットを見かけたりするなど、人間とコンピュータとのふれあいや対話がどんどん身近なものになってきています。

対話は、人間の行う処理の中でも非常に複雑な処理です。ユーザの発話した内容を解析するだけではなく、ユーザの意図を理解する必要があります。

また、発話は省略があったり、文脈に応じて意味が変わったりします。場合によっては大きく異なる意味になったりもします。

例えば、人間は、嫌いなのに「好き」と言ったり、好きなのに「嫌い」と言ったりします。また、相手の表情などから、感情を読み取ったり、その場の空気を読んだりしないといけませんし、人間関係も考慮しなくてはなりません。

そこで、今回の「やってみよう！」では、実際に多く使われているスマートフォンでの対話システムを体験してみましょう。

Step1 ▷スマートフォンで人工知能と対話してみよう

まずは、スマートフォンでコンピュータと対話してみましょう。対話できる代表的なものは、AppleのiPhoneやiPadで使用できる「Siri」です。もしくは、NTTドコモのスマートフォンをお持ちであれば、「しゃべってコンシェル」と会話してみてください。「しゃべってコンシェル」は、iPhoneであれば、NTTドコモの契約でなくても、アプリをインストールすれば話すことができます。マイクロソフトの提供する「りんな」でも構いません。LINEアプリでりんなと友達になると、会話することができます。

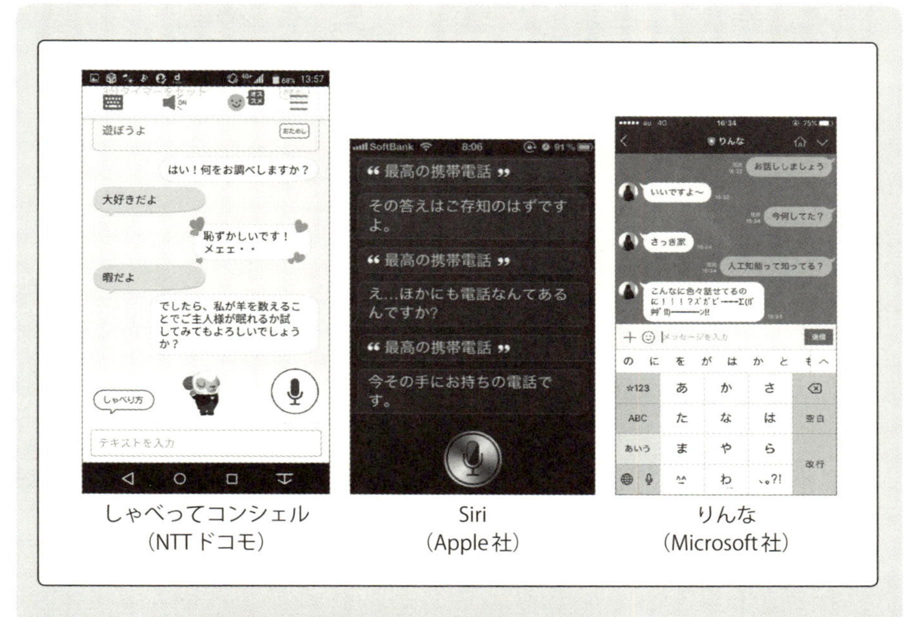

しゃべってコンシェル
（NTTドコモ）

Siri
（Apple社）

りんな
（Microsoft社）

Step2 ▷会話の限界を考えてみよう

Step1ではどのような会話ができましたか？その会話は自然なものだったでしょうか？話してみてすぐにわかったと思いますが、人工知能との会話には限界があります。
簡単な質問や検索、挨拶などであればそれなりの応答が返ってきますが、まだ込み入った会話はできません。
そこで、実際に対話システムを使ってみて、あなたが感じた問題点や課題を書き出してみましょう。

〔7-1-1〕

対話とはどういうものかを知ろう

◇対話は世界を変化させるもの？

本章では人工知能における対話処理について見ていきますが、まずは「そもそも対話とは何か？」というところから見ていきましょう。

一般に、対話は「言葉での情報の授受を繰り返すことで、自分自身や外界が変化するもの」と定義されます（図1）。

例えば、言葉を発すると、それにより情報を伝えることが可能ですが、それに付随して、自分の考え方や発話を受けた側の気持ちが変化することがあります。場合によっては、あなたの発話で何かが決定されてしまうことがあるかもしれません。つまり、対話とは「発話ごとに世界が変わっていく」というダイナミックなプロセスであると言えます。

「発話は世界に影響を与える『行為』である」。このような考え方のことを、「発話行為論」と言います。

図1 対話による相手や外界の変化

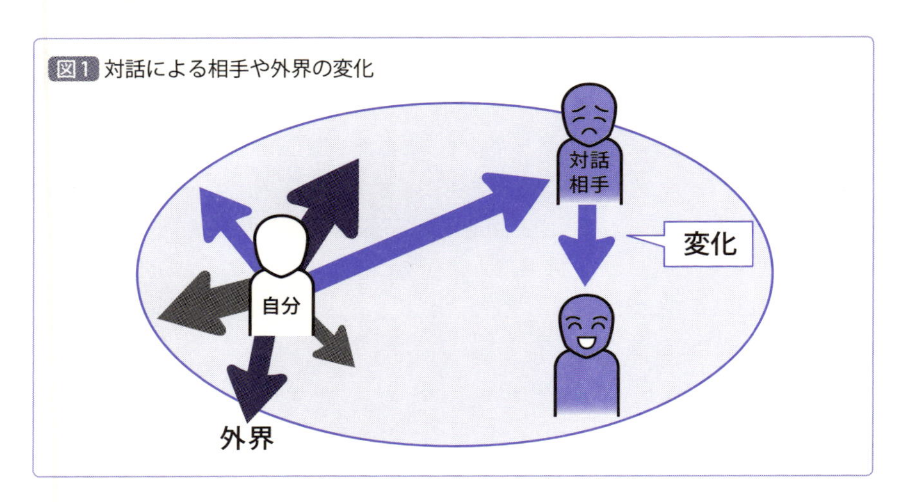

発話行為論によると、発話は次の３種類の行為に分類されます。

①発語行為

実際に発話を口にすることを指します。

②発語内行為

発話により遂行される行為のことを指します。開会式で「これから開会します」という発話をすると、実際に開会しますが、これは発話によって開会するという行為を行っています。「今度、プレゼントするね」という発話をすると、これは約束という行為を行っていることになります。

③発語媒介行為

発話した結果によって遂行される行為のことを指します。例えば、何かしら面白いことを言ったとして、相手が笑ったとすると、それは「笑わせる」という行為をしたということです。「②発語内行為」との違いは、「受け手の解釈を経るかどうか」にあります。「これから開会します」と言うと、誰の解釈にもよらず開会されますが、笑うかどうかは受け手の解釈が必要です。

なお、発話によって間接的にある行為が遂行される場合には、それを「間接発話行為」と呼びます。例えば、会社で部下に「今日は暑いね」と聞いたとします。これは、「クーラーをつけてくれ」という意味を含んでいます。つまり、表面上は「暑い」という陳述の行為ですが、実際には依頼の行為になっています。

◇対話の実現に必要な要素

①意図の理解

対話において、我々は、何らかの目的を達成しようとしています。次ページの図2を見てください。これは、客と旅行会社のオペレータの対話例です。

ここでの客は、東京への旅行の準備をするために、観光地の情報を収集し、ショッピングの情報を収集し、ホテルの予約を行っています。このような流れで対話をしているのは、客の頭の中に、図3のような意図の構造があるからです。これらの意図の構造にしたがって、発語（発語行為）が産み出されていきます。

図2 客と旅行会社のオペレータの対話例

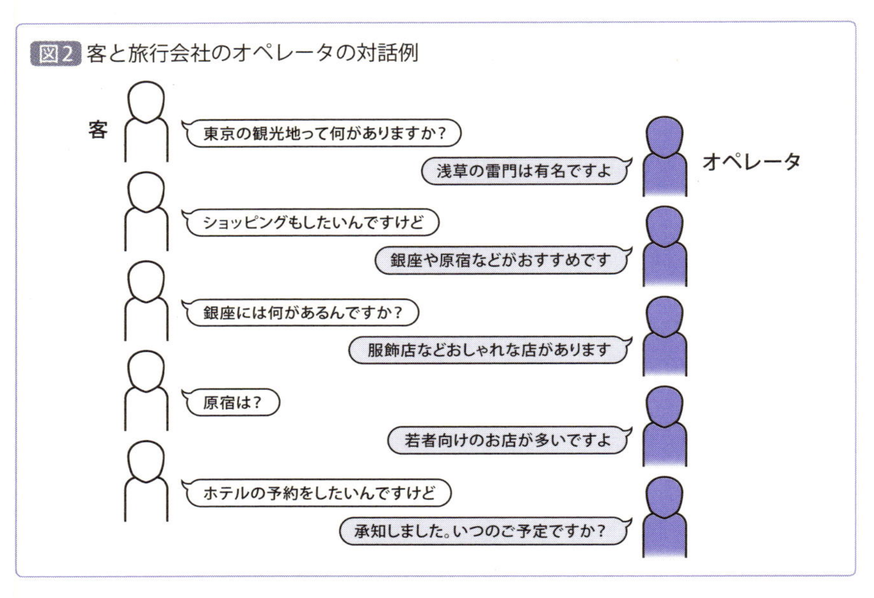

図3 発話の背後にある意図の構造の例

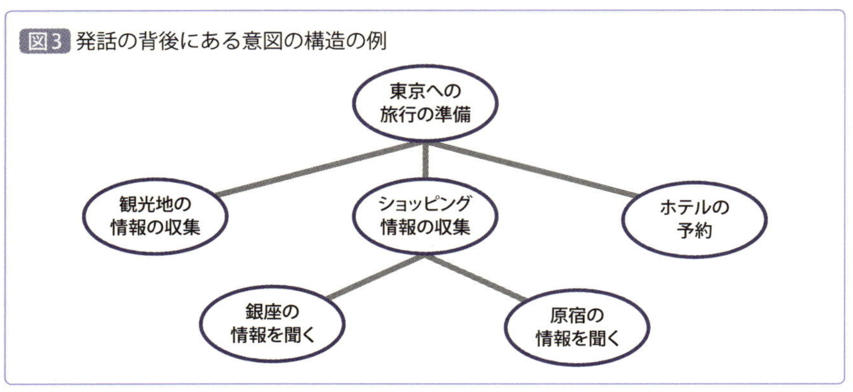

こうした場面では、オペレータは客の意図の構造を推測しながら話します。そうすることで、協調的な対話が実現されます。オペレータは、客が東京観光に関する予備知識に乏しいことを理解しているからこそ、むやみにレアなスポットなどを紹介せず、ポピュラーな観光地をおすすめしています。

②共通理解の構築

対話では、相手の意図の理解だけではなく、共通の理解を作るプロセスも大事です。お互いに「ここまではいいよね？」と考える共通の理解のことを「共通基盤」と言います。

対話において、基本的に一方の話者が提示した内容は、もう一方の話者の適切な反応（例えば、承認したり、話をさらに展開したりすること）によって受理され、基盤化されていきます。

このようにして共通基盤ができることで、何度も同じことを言う必要がなくなったり、相手の目的を正しく理解し、協調的にふるまったりすることができます（図4）。

図4 共通基盤の構築

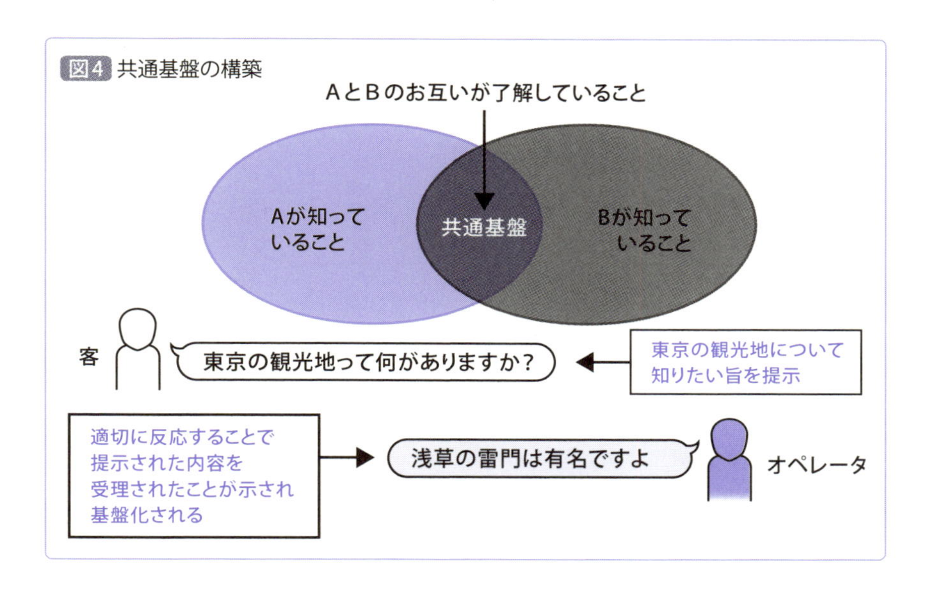

コールセンタにおけるオペレータとの対話では復唱が多くなりがちですが、これは、共通基盤の構築を重視し、手戻りがないようにしているためです。また、コールセンタのオペレータが交代すると、次のオペレータに、一から状況を説明し直さなくてはならないことがありますが、これは共通基盤を作り直していることに相当します。この過程は非常にストレスがたまるものですが、共通基盤の構築が対話において重要であるからこそ、必要になるのです。

◇音声対話を構成する要素

音声による対話では、音声ならではの様々な現象が現れます。図5において、音声対話に現れる現象の主なものを示します。

図では、話者Aが「えーと」、「お腹空いたから」、「食事に行こうよ」と発話しています。まず､音声というのはテキストのみの場合と違って｢息継ぎ」が必要なので、発話の間には「休止（ポーズ)」が現れます。ポーズに挟まれた発話のかたまりのことを、「間休止単位（Inter Pausal Unit = IPU)」と呼びます。これは、対話分析における基本的な単位です。

話者Aがひと通り話し終えると、話者Bが話してもよさそうなポーズ

図5 音声における様々な現象

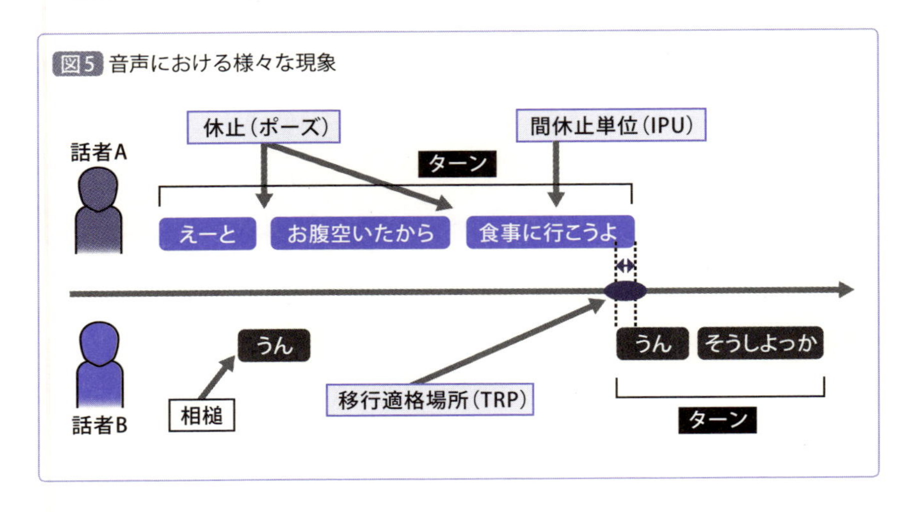

が現れます。このようなポーズの区間のことを、「移行適格場所(Transition Relevance Place = TRP)」と呼びます。ここで話者交代が起こります。

また、一方の話者がひと通り話している区間のことは「ターン」と呼び、これも対話分析における基本的な単位です。なお、話者Aが話している途中に、話者Bが「うん」と相槌を打っていますが、これは相手の発話を促しているだけなのでターンを形成しません。

人間同士の対話では、「食事に行こうよ」と「うん」のように発話がオーバーラップすることがよくあります。これは、「人間は相手の言い終わりを推測しながら対話をしている」ということを示しています。

図6と図7は、テキスト対話、および、音声対話の書き起こしです。ちなみにテキスト対話の方は、筆者の所属するNTTメディアインテリジェンス研究所で収集したデータです。

テキストでは、1行ずつ対話が進められていきますが、音声対話の場合はポーズがあったりして、テキストに書き起こすことが難しかったりするため、特殊な記法が用いられています。音声対話はかなり複雑な現象が起こっていることがわかるのではないでしょうか。

図6 テキスト対話の例

022(数字はユーザID、以下同様): 海は好きですか?
094: 泳ぐことは結構好きです。実はシュノーケルは最近やり始めたばかりなんです。
022: そうですか。シュノーケルも楽しいですよね。ダイビングは基本泳がないので楽です。
094: え、そうなんですか?でも映像とか見てると泳いでいるような気が…。
022: いかに消費しないでいるかなので、よっぽど流れが無い限り無理に泳がず、リラックスして漂う感じです。
094: なるほど、そういうことなんですね。でも、ダイビングって結構道具にお金がかかるんでしょうね。
022: スキーと同じで自分の道具でやった方が良いのですが、自分はもうマスクとウエットくらいしか持っていきません。値段はピンキリです。
094: だいたい現地で調達できるんですかね。マスクとかは何年くらい使えそうですか?人によっても違うんでしょうけど。
022: 私は物持ちが良いのかマスクはもう20年以上同じ物です。レンタルは基本どこでもあります。続けるなら買った方が安いって感じですが。。。

※筆者の所属する研究所にて収集したテキスト対話から抜粋

図7 音声対話の例（書き起こし）

```
94.47 96.41 A    ：うん。一番いいのは「ABC」。
97.03 97.47 B    ：うん。
97.49 98.79 A    ：「ABC」って @ 言う [[ ゆう ,col]]@ 所 [[ とこ ,col]] ね。
98.68 99.31 B    ：うん。
99.14 101.04 A   ：うん。それでパンフレットがあるはずだから。
100.95 101.43 B  ：うん。
101.50 106.76 A  ：うん。おがちゃんにあの「ABC」のじゃパンフレットか電話番号教えてくれるっ
                   て言えばいい と思う。
102.77 103.23 B  ：うん。
105.49 107.82 B  ：@ 私 [[ あたし ,col]] これ「JTB」に行けばもらえる?
107.80 108.57 A  ：もらえる。
108.72 110.83 B  ：@ 私 [[ あたし ,col]] じゃもらって来るわ。その方が早いわ却って。
109.80 112.74 A  ：うん。早いね。そう「ABC」がいいと思うよ。
112.60 114.64 B  ：% ああじゃ「ABC」のパンフレットもら = もらえばいいのね。
114.29 116.02 A  ：うん。パンフレットかもしくは電話
116.36 117.61 B  ：うん、分かった。うん。
```

※CALLHOME Japanese Transcripts（https://catalog.ldc.upenn.edu/LDC96T18）で配布されている書き起こしテキストから抜粋したもの

複数名の対話

なお、ここまでに提示してきた2名のみでの対話では、「話し手」と「聞き手」という役割が生まれますが、人数が増えて3名以上となった場合には、役割はもう少し複雑になり、次のような役割があるとされています（**図8**）。

図8 多人数の対話における役割

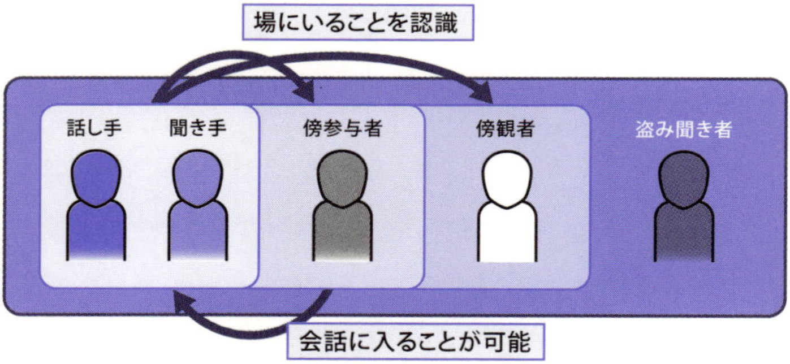

※図は坊農 真弓、鈴木 紀子、片桐 恭弘「多人数会話における参与構造分析―インタラクション行動から興味対象を抽出する」（『認知科学 Vol.11』、URL→https://www.jstage.jst.go.jp/article/jcss/11/3/11_3_214/_article/-char/ja/）より引用した

　実際に対話を行っている話し手と聞き手以外に、「参加してはいるけれど話してはいない」人物のことを「傍参与者」と言います。また、参加していない人物には、「傍観者」と「盗み聞き者」の２種類があります。前者は話し手や聞き手に認識されていますが、後者は認識されていません。

　複数名の対話では、参与役割は固定されず、それぞれ入れ替わりながら対話が進行します。例えば、傍観者が傍参与者になり、次に話し手になる、というような具合です。

　誰が次の話し手になるかについては、次のような規則が知られています（なお、この規則は「移行適格場所」において適用されます）。

- **他選：現在の話者が次の話者を指定した場合は、指定された話者が次の話し手になる**
- **自選：現在の話者が次の話者を指定していない場合は、先に話し始めた人が次の話し手になる**
- **他選も自選もない場合は、現在の話者が話し続けてもよい**

対話をスムーズにする「同調」

　対話では、「同調」と呼ばれる現象もよく知られています。その名の通り、相手に合わせるという現象です。

　この同調は、ものの呼び方、間のとり方、話す内容など様々なレベルで発生します。例えば、長年連れ添った夫婦は、かなりの確率で同じものを同じ名前で呼びますし、話し方や話す内容も似てきます。同調が行われることで相互理解がしやすくなり、一定のリズムが生まれ、話しやすくなります。

　人間が日常的に何気なく行っている対話ですが、しっかり注目してみると、実はこのように様々な現象が起こっています。ぜひ、自分の対話を客観的に分析してみてください。様々な発見があるはずです。

〔7-1-2〕
対話処理の基本を学ぼう

◇対話処理には2種類存在する

コンピュータ上で対話を扱うことを「対話処理」と言います。また、対話処理には、オフラインの対話処理とオンラインの対話処理があります。

①オフラインの対話処理

オフラインの対話処理とは、すでに起こった対話データに対して何らかの処理をすることを指します。主に人間同士の対話データを対象とし、それらを処理することで何らかの知見を得ます。

例えば、コールセンタ対話のマイニング（統計的な分析などによりビジネスに有益な知見を得ること）などがオフラインの対話処理に該当します。コールセンタなどでは、お客様からの声が大量に寄せられます。これらの多くは録音されていますが、サービス改善を考えている担当者が、全ての音声を聞くといったことは音声データの量が膨大なために不可能です。そこで、お客様の声を音声認識し、テキスト化したものを統計処理することで、どのような声が寄せられているかを分析する手法が多く使われています。また、声の調子などからお客様が怒っているといったこともわかるので、クレームを早期に発見する用途にも使われます。

②オンラインの対話処理

一方、オンラインの対話処理とは、現在進行中の対話を扱うもののことで、主に対話システムのことを指します。実際に人間と対話をすることで、人間や社会にとって役立つサービスを行います。

人間と自然な対話をするシステムは、人工知能の大きな目標のひとつであるとともに、工学的に広い応用が期待されています。例えば、複雑な機能を有する機器は、操作を行う人が操作方法を理解しないと使いにくいものですが、対話による言葉のやりとりで操作ができるとなると、操作の理解の必要がなくなり、誰にでも操作が可能になると考えられます。

また、音声によるやりとりは「ハンズフリー」、そして「アイズフリー」です。つまり、手を使わず、また、装置を見なくても機器を操作できるのです。

これらの操作面におけるメリットに加えて、人間のこころをケアするといったような用途にも対話システムは期待されています。人間は、言葉を様々な用途に使っており、その中には、精神的なものも含まれるからです。

◇対話システムの分類方法

対話システムには、様々な種類があります。これらを分類する際には、次のような観点がよく用いられます。

- **タスクの有無**：所定のタスクを遂行するかどうか。所定のタスクを遂行する対話システムのことを、「タスク指向型対話システム」、そうでないものを「非タスク指向型対話システム」もしくは、「雑談対話システム」と呼ぶ

- **人数**：対話に参加する人数。一対一で対話をするシステム、2人以上と対話をするシステム、多人数と対話をするシステムなど存在する。また、システムの方が人間よりも多い場合もある

- **モダリティ**：入出力の形態のこと。音声でのやりとりを行う対話システムは「音声対話システム」と呼び、テキストを用いる場合は、「テキスト対話システム」と呼ぶ。視線や顔の向き、ジェスチャーなどを用いる場合は、「マルチモーダル対話システム」と呼ぶ

- **主導権**：対話の主導権を誰が握るかのこと。システムが対話を主導する場合、「システム主導型対話システム」と呼び、ユーザが対話を

主導する場合、「ユーザ主導型対話システム」と呼ぶ。主導権が入れ替わる場合は「混合主導型対話システム」と呼ぶ

- **身体性：身体を持つかどうか。画面上にキャラクタが出てきて話をするようなシステムのことは「バーチャルエージェント型対話システム」と呼び、実際に身体を持つものは「会話ロボット」と呼ぶ**

対話システムの分類

では、身近な対話システムをいくつか例にして、上記の観点で分類してみましょう（表1）。

「やってみよう！」でも取り上げた「Siri」と「しゃべってコンシェル」は、「タスク」の観点から見ると、ユーザの秘書的な役割を担いますので、タスク指向型対話システムです。しかし、多少であればおしゃべりも可能ですので、非タスク指向型対話システムの要素も含まれています。「人数」に関しては、ユーザと一対一の対話を行うことが中心で、「モダリティ」は、音声、テキスト、タッチパネルなどです。「主導権」は主に混合主導です。「身体性」に関しては、両者とも実際の身体はありませんが、しゃべってコンシェルについては、キャラクタが画面上に現れるので、バーチャルエージェント型です。

「りんな」は、日常会話が中心ですので、非タスク指向型対話システムです。テキスト対話システムで、一対一の対話を行います。主導権は基本

表1 身近な対話システムの分類表

対話システム	タスク	人数	モダリティ	主導権	身体性
Siri／しゃべってコンシェル	タスク指向型対話システム（一部例外あり）	一対一	音声、テキスト、タッチパネルなど	混合主導	バーチャルエージェント型（しゃべってコンシェルのみ）
りんな	非タスク指向型システム	一対一	テキスト	ユーザ	なし（アイコンは存在）
Pepper	アプリによって変動	一対一&一対多	音声、タッチパネルなど豊富	アプリによって変動	会話ロボット

的にユーザにあり、ユーザの発言に対して、システムが何らかの応答を返すことを繰り返します。アイコンはありますが、ハードウェアとしての身体はありません。

ソフトバンク社の提供する「Pepper」はハードウェアなので、タスクの有無はアプリケーション次第だと言えます。一対一の対話以外にも、店舗や公衆施設などでの多人数対話に利用されます。身体があり、豊富なモダリティを持つことが特長です。マルチモーダル対話システムを構築する上で非常によいデバイスであると言えるでしょう。

◇タスク指向型対話システム

対話システムの研究において最もよく用いられる観点は「タスクの有無」です。そこで、タスク指向型対話システムと非タスク指向型対話システムについて、もう少し詳しく見ていきましょう。

タスク指向型対話システムは先ほども紹介した通り、所定のタスクを対話によって遂行する対話システムです。よく用いられるタスクには次のようなものがあります。

- **予約：ビデオ予約、チケット予約、会議室予約**
- **案内：経路案内、観光案内、バス運行案内、天気情報案内**
- **検索：レストラン検索、商品検索**
- **計画：計画立案（システムと協働して人の配置や列車の運行計画を立てる）**

タスク指向型対話システムでは、タスク達成に必要な情報をユーザから聞き取り、それらを用いて上記のようなタスクを遂行します。

次のページにある図9の対話例では、音声認識誤りがあったため途中で聞き間違えてユーザが訂正していますが、最終的には正しく会議室に必要な情報を聞き出し、会議室を予約できています。

図9 会議室予約システムの対話例

ユーザ	:えーと7月の24日の7時20分から
システム	:7月24日19時20分からですね?
ユーザ	:はいそうです
システム	:どの会議室ですか?
ユーザ	:第1会議室です
システム	:第1会議室ですね?
ユーザ	:はい
システム	:何時までですか?
ユーザ	:えーと20時10分までです
システム	:20時20分までですね?
ユーザ	:20時10分です
システム	:20時10分までですね?
ユーザ	:はいそうです
システム	:7月24日19時20分から20時10分まで　第1会議室ですね?
ユーザ	:はい
システム	:予約を承りました。他にご用件はございますか?

※筆者の所属する研究所にて収集したテキスト対話から抜粋したもの

非タスク指向型対話システム

非タスク指向型対話システム(雑談対話システム)は、所定のタスクの遂行が主目的ではない対話システムのことで、いわゆる雑談を行うシステムです。研究によると、雑談は人間の会話の6割以上を占めることが報告されています(図10)。

この傾向は、人間同士の会話だけではなく、対話システムに対しても同

図10 人間の会話の内訳

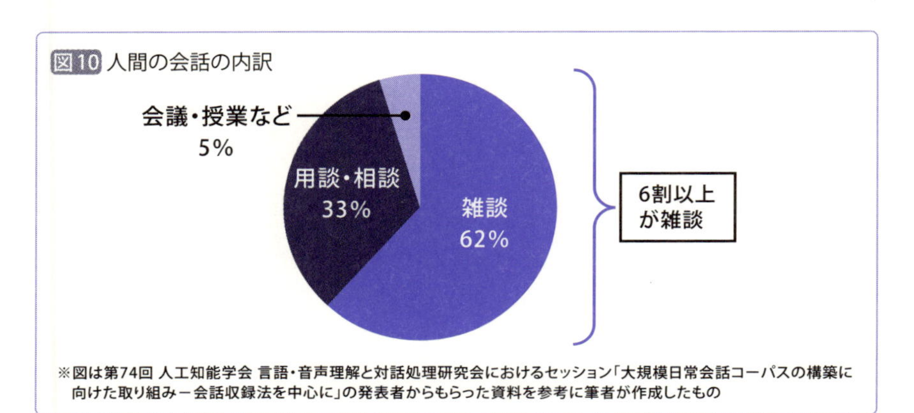

※図は第74回 人工知能学会 言語・音声理解と対話処理研究会におけるセッション「大規模日常会話コーパスの構築に向けた取り組み－会話収録法を中心に」の発表者からもらった資料を参考に筆者が作成したもの

じです。「このシステムはタスク指向型対話システムなので、タスクについてのみ話してください」とユーザにお願いしても、なかなかできないものです。このため、タスク指向型対話システムであっても雑談に対応できるようにしておかないと、使い勝手の悪いものになってしまいます。

近年、雑談対話システムの研究が盛んになってきていますが、これは、人間がパーソナルアシスタントやパーソナルロボットと過ごす時間が多くなってきている中で、雑談に対応する必要性が生じていることが大きい要因だと考えられます。

雑談対話システムの効果

なお、雑談対話システムには次のような効果があります。

- **信頼感の醸成**
- **嗜好の獲得**
- **思考の喚起**
- **承認欲の充足**

一般に、日常会話を交わしていると、話者の間で親近感や信頼感が醸成されます。例えば、不動産の販売員を模した対話システムがありますが、いきなり商談を始めるのではなく、最初に雑談をするように作られています。そうすることで、親近感や信頼感が高まり、「このシステムが言うのだから」と、少し高い買い物であってもしやすくなることが報告されています。

また、雑談の中で趣味・嗜好の情報も獲得できます。さらに、会話をしていると、色々と考えが浮かびますし、思考喚起にとっても有効です。

承認は、「相手に認めてもらう」ということです。一般に相手に話を聞いてもらうだけでも、精神的によい効果があるとされています。

このような効果を考えてみると、対話システムがよい聞き役になることなどによって、ユーザを精神面で支えることが可能になると言えるでしょう。タスク指向型対話システムとは異なり、特定のタスクをこなすわけではありませんが、人間社会における重要な課題を担っていると言えるのです。

〔7-1-3〕

対話システムの構成を見てみよう

◇タスク指向型対話システムのアプローチ

タスク指向型対話システムは、一般に次の構成によって実現されます(図11)。

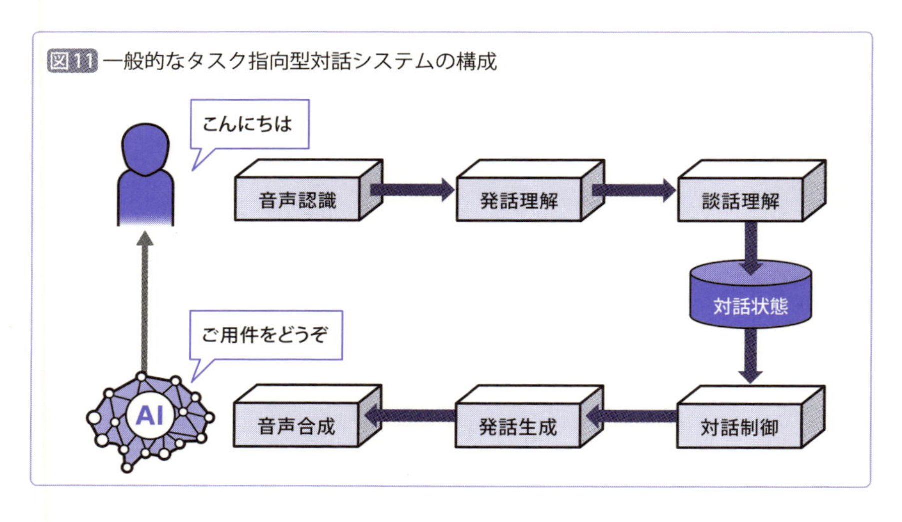

図11 一般的なタスク指向型対話システムの構成

それぞれの構成要素について見ていきましょう。

音声認識

音声認識では、ユーザの音声をテキストに変換します。音声は波形なので、テキストに変換するには、まず音声波形のどの部分がどの単語に対応するのかを推測しなくてはなりません。そのためには、音声波形と単語との対応付けが必要です。これには「音響モデル」という統計情報を用います。しかし、音響モデルだけでは単語は一意に決まりません。同音異義語も多いため、周りの単語などから、最終的な単語を決める必要があります。そのために用いられるものが「言語モデル」です。言語モデルは、大量のテキストデータから単語の並び方を学習したものです。音声認識の仕組みは図に示す通りです（図12）。

図12 音声認識の仕組み

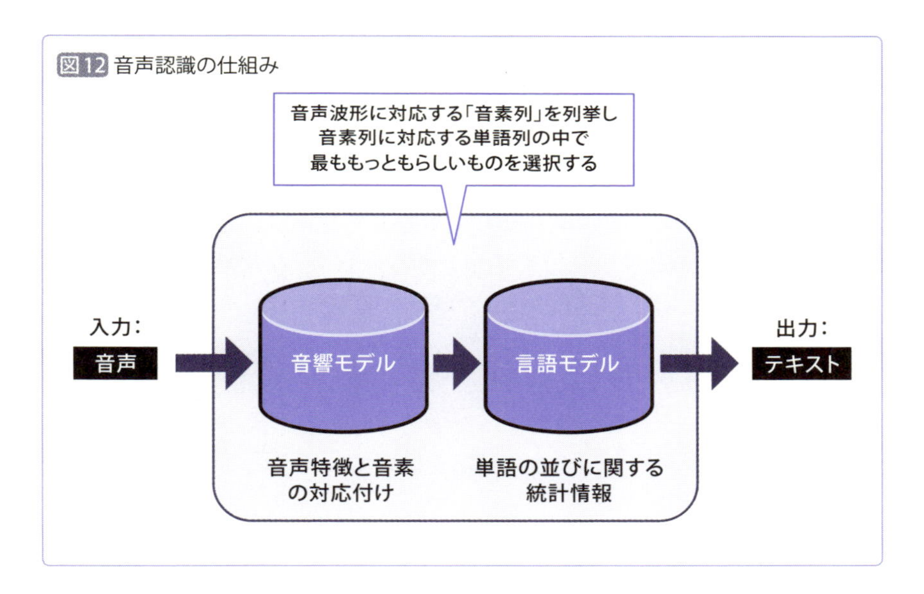

発話理解

発話理解では、音声認識で得たテキストを発話意図を表す意味表現に変換します。この意味表現のことを「対話行為」と言います。303ページで紹介した発話行為に似ていますが、対話行為は対話システムのアプリケーションによって定義されるもので、発話意図を表す「対話行為タイプ」と、付属情報である「コンセプト（属性と値）」から構成されます。

例えば、会議室予約システムに「第３会議室を予約してください」と発話した場合、次のような対話行為が得られます。

対話行為タイプ　：会議室の指定
コンセプト　　　：会議室＝第３会議室

もし、電車の乗換案内システムに対して「大阪から東京までの終電は？」と発話した場合は、次のような対話行為が考えられます。

対話行為タイプ　：終電の検索
コンセプト　　　：出発地＝大阪、目的地＝東京

このようにテキストを対話行為に落とし込むことで、ユーザの発話意図を的確に捉えることができます。同時に「言い回し」を吸収することができるというメリットもあります。つまり「大阪から東京までの終電を教えてください」と「えっと、大阪から東京なんだけど、終電はいつですか」の２つは同じ意味を示す発言ですが、微妙に言い回しが異なります。このような些細な違いを対話行為という単一のラベルに落とし込むことで、人工知能にも理解しやすくなるのです。

なお、対話行為タイプの推定には、文書分類と同じ手法を用います。発話とその対話行為タイプが対になった学習データを大量に準備して、発話から対話行為タイプに分類する分類器を学習すればよいのです（図13）。

図13 発話理解の仕組み

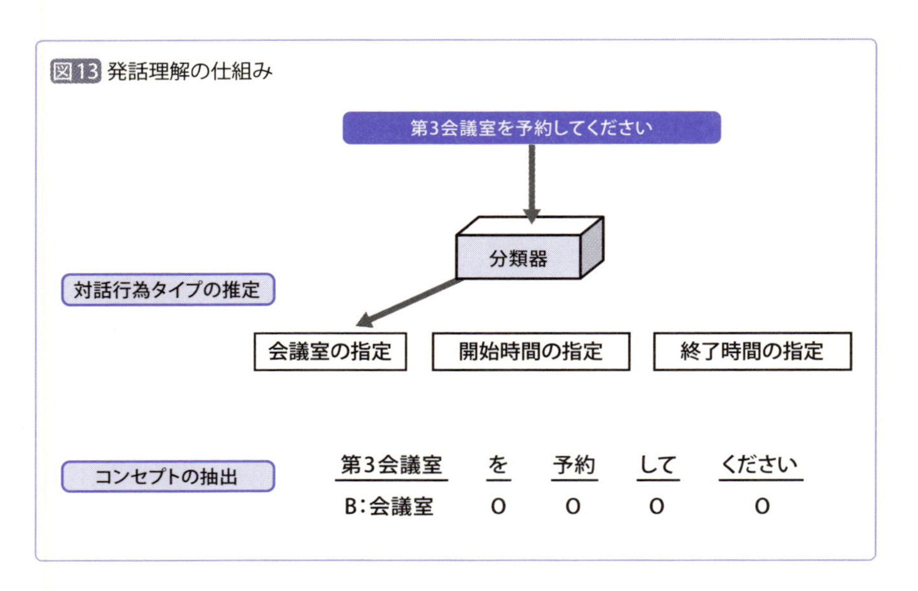

もう一方のコンセプト列を取得するには、各単語について、どのコンセプトに対応するかを推定します。これには品詞判定の際に採用した手法と同様のものを用いることができます。ここで単語に付与していくのは、「あるコンセプトの始まりの単語かどうか」、「あるコンセプトの途中の単語かどうか」、「コンセプトではないか」を示すラベルです。これらを、「IOB形式のラベル」と呼びます。「I」は「Inside」、「O」は「Outside」、「B」は「Beginning」の頭文字です。

談話理解

談話理解は、対話行為に基づいて「対話状態」を更新することを指します。なお、対話状態とは、現在の対話の状況を表現したものです。

対話状態の表現は、対話をどのようなものと捉えるか、すなわち、「対話のモデル」によって異なります。

対話のモデルとしては、「ネットワークモデル」、「知識駆動モデル」、「プランに基づくモデル」の3つが代表的です。

プランに基づくモデルは、現在の状況を述語論理などで表現し、次にシステムが行うべき行動をプランニングの手法により決定できるようにしたものですが、実装が難しく、研究がまだあまり進んでいないのが現状です。したがって、ここではネットワークモデルと知識駆動モデルについて説明します。

対話のモデル①ネットワークモデル

ネットワークモデルでは、対話をネットワークとして表現します。例えば、次ページの図14の例では、4つのノードからなるネットワークで対話が表現されています。これは、お店の予約を行う対話を表しています。

最初の「日付指定依頼」のノードは、システムがユーザに日付を尋ねている状態です。そして、ユーザが日付を発言したら次のノードに移動します。日付以外であれば、状態は変わりません。

次の「時間指定依頼」のノードでは、システムが時間を聞いている状態です。ユーザが時間を発言したら次のノードに移動します。時間以外であれば、状態は変わりません。

3つ目の「人数指定依頼」のノードでは、システムが人数を聞く状態です。ユーザが人数を発言したら、最後の「予約可否回答」のノードに移ります。予約可否回答のノードでは、これまでに集まった全ての情報（すなわち、日付、時間、人数）を基に予約可否の回答を行う状態です。

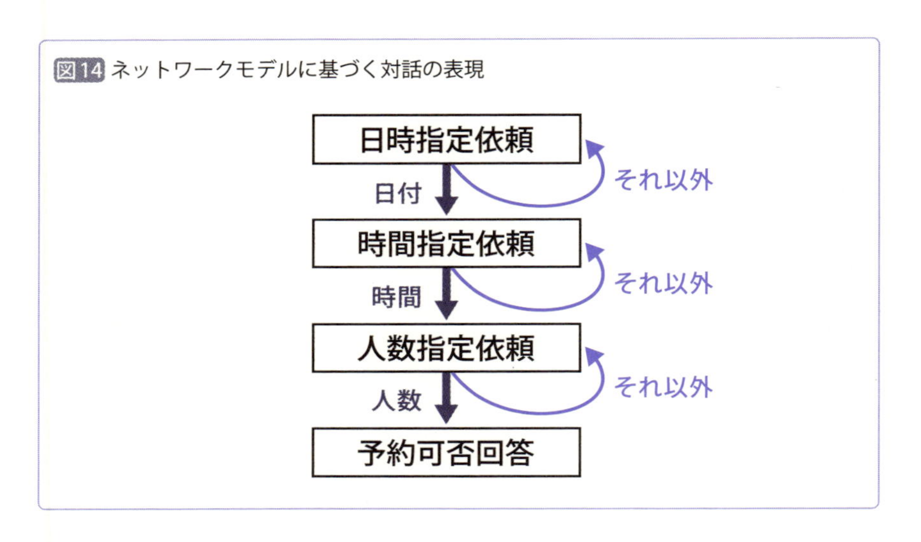

図14 ネットワークモデルに基づく対話の表現

対話のモデル②知識駆動モデル

知識駆動モデルは、対話の目的達成に必要な知識によって、対話を表現します。表現には、フレーム表現がよく用いられます。フレーム表現については、138 ページを参照してください。

例えば、会議室予約システムでは、会議室名、開始時間、終了時間がわかれば予約ができるとすると、対話の状態はこれらの3つの情報がどうなっているかで表すことができます。

図15は、会議室予約システムにおけるフレーム表現です。会議室名、開始時間、終了時間を格納するためのスロットが用意されています。最初の状態では全てのスロットが空ですが、ユーザとのやりとりによって、これらのスロットが埋まっていき、最終的に、ユーザが予約したい会議室名、

図15 会議室予約システムにおけるフレーム表現

会議室	
開始時間	
終了時間	

開始時間、終了時間を把握します。例えば、図16のようにスロットが埋められていきます。

「第3会議室を予約したいのですが」というユーザの発話によって、会議室のスロットが「第3」で埋まり、第3会議室を予約したいということが理解されます。「15時から」、「16時です」という発話では、それぞれ開始時間と終了時間のスロットがそれぞれ埋められています。

ネットワークモデルに基づく対話システムと異なり、フレーム表現は対

図16 フレーム表現の更新

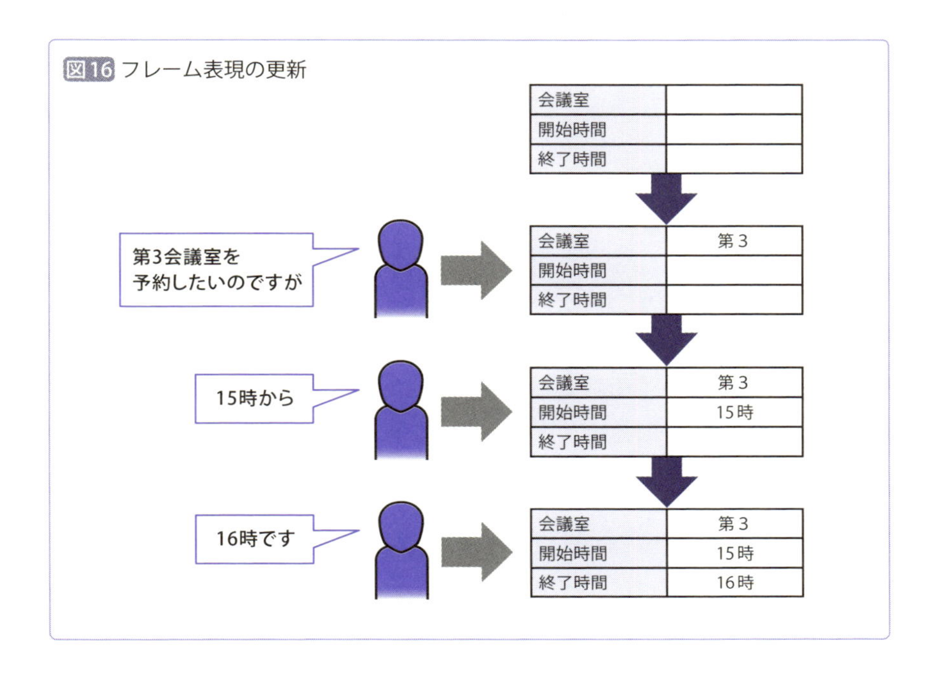

話の流れを固定しませんので、スロットを埋めるような発話であればユーザはどんな順序で発話してもよく、また、「第3会議室を15時から16時までお願いします」のように、全ての内容を一気に発話してスロットを埋めることが可能です。

対話制御

対話制御では、現在の対話状態を参照して次にシステムが発話すべき内容を決定します。

ネットワークモデルを用いている場合は、ノードにシステムの発話すべき内容が紐付いているので、それをシステムが発話すべき内容とします。

フレーム表現を用いる場合は、現在のフレーム表現の状態から次に発話する内容を決定します。

例えば、まだ開始時間のスロットが空であれば、開始時間を尋ねます。終了時間のスロットが空であれば、終了時間を尋ねます。スロットが全て埋まっていたら、集まった全ての情報を用いて、会議室の予約を行います。

どのような行動をとるかは手作業によるルールで決定することが多いですが、強化学習の手法により、どの状態のときにどの発話内容を行うべきかを決定する手法が近年では多く研究されています。

発話生成

発話生成では、「発話内容」からテキストを生成します。発話内容とは、すなわちシステムの対話行為のことです。

発話理解の段階ではテキストから対話行為を推定しましたが、ここでは反対に対話行為からテキストを生成します。

発話生成において最も広く使われる方法は、テンプレートを用いるものです。発話内容をテンプレートに当てはめてテキストにします（図17）。

最近では、学習データを基に、発話内容から単語への対応付けを学習していく統計的な手法も用いられるようになっています。

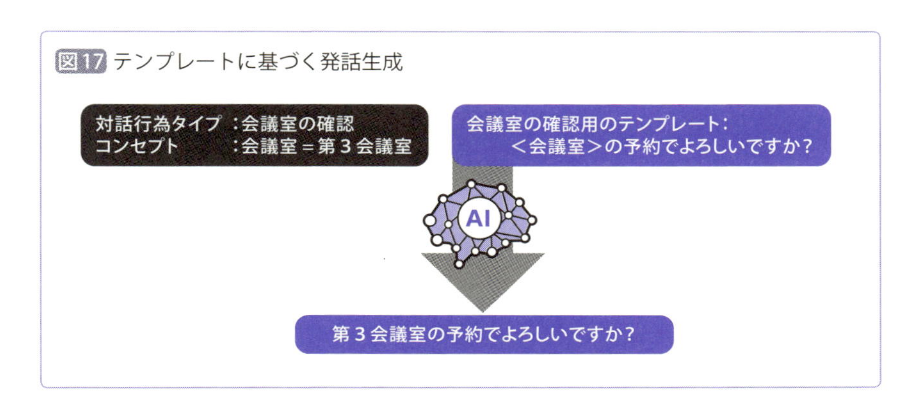

図17 テンプレートに基づく発話生成

音声合成

音声合成では、テキストを音声波形に変換します。この際の処理には、音声データベースを用いた波形接続によるものと、統計的音声合成によるものがあります（図18）。

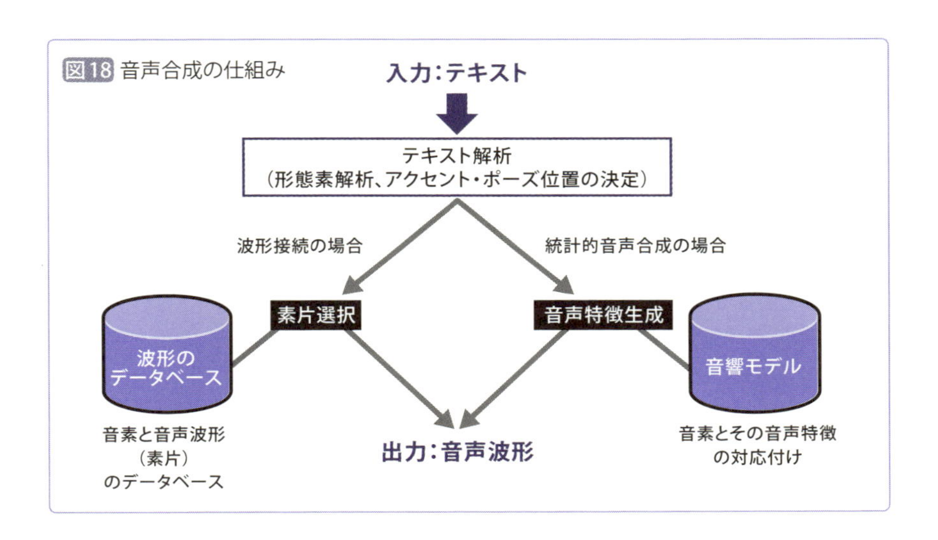

図18 音声合成の仕組み

波形接続を用いる場合には、テキストを解析して単語の読みやアクセントを推定した後、単語の各音素に対応する波形を音声データベースから検索し、それを貼り合わせることで音声を作る処理を行います。大規模なデータベースがあればよい音声を出力できるのですが、このデータベースを作るのが大変ですし、話者ごとにデータベースを作らなくてはいけないなどのデメリットがあります。

一方、統計的音声合成の場合には、音素と音声波形との対応付けを学習データから得ることで音声を作ります。先ほどの波形接続による手法とは違い、この方法だとデータベースに依存せず、様々な声を実現できます。

非タスク指向型対話システムのアプローチ

非タスク指向型対話システムはタスクが明確でなく、ユーザの発話も多様なので、ここまでに説明してきたタスク指向型対話システムの一般的な構成ではなかなか機能しない場合があります。そうした場合には、「ルールベースの手法」や「抽出ベースの手法」、「生成ベースの手法」が用いられます。

ルールベースの手法

ルールベースの手法とは、ルールを用いてユーザ発話に応答するものです。それぞれのルールは入力にマッチさせるパターンと、マッチしたときのシステムの発話であるテンプレートからなっており、ユーザ発話があるルールのパターンにマッチするとそのテンプレートを用いて応答します。

パターンは、図19のように表現されます。このパターンであれば、「お酒は飲めますか？」といったユーザの発話にマッチし、「大好きです」と返答します。

図19 ルールベースの手法におけるパターン例

```
<category>
<pattern> お酒 * 飲め * か </pattern>
<template> 大好きです </template>
</category>
```

ルールベースの手法は、ルール数が命です。つまり、たくさんルールを書いておけばそれだけユーザに適切な応答を返すことができます。しかしながらルールを大量に書くことはコストがかかりますし、ユーザの全ての発話を網羅することは不可能です。

抽出ベースの手法

抽出ベースの手法とは、インターネットのコンテンツからシステムの発話として相応しい文を抽出して、システムの発話として用いるものです。

例えば、ツイッター上のやりとりの中で、誰かが「元気？」と聞かれて、それに対して「元気いっぱいだよ」とリプライ（返事）していたとします。抽出ベースの手法では、これを利用して、システムが「元気ですか？」と尋ねられた際に、ツイッター上で似た発話を検索し、「元気？」という問いかけが見つかったら、そのリプライである「元気いっぱいだよ」を用いて発話します（図20）。

ツイッターだけでなくインターネット上には多様なコンテンツがあるので、それらを活用すれば、ユーザの多様な発話に対応できる可能性があります。

しかし、同時にインターネット上のコンテンツ（特にツイッター）はノイズが多く、発話として不適切なものも発話してしまう恐れもあります。

図20 抽出ベースの手法の仕組み

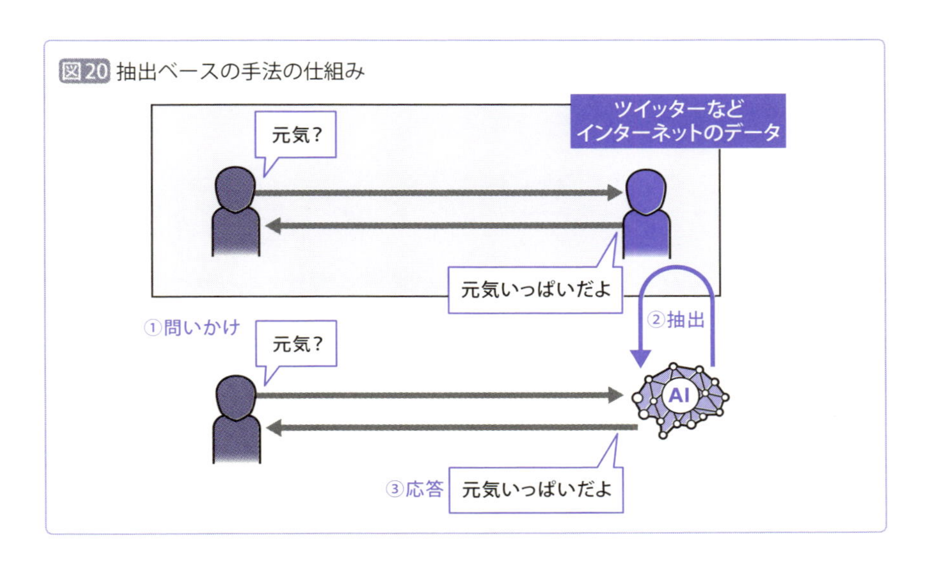

生成ベースの手法

近年では、「生成ベースの手法」も見られるようになってきました。これは、深層学習を用いて入力発話に対応するシステム発話を生成するものです。生成ベースの手法はまだまだ研究中であり、これからの発展が期待されます。

より自然な雑談を目指して

紹介してきたルールベース、抽出ベース、生成ベースのどれも、基本的には入力に対して一問一答の形式で返答する手法であるため、文脈をあまり考慮できずに会話が噛み合わないことがよくあります。会話が噛み合うためには、対話状態を適切にモデル化し対話を行うことが重要です。筆者の所属するNTTメディアインテリジェンス研究所では、一般的なタスク指向型対話システムの構成をベースに非タスク指向型対話システムを構築しています。具体的には、ユーザの発話から話題や対話行為を認識し、それに基づいてシステムの対話行為を決定します。そして、インターネットのコンテンツから構築した発話のデータベースから、現在の話題とシステムの対話行為に合致する発話を選択することで対話を行います。

図21は、システムの実際の対話例です。少し変なところもありますが、発話意図や現在の話題を理解して、何とかユーザの発話に追随して会話をしています。

図21 雑談対話システムとの対話例

System	こんにちは
User	こんにちは
System	今日はもう夕食はたべましたか?
User	まだお昼ですよ（笑）
System	夕食はラーメンが食べてたいです?
User	その前に昼食ですが、ラーメンもいいですねー
System	幸楽苑で昼食いただきます
User	こうらくえん! 私は日高やか王将のほうがいいですねー
System	いいですねー!
User	何ラーメンが好きですか?
System	ラーメンが大好きなので色んなお店行ってますよ。
User	私もラーメンは詳しいですよ!
System	ラーメンは好みが分かれるっていいですよね
User	私は濃い目の味が好きですよ　家系とか
System	いいですねー!

※図は筆者の所属する研究所で構築されたシステムの対話を抜粋したもの

〔7-1-4〕
人工知能で対話を自然に行うためには？

◇テキストだけでは不十分

テキストだけの対話システムを作っているとうっかり忘れてしまいますが、テキスト対話システムを音声入力に対応させたり、ロボットに搭載したりすると、マルチモーダル情報やパラ言語情報（イントネーションや発話タイミングなど、「言葉」に近い「言葉以外」の情報）の壁に直面します。質問の扱いひとつとってもそうです。人間は、語尾を上げることによって質問を行うことがよくありますが、音声認識したテキストには、一般にこの情報はありません。そのため、イントネーションを音声認識において理解できないと、質問を質問だと理解できずに対話が破綻してしまいます。

また、発話するタイミングの決定にはマルチモーダル情報が必要ですし、ユーザが話し終わった後にターンをとってよいのかを判断する重要な情報は、パラ言語情報や顔の向き、身体の向きなどに含まれています。これらの情報を理解しないと、変なタイミングでシステムが話してしまうことになります。

◇人間の感情の種類

マルチモーダル情報を用いて理解したいことのひとつが、ユーザの感情です。感情を理解できれば、ユーザにより寄り添ったインタラクションが実現できると考えられます。感情のモデルとしては、「基本感情説」と「感情次元説」の2つがあります。

①基本感情説

基本感情説とは「感情は喜びや悲しみといったいくつかの感情に分類さ

れる」という考え方のことです。心理学者のロバート・プラッチクは、8つ（喜び、信頼、心配、驚き、悲しみ、嫌悪、怒り、予測）の基本感情を提唱しており、同じく心理学者のポール・エクマンは、6つの基本感情（怒り、嫌悪、驚き、幸福、恐れ、悲しみ）を提唱しています。これらの感情は、文化を問わずに存在すると考えられているものです。「コンピュータが感情を理解する」と言ったときは、ユーザの感情をこれらの感情のいずれかに分類できる能力を有している、という意味であることが多いです。図22は、プラッチクの提唱する8つの感情を円形に配置した「感情の輪」と呼ばれるものです。

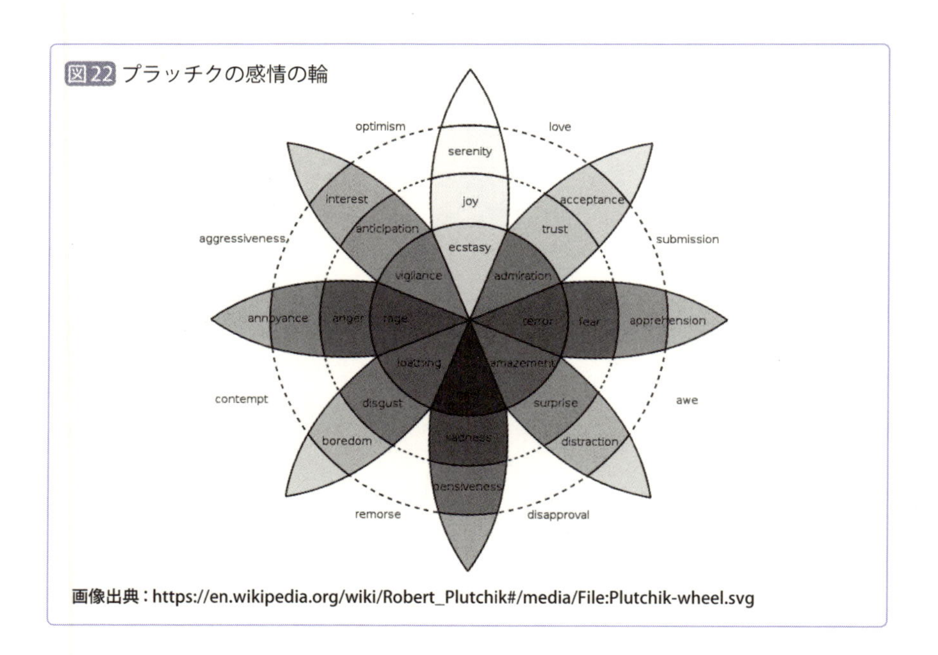

図22 プラッチクの感情の輪

画像出典：https://en.wikipedia.org/wiki/Robert_Plutchik#/media/File:Plutchik-wheel.svg

②感情次元説

感情次元説とは「感情とは座標上の点として表されるべきで、いくつかのカテゴリとして分けるべきではない」という考え方です。

座標の軸としては、ジェームズ・A・ラッセルにより快・不快と強い感情・

弱い感情（あるいは睡眠・覚醒）という軸が提案されています。これらの座標の上に、基本感情などを配置できるというわけです。図23は、感情次元説を表したものとして有名な、「ラッセルの円環」と呼ばれるものです。

図23 ラッセルの円環

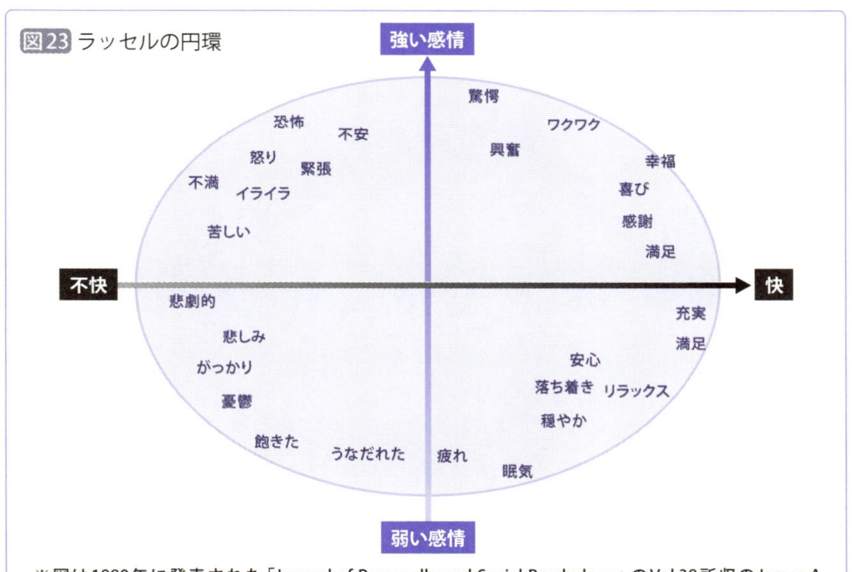

※図は1980年に発表された「Journal of Personally and Social Psychology」のVol.39所収のJames A. Russellによる論文『A Circumplex Model of Affect』内の
「Figure2. Direct circular scaling coordinates for 28 affect words.」を基に筆者が作成したもの

感情はどのように発生する？

基本感情説と感情次元説は感情を「分類」するための考え方でしたが、そもそも我々の感情はどのように引き起こされているのでしょうか。このことについて、よく用いられる理論が「アプレイザル理論」です。

アプレイザル理論では、まず「感情を持つ主体」が「出来事」を評価します。このとき、主体にとってよいことが起こっているのか、主体でその状況を打破できるのか、原因は主体によるものか……などいくつかの観点を用います。そして、その出来事の評価の結果、感情が決定されるという理論です（図24）。

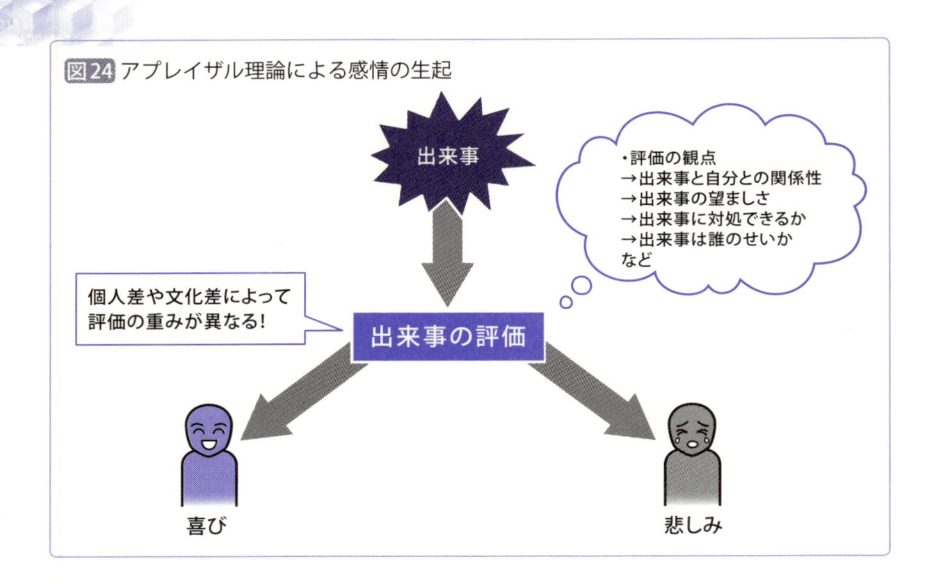

図24 アプレイザル理論による感情の生起

例えば、「望ましくなく、対処できないような出来事」であると評価されたら「悲しみ」の感情が生起しますが、同様の出来事でもその責任が他人にある場合には「怒り」として現れる、というような具合です。

アプレイザル理論以前は、「出来事からいきなり感情が生起する」、と考えられていました。しかしこれでは、ひとつの出来事に応じて個々人が様々に異なった感情を持つことをうまく説明できません。一方、アプレイザル理論であれば、出来事と感情の生起との間に評価プロセスを挟むため、このことをうまく説明できます。

感情を適切に扱うことができる対話システムはまだ多くありませんが、ユーザの状態から基本感情を認識し、それに応じて話し方を変えるような対話システムは徐々に構築され始めています。また、感情の生成についても研究が進められています。これらの研究が進めば、「顔では笑っているが心では泣いている」といったような、人間らしい感情を持つ対話システムの実現に結びつく可能性があるでしょう。

◇人間とロボットとの対話は可能か？

最後に、人間とロボットとの対話について触れておきます。ロボットに対話をさせることには多くのチャレンジを伴います。

まず音声認識の観点から言うと、ロボットは遠くから話しかけられることも当然あるため、高感度の音声認識能力が必要になるでしょう。また、自律的に移動したり、マルチモーダル情報を表出させたりしないといけません。特にマルチモーダル情報については、ロボットのどの部分を動かすにしても電気や空気圧などでアクチュエータを動かす必要がありますが、この制御だけでもひと苦労です。結果的に、人間同士のような対話をロボットで実現するということは現状ではかなり難しい課題です。

それでもなお、ロボットとの対話の研究は進められていくと思います。なぜなら、人間は社会的な生き物であり、人間の身体はコミュニケーションをするために進化してきたと考えられるからです。

その本質を理解するためには、実際に身体を用いて対話をするロボットを作っていくことが重要でしょう。筆者は、ロボットを用いて対話研究を行うことで、対話の本質に迫れるのではないかと考えています。

CoffeeBreak　音を消してテレビを見てみる

327ページで紹介したように、対話を構成する要素には、音声や言葉だけではなく、マルチモーダル情報や、パラ言語情報が存在します。つまり、対話の要素は「言葉」だけではありません。

音を消してテレビを見てみると、このことがよくわかります。テレビがない場合は、YouTubeの動画でも構いません。何を言っているかはわからなくても、話者がどのような感情なのかといったことは、言葉からよりもその表情からの方がよくわかるはずです。ぜひ一度、音を消してテレビを見てみましょう。対話を構成する要素が実に多岐にわたることが、わかるはずです。

第7章のまとめ

- 発話を行為だと捉える考え方のことを「発話行為論」と呼ぶ。発話は「発話行為」、「発語内行為」、「発語媒介行為」の3つに分類される
- 書き言葉と話し言葉は大きく異なる。話し言葉には、相槌やポーズなどが見られる
- 対話システムには様々な分類の仕方があり、主な分類の観点として「タスクの有無」、「人数」、「モダリティ」、「主導権」、「身体性」が挙げられる
- 特定のタスクの遂行を主目的とする対話システムのことを「タスク指向型対話システム」、特定のタスクの遂行を主目的としない対話システムのことを「非タスク指向型対話システム」、もしくは「雑談対話システム」と呼ぶ
- 雑談は人間の会話の約60%を占めるとされ、信頼感の醸成や承認欲の充足など、人間社会において重要な役割を担っている
- 自然に対話を行うシステムを構築するためには、テキストの処理だけでは不十分であり、マルチモーダル情報、パラ言語情報、感情などを考慮する必要がある

練習問題

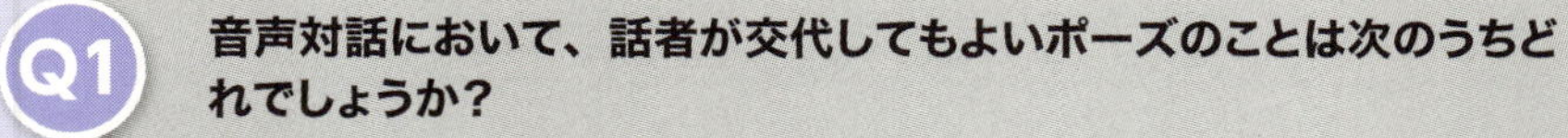

Q1 音声対話において、話者が交代してもよいポーズのことは次のうちどれでしょうか？

A IPU
B TRP
C IOB
D TPO

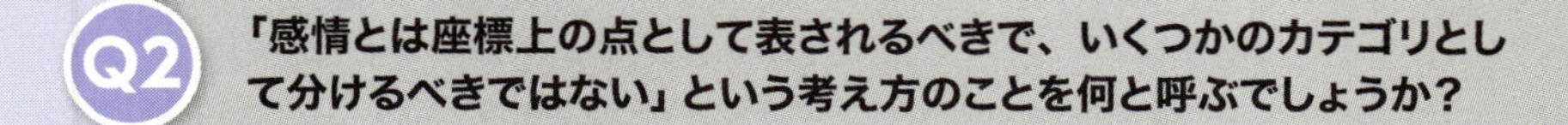

Q2 「感情とは座標上の点として表されるべきで、いくつかのカテゴリとして分けるべきではない」という考え方のことを何と呼ぶでしょうか？

解答　Q1. B　Q2. 感情次元説

本書のまとめ

- 知能とは、「環境と調和し、社会でよりよく生きていくための能力」だ
- 人工知能とは、知能を人工的に作ることを指す。また、これまでの人工知能のブームでは、記号処理、知識、学習の順で注目を集めてきた
- 探索は、特定の条件を満たすものを見つける処理のことで、経路を探索するだけでなく、様々な問題解決に適用できる
- 人工知能に知識を教え込むことで、専門家のような知的な処理を実現することができる
- 人工知能は、誤差を最小化したり、多く報酬がもらえるように行動を変化させたりすることで、学習を行う
- 言語処理とは、人工知能に言葉を処理させることを指す。現在の人工知能では、言葉に含まれる単語に基づいて、統計的な処理を行っている
- 対話処理とは、人工知能に対話を処理させることを指す。人間のように会話をするシステムは人工知能の究極のゴールのひとつであり、そのためにはテキストだけでなく、ジェスチャーや感情なども重要になる
- 人工知能の仕組みは意外にシンプルだが、うまく用いることで非常に知的な処理を実現することができる
- 人工知能は、人間の知能にまだまだ遠く及ばない。しかし、分野を限れば人工知能の方が賢い場合も増えている。人間と人工知能が協調することで、よりよい未来につながる

参考文献

Chapter01

・A. ビネー, Th. シモン(1982)『知能の発達と評価 - 知能検査の誕生』(中野善達 ほか 訳)福村出版.
・中野光子(1996)『臨床知能診断法』山王出版.
・佐藤達哉(1997)『知能指数』講談社.
・R.Pfeifer ,C.Scheier (2001)『知の創成 - 身体性認知科学への招待』(石黒章夫・小林宏・細田耕 監訳)共立出版.
・植島啓司(2003)『「頭がよい」って何だろう - 名作パズル、ひらめきクイズで探る』集英社.
・イアン・ディアリ(2004)『知能』(繁桝算男 訳)岩波書店.
・村上宣寛(2007)『IQってホントは何なんだ?』日経BP 社.
・岩崎祥一(2008)『脳の情報処理 - 選択から見た行動制御』サイエンス社.
・ジョン・ダンカン(2011)『知性誕生 - 石器から宇宙船までを生み出した驚異のシステムの起源』(田淵健太 訳)早川書房.
・山下恒男(2012)『近代のまなざし - 写真・指紋法・知能テストの発明』現代書館.
・徳野博信(2013)『脳入門のその前に』共立出版.
・箱田裕司, 遠藤利彦 編(2015)『本当のかしこさとは何か:感情知性(EI)を育む心理学』, 日本心理学会 監修, 誠信書房.
・甘利俊一(2016)『脳・心・人工知能 - 数理で脳を解き明かす』講談社.
・五木田和也(2016)『コンピューターで「脳」がつくれるか.』技術評論社.
・ジェームズ・フリン(2016)『知能と人間の進歩 - 遺伝子に秘められた人類の可能性』(無藤隆 ほか 訳)新曜社.
・松尾豊 編(2016)『人工知能とは』, 人工知能学会 監修, 近代科学社.

Chapter02

・レイ・カーツワイルほか(2007)『ポスト・ヒューマン誕生 - コンピュータが人類の知性を超えるとき』(井上健 監訳, 小野木明恵ほか 訳), NHK 出版.
・松尾豊(2015)『人工知能は人間を超えるか ディープラーニングの先にあるもの』KADOKAWA/中経出版.
・産業技術総合研究所人工知能研究センター 編(2016)『トコトンやさしい人工知能の本』, 辻井潤一 監修, 日刊工業新聞社.
・鳥海不二夫(2017)『強いAI・弱いAI 研究者に聞く人工知能の実像』丸善出版.
・樋口晋也, 城塚音也(2017)『決定版AI 人工知能』東洋経済新報社.

Chapter03

・西田豊明(1999)『人工知能の基礎』丸善.
・溝口理一郎, 石田亨 編(2000)『人工知能』オーム社.
・Stuart Russell,Peter Norvig(2002).Artificial Intelligence: A Modern Approach (2ndEdition) . Prentice Hall.
・菅原研次(2003)『人工知能　第2版』森北出版.
・荒屋真二(2004)『人工知能概論第2版 - コンピュータ知能からWeb 知能まで』共立出版.
・Dan Jurafsky , James H. Martin(2009). Speech and Language Processing:An Introduction to Natural Language Processing, Computational Linguistics and Speech Recognition. Prentice-Hall.
・伊庭斉志(2014)『人工知能の方法 - ゲームからWWWまで』コロナ社.
・谷口忠大(2014)『イラストで学ぶ人工知能概論』講談社.

Chapter04

- 秦勝範(1991)『エキスパート・システムとシステム・エンジニア- こうすればできるエキスパート・システム』スペック.
- 溝口理一郎(1993)『エキスパートシステム〈1〉入門』朝倉書店.
- 戸内順一(1997)『図解エキスパートシステム入門』日本理工出版会.
- 新田克己(2002)『知識と推論』サイエンス社.
- 戸田山和久(2002)『知識の哲学』産業図書.
- ロデリック・ミルトン・チザム(2003)『知識の理論』(上枝美典 訳)世界思想社.
- 小川均(2005)『知識工学』共立出版.
- 戸内順一(2010)『新図解人工知能入門』,人工知能学会 編集,日本理工出版会.
- 來村徳信(2012)『オントロジーの普及と応用』オーム社.
- 諏訪正樹(2016)『「こつ」と「スランプ」の研究-身体知の認知科学』講談社.
- ランディ・リプソン・ローレンス編(2016)『身体-知成人教育における身体化された学習』(立田慶裕ほか 訳)福村出版.

Chapter05

- 涌井良幸・涌井貞美(2002)『図解でわかる回帰分析- 複雑な統計データを解き明かす実践的予測の方法』日本実業出版社.
- 村上雅人(2004)『なるほど回帰分析』海鳴社.
- Annette J. Dobson(2008)『一般化線形モデル入門 原著第2版』(田中豊ほか 訳)共立出版.
- 新納浩幸(2016)『Chainer による実践深層学習』オーム社.
- 荒木雅弘(2017)『フリーソフトでつくる音声認識システム-パターン認識・機械学習の初歩から対話システムまで』森北出版.
- Tariq Rashid(2017)『ニューラルネットワーク自作入門』,新納浩幸 監訳,マイナビ出版.
- 涌井良幸・涌井貞美(2017)『ディープラーニングがわかる数学入門』技術評論社.

Chapter06

- James Allen.(1994) Natural Language Understanding. Addison Wesley.
- 磯崎秀樹・東中竜一郎・永田昌明・加藤恒昭(2009)『質問応答システム』コロナ社.
- 言語処理学会 編(2009)『言語処理学事典』共立出版.
- 黒橋禎夫(2015)『自然言語処理』放送大学教育振興会.
- 中野幹生ほか(2015)『対話システム』,奥村学 監修,コロナ社.
- 黒橋禎夫・柴田知秀(2016)『自然言語処理概論』サイエンス社.

Chapter07

- 石崎雅人・伝康晴(2001)『談話と対話(言語と計算)』東京大学出版会.
- 河原達也・荒木雅弘(2006)『音声対話システム(知の科学)』オーム社.
- 島津明ほか(2014)『話し言葉対話の計算モデル』電子情報通信学会.
- 高梨克也(2016)『基礎から分かる会話コミュニケーションの分析法』ナカニシヤ出版.

著者プロフィール

東中 竜一郎（ひがしなか・りゅういちろう）

1999年に慶應義塾大学環境情報学部卒業。2001年に同大学大学院政策・メディア研究科修士課程、2008年に博士課程修了。博士（学術）。2001年に日本電信電話株式会社入社。現在、NTTメディアインテリジェンス研究所にて勤務。対話システムや質問応答システムの研究に従事し、「しゃべってコンシェル」、「雑談対話API」、「ロボットは東大に入れるか」などのAI関連プロジェクトに携わる。人工知能学会理事、言語処理学会編集委員。著書に『質問応答システム』（共著、コロナ社）。
対話システムをより賢くするために日夜奮闘中。

●お問い合わせについて

本書に関するご質問や正誤表については下記Webサイトをご参照ください。

正誤表　http://www.shoeisha.co.jp/book/errata/
刊行物Q&A　http://www.shoeisha.co.jp/book/qa/

インターネットをご利用でない場合は、FAX または郵便にて、お問い合わせください。回答は、ご質問いただいた手段によってご返事申し上げます。

宛先：〒160-0006　東京都新宿区舟町5　（株）翔泳社 愛読者サービスセンター
FAX 番号 03-5362-3818　※電話でのご質問は、お受けしておりません。

※本書の出版にあたっては正確な記述につとめましたが、著者や出版社などのいずれも、本書の内容に対してなんらかの保証をするものではありません。
※本書に記載されている情報は2017年10月執筆時点のものです。

おうちで学べる 人工知能のきほん

2017年　11月13日　初版第1刷発行
2018年　2月　5日　初版第2刷発行

著　者　東中 竜一郎
発行人　佐々木 幹夫
発行所　株式会社 翔泳社（http://www.shoeisha.co.jp）
印刷・製本　株式会社 ワコープラネット

装丁・デザイン　小島 トシノブ（NONdesign）
DTP　佐々木 大介　Opto 畠中ゆかり
吉野 敦史（株式会社アイズファクトリー）

ISBN978-4-7981-5153-3　Printed in Japan